Praxisleitfaden Franchising

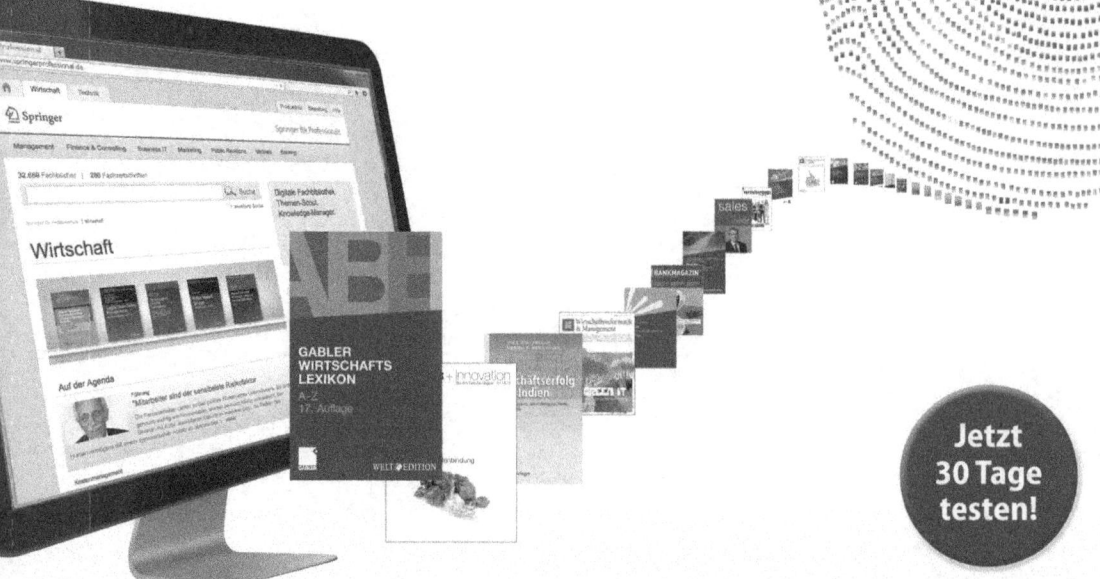

Hermann Riedl • Christian Schwenken

Praxisleitfaden Franchising

Strategien und Werkzeuge für
Franchisegeber und -nehmer

 Springer Gabler

Hermann Riedl
Falkensee
Deutschland

Christian Schwenken
München
Deutschland

ISBN 978-3-658-04696-5
DOI 10.1007/978-3-658-04697-2

ISBN 978-3-658-04697-2 (eBook)

Die Deutsche Nationalbibliothek verzeichnet diese Publikation in der Deutschen Nationalbibliografie; detaillierte bibliografische Daten sind im Internet über http://dnb.d-nb.de abrufbar.

Springer Gabler
© Springer Fachmedien Wiesbaden 2015

Lektorat: Manuela Eckstein

Gedruckt auf säurefreiem und chlorfrei gebleichtem Papier

Springer Fachmedien Wiesbaden ist Teil der Fachverlagsgruppe Springer Science+Business Media
(www.springer.com)

Vorwort

Franchisesysteme wie McDonald's oder andere erfolgreiche Mehrfilialsysteme wirken wie der Inbegriff organisatorischer Perfektion und Systematisierung. Möglicherweise wirken sie auf manche von Ihnen wie ein unerreichbarer Traum. Doch diese Unternehmen werden von Menschen organisiert, die ihren Partnern klare Strukturen und Prozesswege aufzeigen. Um Ihnen diesen Traum etwas näherzubringen, beschäftigen wir uns in diesem Buch mit der Beantwortung einiger grundlegender Fragen. Dazu gehören: Was bedeutet Franchising? Wann ist ein Unternehmen franchisefähig? Und warum und wann entscheide ich mich für eine Franchiselösung?

Die Umsetzung einer Franchiseidee sorgt auch in bereits bestehenden Franchiseunternehmen immer wieder für Diskussionsbedarf zwischen Franchisegeber und Franchisenehmer. Im täglichen Geschäft wird meist das Für und Wider eingeführter Prozesse und Richtlinien mehr diskutiert als umgesetzt. Solche Diskussionen zwischen Franchisegebern und Franchisenehmern zur Umsetzung der Systemgrundlagen basieren meist auf Missverständnissen oder auf Prozessen, die nicht miteinander verknüpft sind und diesbezüglich ihren Nutzen nicht erfüllen. Prozesse und Werkzeuge werden eingesetzt, jedoch geht die Philosophie des Franchiseunternehmens nicht konform mit der Franchiseidee. Durch dieses unkoordinierte Zusammenspiel entstehen Spannungen in manchen Unternehmen, die am Ende dazu führen, dass die Marke und alle beteiligten Franchisepartner darunter leiden.

Worin besteht nun der konkrete Nutzen dieses Buches? Franchisenehmer können für bestimmte Prozesse und deren Funktionalität mehr Verständnis erhalten und dieses, wenn nötig, von ihren Franchisegebern einfordern. Junge Unternehmer, die durch ein Franchisesystem wachsen wollen, sollen die Einfachheit eines Systems kennenlernen, aber auch die Führungskonsequenz erfahren. Junge Unternehmer, die mit ihrer Franchiseidee erfolgreich sind, haben selten die Möglichkeit, jahrelange Führungserfahrungen und methodisches Wissen zu sammeln. Sie können sich mithilfe dieses Buches ein Bild machen und die besten Ideen für Ihr System für sich umsetzen.

Franchiseinteressenten, die sich beruflich verändern möchten, lernen in diesem Buch die Prozesse und Arbeitsweisen eines Franchisesystems kennen. Dies kann ihnen bei ihrer Recherche und bei Bewerbungen nützlich sein, um Zusammenhänge, Begriffe und das Franchisesystem selbst besser zu verstehen. Jeder Franchisebewerber sollte die Franchise-welt und ihre Regeln kennen, bevor er vertragliche und finanzielle Verpflichtungen mit einem Franchisesystem eingeht.

Wir, Hermann Riedl und Christian Schwenken, beschäftigen uns schon länger mit Fra-gen zum Thema Franchising und wurden immer wieder mit ganz fundamentalen Fragen zur Führungsmethodik, Konzernstrukturierung oder zu den vielen operativen Werkzeugen eines Franchisesystems konfrontiert. Aufgrund unserer langjährigen Erfahrung im Bereich Franchise und Mehrfilialsysteme und der strategischen Ausrichtung vertriebsorientierter Unternehmen in den unterschiedlichsten Fachbereichen, wie zum Beispiel Operations, Recht und Marketing, sind uns viele Stolpersteine bei der Gründung und Führung von Franchisesystemen bekannt. Mit diesem Buch wollen wir Ihnen Tipps und Anregungen geben, die Ihnen helfen sollen, konstruktive Diskussionen zu führen, damit Sie maßge-schneiderte Lösungen für sich selbst entwickeln oder bestehende Prozesse in Ihrem Unter-nehmen weiter ausbauen können.

Wie bewerte ich ein Franchisesystem? Was bedeuten Regelwerke eines Franchisesys-tems und dessen Inhalte? Wie funktionieren die verschiedenen Franchiseprozesse? Ein zukünftiger Franchisenehmer oder auch -geber wird mit diesen Fragen immer wieder konfrontiert. Eine große Auswahl von Begriffen und Prozessbeschreibungen soll jungen Unternehmern einen Überblick über die Anforderungen eines Franchisesystems geben. Darüber hinaus bieten Arbeitsblätter in diesem Buch die Möglichkeit, ein schnelles Ver-ständnis für die Materie „Franchise" zu entwickeln und unnötige finanzielle Ausgaben für die Entwicklung oder den Ausbau eines Franchisesystems zu vermeiden.

Es gibt verschiedene Gründe, warum man sich als zukünftiger oder bereits aktiver Unternehmer für ein Franchisesystem entscheidet. Welches sind die Pflichten eines Fran-chisenehmers und welche Anforderungen sollte oder muss ein Franchisesystem erfüllen? Was muss ich als zukünftiger Franchisenehmer mitbringen und welche Verantwortung übernehme ich? Auch die Bewertung eines Franchisesystems ist für einen zukünftigen Franchisenehmer wichtig, da dieser sich für eine langfristige Partnerschaft entscheidet, die mit vielen Pflichten, aber auch Rechten behaftet ist. Zukünftigen Franchisenehmern bie-tet dieses Buch alle notwendigen Informationen bezüglich Systemaufbau, Fachbegriffen, Prozessen und Strukturen des Franchisesystems.

Die Auswahl eines Franchisesystems beinhaltet eine längere vertragliche Verpflichtung sowie nicht unerhebliche Investitionen. Um Ihnen zu mehr Sicherheit bei der System-auswahl zu verhelfen, enthält dieses Buch auch Fragenkataloge und Beispiele, mit deren Hilfe zukünftige Franchisenehmer ein Franchisesystem nach ihren Bedürfnissen analysie-ren und sich auf zukünftige Verhandlungen mit potenziellen Franchisegebern vorbereiten können.

Stets sollte das Franchisesystem auf die Philosophie des betreffenden Unternehmens ausgerichtet sein. Diese speziell zugeschnittene Philosophie des Unternehmens entscheidet über die Führungsmethoden und somit über den Erfolg des Unternehmens und seiner Franchisepartner.

Viele Unternehmen haben erfolgreiche Produkte oder ideale Vertriebsmöglichkeiten, sehen sich selbst jedoch nicht in der Lage dazu, ein Franchisesystem aufzubauen. In diesem Buch möchten wir Ihnen, liebe Leserinnen und liebe Leser, die „Werkzeuge" in ihrer Funktion und in ihrem Aufbau näherbringen und Ihnen die Möglichkeit bieten, sie in Ihrem Unternehmen effektiv einzusetzen. Darüber hinaus hoffen wir, dass Ihnen die vermittelten Inhalte und Tipps als Anregungen speziell für die individuelle Philosophie Ihres Unternehmens von Nutzen sein werden.

Detaillierte vertragsrelevante Inhalte werden im Rahmen dieses Buches bewusst nicht präsentiert, da die unternehmensbezogenen Vertragsinhalte eines Franchisevertrags je nach Unternehmen erheblich variieren können. Stattdessen erhalten Sie Tipps und Informationen zu wichtigen vertragsrelevanten Punkten, die den Franchisegeber bzw. den Franchisenehmer vor Fehlentscheidungen schützen. Alle unsere Inhalte, Empfehlungen und Erklärungen basieren auf unseren persönlichen Erfahrungen. Wir sind uns bewusst, dass es in diesem Bereich ganz unterschiedliche Meinungen und Empfehlungen gibt. Dies ist in unserem Interesse, da gerade aus verschiedenen Perspektiven heraus konstruktive Diskussionen entstehen. Unsere Absicht ist es, Ihnen einen Rahmen für eine Diskussion über diese Fachthemen zu vermitteln.

Viele glauben, für ein Franchisesystem genüge ein Produkt oder eine Idee und schon würden die „Dukaten" rollen, aber genau das ist nicht der Fall. Die Menschen, die Führungsspitze und die Kultur eines Unternehmens – ihre Begeisterung, ihr Engagement und die Weiterentwicklung ihrer Marke – sind die Basis für ein erfolgreiches Franchisekonzept.

Wir wünschen Ihnen viel Spaß beim Lesen und hoffen auf eine rege Diskussion.

Hermann Riedl   Christian Schwenken

Inhaltsverzeichnis

Die Autoren

 **Hermann Riedl** ist seit 25 Jahren im Dienstleistungsgewerbe tätig und bringt einen großen Erfahrungsschatz aus den unterschiedlichsten Unternehmenskulturen mit. Die Basis für das unternehmerische Denken sammelte er bereits als Jungunternehmer in der klassischen Gastronomie und nahm Führungsaufgaben bei PepsiCo, Pizza Hut und Kentucky Fried Chicken im Bereich Franchise und der Operative wahr. Bei McDonald's Deutschland bekleidete Hermann Riedl die Position eines Director Operation und war verantwortlich für die Fachbereiche Franchise, Bau, Immobilien, Personal und Operations. International war Hermann Riedl als Managing Director/Geschäftsführer Partnerbrand bei McDonald's International für Systemaufbau, Entwicklung und Operation verantwortlich.

2009 wurde die Beratungsgesellschaft RiedlConsult gegründet. Die besondere Kompetenz von RiedlConsult besteht in der Restrukturierung von Franchisekonzernen sowie der strategischen Ausrichtung von Mehrfilialsystemen. Die Mandatserfahrungen erstrecken sich vom Existenzgründer zum Franchisegeber, von der klassischen Konzernstruktur bis hin zur systematischen, vernetzten Unternehmensführung.

Hermann Riedl ist zudem Gründer und Anteilseigner eines Softwarehauses, das durch Partner und Fachspezialisten geführt wird. Zum Aufgabenspektrum gehören die Erstellung von Vertriebsmodulen, Shopsystemen, Internetportalen sowie Dienstleistungen für technisch verknüpfte Systemhandbücher.

 **Christian Schwenken** studierte in Berlin und Münster Rechtswissenschaften und ist seit 1983 als selbstständiger Rechtsanwalt tätig. Er gründete 2005 die MasterScout Schwenken Rechtsanwalts AG mit Hauptsitz in München und Zweigstelle in Lindau am Bodensee. Christian Schwenken ist Vorstandsvorsitzender der Firma. Die Rechtsanwalts AG beschäftigt sich mit den Schwerpunkten u. a. Wirtschafts-, Banken- und Kapitalmarktrecht. Christian Schwenken vertritt darüber hinaus seit mehr als 30 Jahren Mandanten im Bereich des Franchiserechtes, und zwar insbesondere auf den Gebieten der Gastronomie und des Personalconsultings sowie des Einzelhandels. In diesem Bereich kümmert er sich auch um die Fort- und Weiterbildung der jeweiligen Vertragsparteien.

Die Zusammenarbeit mit dem Mitautor Hermann Riedl beruhte auf die Idee, fachbezogene praktische Erfahrungen auf dem Gebiet Franchising mit den rechtlich bedeutsamen Lösungswegen zu verbinden.

Vom Unternehmen zum Franchisesystem

1

Entscheidet ein Unternehmer, seine Idee zu multiplizieren, ist Franchise sicherlich eine zukunftsorientierte Vertriebsschiene. Der große Vorteil liegt hier in der schnellen Expansion und dem geringem Kapitaleinsatz des Franchisegebers. Franchisenehmer arbeiten selbstständig und können durch ihre freie und unabhängige Zeiteinteilung wesentlich mehr Aktivitäten zum Wohle der Marke einbringen, als dies bei einer eigenen Konzern-Filiallösung der Fall sein würde. Der Franchisenehmer wird erhebliche eigene Anstrengungen unternehmen, um Erfolge für die Marke und die Franchisefiliale in seiner Region erzielen zu können.

Bei der Expansion eines Franchisemodells steht ein Unternehmer vor einem großen Wandel im Denken und Handeln: Als eigenständiger Unternehmer war er stets selbst aktiv in seinen Standorten tätig und hatte die Personalhoheit über seine eigenen Mitarbeiter. Mit der Veränderung zum Franchisesystem ändert sich der Begriff der Führung von eigenen Mitarbeitern zum Führen von selbstständigen Unternehmern, zukünftig genannt Franchisenehmer. Der Unternehmer verkauft zukünftig seinen Franchisegedanken und gewinnt durch seinen Markenauftritt und dessen Expansion neue Franchisenehmer. Dadurch wird er zum Franchisegeber und ist zukünftig vom Erfolg der Umsetzung der Systemvorgaben durch seine Franchisenehmer abhängig.

Für einen Unternehmer, der Franchiselizenzen vergeben möchte, ist es sehr schwer, die Prioritäten für den Systemausbau richtig zu setzen. Nicht selten werden in der Anfangsphase falsche Prioritäten gesetzt und es wird unnötig Geld verbrannt. Die im Folgenden aufgeführten Ideen sind hilfreich, um in der Anfangsphase die richtigen Teilschritte festzulegen, die im Systemaufbau im Nachhinein mit den Partnern perfektioniert werden können; hiermit kann finanziellen Fehlinvestitionen vorgebeugt und das System auf der Basis von Erfahrungen personalisiert werden.

© Springer Fachmedien Wiesbaden 2015
H. Riedl, C. Schwenken, *Praxisleitfaden Franchising*,
DOI 10.1007/978-3-658-04697-2_1

1.1 Key Points eines Franchisesystems – vom Produkt zum Franchiseprozess

Kunden legen Wert auf den gewohnten und bevorzugten Service sowie darauf, favorisierte Produkte zu erhalten. Sie möchten bei gewissen Produkten oder Dienstleistungen keine Risiken eingehen und wenden sich deswegen am liebsten an große und erfahrene Filialsysteme. Ein Franchisesystem fungiert als Marke und ist so auch für den Kunden erkennbar. Die Marke trifft eine Aussage über Leistung, Qualität und dessen Serviceleistung. Ein Franchisesystem ist erfolgreich mit seinen Partnern, die die Stärke der gemeinsamen Kommunikation zum Kunden auf breiter Ebene nutzen. Der Systemgedanke wird von den Partnern konsequent umgesetzt, und der Franchisegeber unterstützt seine Partner durch Führung und konsequentes Handeln.

Um eine schnelle Expansion oder Verbreitung einer Marke zu erzielen, bietet sich in vielen Bereichen eine Franchiselösung an. Ein Unternehmen verkauft sein Know-how, egal ob es ein Produkt oder eine Dienstleistung in Form einer Nutzungslizenz ist, und es erhält in den unterschiedlichsten Strukturen eine finanzielle Beteiligung. Gerade die finanzielle Beteiligung selbstständiger Unternehmen schafft schnelle Expansionsmöglichkeiten.

Eine Franchisemarke ist erfolgreich in ihrer Expansion, wenn sich der Franchisegeber in der Systementwicklung auf folgende Punkte fokussiert:
- Die Marke spiegelt den Systemgedanken wider.
- Der ROI (Return on Investment) für Franchisenehmer ist attraktiv.
- Filialsysteme werden für die unterschiedlichsten Standorte entwickelt.
- Produkte sind in dessen Prozessen wie Herstellung, Präsentation, Produktsicherheit und des Absatzes klar strukturiert.
- Prozessabläufe sind auf die operativen Kosten und Kundenzufriedenheit fokussiert.
- Die Franchiseidee ist im Markenauftritt in allen Ländern einsetzbar.
- Die Prozesse sind so ausgearbeitet, dass keine Fachexperten als Franchisenehmer benötigt werden.
- Produkte und Prozesse sind anpassungsfähig an Religionen, Länder und Kulturen.

Die Produktentwicklung in einem System basiert nicht nur auf dem Herstellungsprozess, sondern auch auf der Produktsicherheit. Ein Franchiseprodukt ist franchisefähig, wenn Sie es durch Vorgaben und Verkaufshilfen so strukturieren können, dass Franchisenehmer, egal welcher Berufsgruppe, das Franchisesystem mit seinen Produkten nach allen Regeln der Systemvorgaben umsetzen können. Zur Produktentwicklung ist eine Deklaration von Spezifikationen von Nöten. Anhand dieser Produktspezifikationen können Lieferanten zur Herstellung der Produkte gewonnen werden und Qualitätskontrollen zur Sicherung der

Marke durchgeführt werden. Auf Basis des Produktes erfolgen der Herstellungs- und Verkaufsprozess, die klaren Regeln unterworfen sein sollten, um die Marke und den Systemgedanken gegenüber dem Kunden zu kommunizieren.

▶   Zur Sicherung der Franchisemarke muss bei der Entwicklung von Prozessen, Produkten oder Verkaufsschritten immer wieder beachtet werden, dass selbst im Falle nicht-systemgetreuen Handlings des Franchisenehmers das Produkt oder die Marke des Systems nicht beschädigt wird und dass selbst das schwächste Glied im System die Anforderung versteht und eine Umsetzung gewährleisten kann. Eine Qualitätssicherung ist ein wichtiger Bestandteil der Produktentwicklung, denn bei einer Verbreitung der Marke können Defizite im Produkt sehr schnell in negativer Weise an die Öffentlichkeit gelangen und die Marke und dessen Franchisenehmer erheblich schädigen.

1.2   Die Verantwortung eines Franchisegebers und seine Vorteile

Fällt ein Unternehmen die Entscheidung für eine Franchiselösung, ändern sich im Unternehmen nicht nur die Philosophie und das Führungsverhalten, sondern auch die Verantwortung des Unternehmers in der Betriebsführung. Als Franchisegeber entscheidet sich der Unternehmer dafür, sein Produkt über selbstständige Unternehmen zu vermarkten. Er verliert die Weisungsbefugnis auf das Personal und ist in das operative Tagesgeschäft nicht direkt involviert. Dies entlastet den Franchisegeber im Betreuungsaufwand und somit auch in Bezug auf die direkte operative Verantwortung im Vertrieb an den jeweiligen Standorten.

Der Franchisenehmer übernimmt die Verantwortung der Betriebsführung in den Franchisefilialen und garantiert durch eine vertragliche Vereinbarung, die Franchiseidee des Franchisegebers nach dessen Vorgaben umzusetzen.

Ein Franchisemodell kann eine Expansion enorm beschleunigen, da die Investitionen beim Franchisenehmer liegen und der Franchisegeber kein Kapital für Einrichtungen, Ware sowie Investitionen in Personal und Training bereitstellen muss.

Zur Systemführung ist eine sogenannte Betriebsanleitung notwendig. Diese Betriebsanleitung umfasst den Umgang mit dem Franchisesystem, die Herstellungs- und Verkaufsprozesse sowie Richtlinien zum Schutz der Marke. Alle diese Informationen sind in den Systemgrundlagen und im Administrationsmanual dargestellt und in Umsetzung und Funktion beschrieben.

Ein weiterer Vorteil für den Franchisegeber ist der unternehmerische Einsatz seiner Franchisenehmer an den Standorten und in deren Umfeld. Er baut seine Region aus, knüpft intensive Kontakte zu Verbänden und Behörden in seinem Franchisegebiet zum Wohle des Unternehmens und stärkt die Marke in seinem eigenen Interesse. Ein gut geführtes Franchiseunternehmen nutzt diese Rückmeldung seiner Franchisenehmer, um Ideen zu sammeln, Prozesse zu optimieren und das System stetig weiterzuentwickeln.

▶   Es empfiehlt sich, Franchisenehmer und Lieferanten in die Systementwicklung
    und die Entscheidungsfindung in Form von Arbeitsgruppen mit einzubinden.
    Der Franchisenehmer hat wichtige Informationen aus dem operativen Tages-
    geschäft und ist somit ein wichtiger Entwicklungspartner für den Franchise-
    geber. Auch Lieferanten leisten mit ihrem Know-how einen großen Beitrag zu
    Produktinnovationen und zur Optimierung von Herstellungsverfahren.

Jeder Lizenz- bzw. Franchisegeber sollte sich der Verantwortung, die er seinen Lizenzneh-
mern gegenüber hat, im Klaren sein. Der Franchisenehmer vertraut auf ein profitorientier-
tes und erfolgreiches Wachstum der Franchisemarke und darauf, dass sein Franchisegeber
dieses Wachstum durch seine Entscheidungen steuert. Auf Basis dieser Vertrauensbasis
entscheidet sich der Franchisenehmer für ein Franchisesystem, geht dadurch meist eine
langfristige Bindung ein und investiert oft nicht unerhebliches Kapital.

Ein wachsendes Franchisesystem ist immer nur so gut wie sein schwächstes Glied. Es
muss daher sichergestellt werden, dass Franchisegeber und Franchisenehmer im eigenen,
aber auch gemeinschaftlichen Interesse darauf Wert legen, dass alle Vorgaben zu hun-
dert Prozent umgesetzt werden. Nur in einem gut funktionierenden Miteinander zwischen
Franchisegeber und Franchisenehmer ist ein erfolgreiches Franchisesystem gewährleistet.
Beide Parteien sollten sich daher ihrer Funktion und ihrer Verantwortung bewusst sein.
Der Franchisegeber trägt und fällt Entscheidungen zum Wohle des Systems und seiner
Franchisenehmer in der Entwicklung von Prozessen, Produkten und in der strategischen
Ausrichtung des Unternehmens.

▶   Der Franchisenehmer hat sich durch seinen Vertrag verpflichtet, das Franchise-
    system anhand der Systemvorgaben umzusetzen und seine Leistung und
    Erfahrungen dem Franchisesystem zur Verfügung zu stellen. Franchisenehmer,
    die sich dem System nicht anpassen oder es behindern, sind in einem Fran-
    chisesystem nicht erfolgreich platziert. Ein Franchisenehmer, der sich für ein
    Franchisesystem entschieden hat, sollte sich im Vorfeld klar sein, dass er einen
    Teil seiner unternehmerischen Freiheit und Kreativität einbüßt und sich einer
    Systemkette und deren Regelwerk unterordnet.

Der Franchisevertrag

2

Der Franchisevertrag ist die rechtliche Basis für die Zusammenarbeit zwischen Franchisenehmer und Franchisegeber. Schon vor dem eigentlichen Vertragsabschluss bestehen zwischen den potenziellen Partnern wechselseitige Rechte und Pflichten, die gerade beim Franchisevertrag eine wichtige Rolle spielen können. Beide Parteien des Franchisevertrags haben im Rahmen der Vertragsanbahnung und des Vertragsabschlusses Gelegenheit, die jeweiligen Vor- und Nachteile abzuwägen und ggf. ihre Vorstellungen durchzusetzen.

Typischerweise legt der Franchisegeber ein von ihm entwickeltes Vertragswerk vor, während der Franchisenehmer seinerseits Änderungsvorschläge diskutieren möchte. Gelingt es den Parteien, im Franchisevertrag Regeln für eine positive und zukunftsorientierte Zusammenarbeit zu formulieren, dann stehen die Chancen gut, bei einem späteren Scheitern der Zusammenarbeit oder bei einer Vertragsverlängerung bzw. Vertragserweiterung für beide Seiten akzeptable Lösungen zu finden und unnötige Diskussionen zu vermeiden.

▶   Vor Vertragsabschluss hat der Franchisegeber die Aufklärungspflicht, den Franchisenehmer über Risiken und Vertragsinhalte zu informieren. Wenn der Franchisegeber durch unrealistische Angaben im Zusammenhang mit Umsatz- und Gewinnaussichten beim zukünftigen Franchisenehmer falsche Vorstellungen weckt, so könnte dieser nicht nur versuchen, den Vertrag wegen vorsätzlichen Irrtums anzufechten, sondern er könnte vor allem auch Schadenersatzansprüche, nötigenfalls sogar auch gegen einen als Vermittler eingesetzten Berater, geltend machen.

Der Franchisegeber kommt seiner Aufklärungspflicht nach und stellt dem Franchisegeber nur nachvollziehbare Kennzahlen und Systeminformationen zur Verfügung. Aber auch der potenzielle Franchisenehmer hat dem Franchisegeber über seine wirtschaftlichen Verhält-

© Springer Fachmedien Wiesbaden 2015
H. Riedl, C. Schwenken, *Praxisleitfaden Franchising*,
DOI 10.1007/978-3-658-04697-2_2

nisse wahrheitsgemäß Auskunft zu erteilen, damit in der Betriebsführung beziehungsweise der Ausübung der vertraglichen Verpflichtung keine nachfolgenden Probleme entstehen.

▶ Zur Darstellung des wirtschaftlichen Status des zukünftigen Franchisenehmers stellt der Franchisegeber ein Anforderungsprofil zur Verfügung. Wichtig ist, dass alle Informationen vom zukünftigen Franchisenehmer wahrheitsgemäß beantwortet werden. Diese Informationen sind im Franchiseunternehmen höchst vertraulich zu behandeln und sollten nur einem kleinen Kreis von Entscheidungsträgern zugänglich sein. Beide Parteien unterzeichnen für den Informationsaustausch eine Verschwiegenheitserklärung und sichern einen vertraulichen Umgang mit den Informationen zu.

2.1 Inhalte eines Franchisevertrags

Neben den allgemeinen Vertragsinhalten eines Standardvertrags, die stets branchenübliche Aspekte enthalten sollten, gibt es zahlreiche Punkte, die branchenübergreifend sind oder örtliche Gegebenheiten beinhalten. Diese Punkte sind für beide Partner von großem Interesse; Sie sollten daher eine besondere Beachtung in den Verhandlungen finden und gegebenenfalls dem Standardvertrag gesondert hinzugefügt werden. Damit der Vertrag kurz und informativ gehalten wird, aber trotzdem alle rechtlichen Inhalte und Bedürfnisse der jeweiligen Parteien erfüllt, ist es zweckmäßig, zum Franchisevertrag eine Gebührenmatrix hinzuzunehmen, die individuelle Kennzahlen und Informationen zum jeweiligen System enthält. Detailinformationen zum Franchisevertrag gibt das Administrationsmanual, das die Rechte und Pflichten von Franchisegeber und Franchisenehmer für deren Zusammenarbeit detailliert aufzeigt.

▶ Der große Vorteil für Franchisegeber mit unterschiedlichen Konzepten und daraus resultierenden Anforderungen ist, dass alle Franchiseverträge auf einer Vertragsstruktur aufbauen können. Die Grundphilosophie der Zusammenarbeit wird als Gesamtes in einem Franchisevertrag für alle Konzepte dargestellt. Alle weiteren Informationen wie Pflichten und Rechte lassen sich in einem Administrationsmanual erfassen. Die Gebührenmatrix kann die unterschiedlichen Systeme und deren Gebühren, Kennzahlen oder systemtypische Anforderungen darstellen und der jeweiligen Philosophie des Konzeptes angepasst werden.

2.1.1 Vertragsdauer

Franchisenehmer und -geber haben häufig Interesse an einem festgelegten Zeitrahmen für die Zusammenarbeit, damit beide Parteien eine gewisse Sicherheit erhalten, um Investitionen und persönliches Engagement gewinnbringend einzusetzen und um eine vorzeitige und willkürliche ordentliche Kündigung beider Parteien zu umgehen. Franchiseverträge können sich von einem Jahr bis zu fünf oder auch zehn Jahren belaufen. Nicht selten wird die Vertragslaufzeit mit einer Verlängerungsoption optimiert. Der Zeitraum der Vertragsverpflichtung hängt oft von der Branche, den Investitionen, dem Franchisemodell oder auch den Abschreibungsmöglichkeiten von Investitionen ab.

2.1.2 Kündigung des Franchisevertrags

Liegen besonders wichtige Gründe für eine Kündigung vor, ist es selbstverständlich der einen oder anderen Partei vorbehalten, „außerordentlich" zu kündigen. Aus Sicht des Franchisegebers ist es wichtig, dass bereits im Vertrag beziehungsweise im Administrationsmanual die Gründe, die zur „außerordentlichen Kündigung" berechtigen, exakt definiert werden. Die typischen Verträge regeln auch den Fall einer ernsthaften und dauerhaften Erkrankung sowie den Tod des Franchisenehmers und die sich hieraus ergebenden Folgen. Stirbt der Franchisenehmer während der Vertragslaufzeit, sind die Erben häufig in einer misslichen Lage, da man meist nur unter großen finanziellen Einbußen eine Einigung mit dem Franchisegeber herbeiführen kann. Sind dagegen im Franchisevertrag Möglichkeiten vorgesehen, die das Handeln der Erben erleichtern, lassen sich viele spätere Streitpunkte vermeiden oder ihre Auswirkungen reduzieren.

Typische außerordentliche Kündigungsgründe sind zum Beispiel Insolvenz, ein drastischer Umsatzrückgang um einen exakt beschriebenen Prozentsatz, wiederholte grobe Vertragsverletzungen, obwohl der eine Vertragspartner den anderen zuvor schriftlich abmahnte, unerlaubte Konkurrenz sowie Störungen im Zahlungs- und Lieferverkehr.

2.1.3 Gebietsschutz

Häufig ist der Franchisenehmer an einer vertraglichen Festlegung seines Gebietes interessiert. Um spätere Streitigkeiten zu vermeiden, ist es stets für beide Parteien von großem Interesse, das Vertragsgebiet exakt zu bestimmen, also einen Gebietsschutz zu vereinbaren. Möchte der Franchisenehmer darüber hinaus seinen Kundenkreis schützen, so ist es für ihn wichtig, dass er dem Franchisegeber vertraglich die Zusage abringt, dass anderen Franchisenehmern im selben Unternehmen das Verbot auferlegt wird, ihm Kunden oder Mitarbeiter abzuwerben.

► Der Gebietsschutz sollte immer mit einem Expansionsplan hinterlegt werden, in dem die Anzahl der Standorte, der Zeitrahmen sowie eine Vertragsstrafe bei Nichterreichung der Expansionszahlen festgelegt sind, damit bei Nichterreichung des Expansionsplans der Gebietsschutz aufgehoben werden kann und der Franchisegeber keine Standorte in der Expansion verliert beziehungsweise das Gebiet zusätzlich mit einem weiteren Franchisenehmer besetzt werden kann.

2.1.4   Einsatz von externen Dienstleistern

Je nach Branche oder Franchisesystem kann es sinnvoll sein, den Einsatz von Subunternehmern vertraglich festzulegen, um beispielsweise weitere Filialen zu führen. Bereits vor der Vertragsausarbeitung sollten die Parteien die Regeln und Prozesse bzw. Verbote für den Subunternehmer definieren und diese im Administrationsmanual exakt beschreiben. In der Beschreibung sollten zum Beispiel Mitarbeiteranforderungen, eine Verpflichtung zur Einhaltung der Vorgaben des Franchisegebers und der gesetzlichen vorgeschriebenen Regelungen sowie Ausbildung und Kommunikationspflicht gegenüber dem Franchisegeber festgehalten werden.

▶   Bei Einsatz von Subunternehmern sollte jeder Franchisegeber bei der Vertragsausarbeitung den schlechtesten oder den ungünstigsten (anzunehmenden) Fall (Worst Case) in der Zusammenarbeit und in der Ausführung der Leistung durchdenken. Hierbei sollten Situationen, die eine negative Umsetzung der Vorgaben für das System darstellen können, besonders betrachtet werden. Diesbezüglich sollten Kündigung, Reporting der Leistung und Qualitätskontrollen des Subunternehmers klar definiert werden.

2.1.5   Wettbewerbsverbot

Ein festgelegtes Wettbewerbsverbot zwingt den Franchisenehmer zu vertragstreuem Verhalten gegenüber seinem Franchisegeber. Der Franchisegeber stellt sicher, dass keine weiteren Aktivitäten des Franchisenehmers bei Mitbewerbern oder branchenverwandten Unternehmen unternommen werden. Sieht der Vertrag auch ein nachvertragliches Wettbewerbsverbot vor, ist dieses Verbot stets den aktuellen rechtlichen Gegebenheiten des jeweiligen Landes anzupassen. Insbesondere im Rahmen einer landesüberschreitenden Vertragsgestaltung ist besondere Vorsicht an den Tag zu legen, damit ausgeschlossen wird, dass ungültige oder unwirksame Regeln normiert werden.

▶   Damit das unternehmerische Engagement und die Leistung vollzeitlich dem vertraglich verpflichteten Unternehmen gelten, sollten das Wettbewerbsverbot und die zusätzlichen genehmigten Aufgabenfelder des Franchisegebers vertraglich festgehalten werden.

2.1.6   Aus- und Weiterbildung

Der Franchisegeber seinerseits ist sehr bemüht, die Aus- und Fortbildung des Franchisenehmers und seiner Mitarbeiter im Sinne des Franchisesystems vertraglich zu regeln. Textmäßig nimmt das Aufstellen dieser Regeln breiten Raum in Anspruch, weil nicht nur Art und Dauer der Fortbildung, sondern auch die Kostenübernahmeverpflichtung Berücksichtigung finden sollten. Hierzu sollte der Franchisevertrag lediglich die Verpflichtung des Franchisegebers festschreiben. Die Prozesse beziehungsweise die detaillierten Vorgehensweisen sind im Administrationsmanual zu dokumentieren. In der Gebührenmatrix können Schulungsbedarf, Kosten, Dauer und die zu schulenden Personen festgehalten werden.

Der Franchisegeber sollte im Vertrag Wert darauf legen, dass die Teilnahme an Schulungen für den Franchisenehmer, seine Vertreter und Mitarbeiter verpflichtend ist, dass der Franchisenehmer sicherstellt, dass während des Schulungszeitraums der Betrieb aufrechtzuerhalten ist, und er dafür Sorge zu tragen hat, dass alle öffentlich-rechtlichen und systemrelevanten Regelungen einzuhalten sind.

▶ Ein klare Definition der Trainingsmodule, die Kursvorbereitung und -dauer, wer welchen Kurs und dessen Nebenkosten bezahlt, sowie eine Aufzählung der verpflichtenden und freiwilligen Weiterbildungskurse – all dies sind wichtige Bestandteile der Kommunikation zwischen Franchisegeber und Franchisenehmer. Messwerte als Kennzahlen, wie zum Beispiel der vorgegebene Trainingslevel in der Gebührenmatrix, verpflichten den Franchisenehmer bei Nichterreichung zu Folgeschulungen und zeichnen ein klares Bild des Trainingsstatus.

Die Verpflichtung ist Bestandteil des Franchisevertrags, Messwerte, Schulungseinheiten, Preise und Dauer der Schulung werden in der Gebührenmatrix festgehalten. Die Vorgehensweise von Aus- und Weiterbildung regelt das Administrationsmanual, die Schulungsinhalte im Detail dagegen das interne Trainingssystem.

2.1.7 Datenschutz und verpflichtende Versicherungen

Eine Datenschutz-Verpflichtung ist ein unumgänglicher Bestandteil eines Franchisevertrags. Häufig ist der Franchisegeber daran interessiert, eine strenge Geheimhaltungsklausel vertraglich zu vereinbaren. Der Datenschutz und die Geheimhaltungsverpflichtung beziehen sich auf den Franchisegeber: Er darf keine Informationen über seinen Franchisenehmer außerhalb des Systems kommunizieren. Daneben gibt es bestimmte Kriterien, wie etwa standortbezogene Kennzahlen oder G&V des Franchisenehmers, die intern sehr vertraulich behandelt werden müssen. Auch der Franchisenehmer wird verpflichtet, interne Informationen und Daten, wie zum Beispiel Marketingpläne, Produktspezifikationen oder Systeminformationen, nicht an außenstehende Dritte weiterzugeben. Nicht selten werden bei Verstoß hohe Vertragsstrafen festgesetzt.

▶ Franchisenehmer sollten noch im Auge behalten, ob und in welcher Höhe bei Vertragsverstoß Zahlungen fällig werden, die auch beim Scheitern der Vertragsbeziehung oder bei gerichtlicher Auseinandersetzung vom Franchisegeber eingefordert werden können, weil der Vertrag dies so vorsieht.

Hinsichtlich der Produkt- und Betriebshaftpflicht sind beide Parteien angehalten, durch den Abschluss geeigneter Versicherungen für einen ausreichenden Deckungsschutz zu sorgen. Die Verpflichtung zum Abschluss von Versicherungen sollte im Vertrag geklärt sein. Eine genaue Aufzählung der Versicherungen kann in der Gebührenmatrix erfolgen, da je nach Konzept diesbezüglich unterschiedliche Anforderungen bestehen.

2.1.8 Streitigkeiten und Schiedsstelle

Für den Fall späterer Streitigkeiten haben die Parteien häufig den Wunsch, ein Schiedsgericht verpflichtend hinzuzuziehen. Zu beachten ist, dass die Schiedsgerichte ebenfalls Gebühren verlangen; sie stehen in der Regel den typischen Gerichtskosten in nichts nach, sondern gehen sogar darüber hinaus.

Eine Vereinbarung im Hinblick auf einen gemeinsamen Gerichtsstand könnte also aus Ersparnisgründen infrage kommen. Hat der Vertrag eine Auslandsberührung, weil zum Beispiel eine der Parteien Ausländer ist oder die Expansion im Ausland stattfindet, sollte die Rechtswahl im Mittelpunkt der vertraglichen Einigung stehen. Typischerweise setzt sich im Rahmen einer solchen Diskussion der Franchisegeber durch, der ein Interesse daran hat, im ihm vertrauten Gebiet Rechtsstreitigkeiten lösen zu wollen. Erkennen beide Parteien, dass Streitigkeiten tunlichst außerhalb der Öffentlichkeit ausgefochten werden sollten, sind Schiedsgerichte in der Lage, diese Diskretion sicherzustellen. In der Praxis hat sich bewährt, dass jede Partei vertraglich in die Lage versetzt wird, einen Schiedsrichter zu bestimmen, während sich die Schiedsrichter ihrerseits dann auf einen Oberschiedsrichter zu einigen haben. Gelingt die Einigung nicht, kann eine im Vertrag benannte Organisation, zum Beispiel der Präsident der Industrie- und Handelskammer, durch eine entsprechende vertragliche Formulierung in die Lage versetzt werden, den Oberschiedsrichter zu bestimmen. Da es jedoch viele weitere Möglichkeiten gibt, Schiedsklauseln abzufassen, sollten beide Vertragspartner des Franchisevertrags größten Wert darauf legen, sich bereits bei der Vertragsanbahnung Gedanken über diese Fragen zu machen.

▶   Später lassen sich Schiedsklauseln selten neu abfassen, weil beide Parteien sich über den Vertragsinhalt einigen müssten. Ist bereits ein Streit entstanden, ist der Spielraum für eine Änderung der Schiedsklausel aufgrund der vertraglichen Interessenslagen der Parteien erheblich eingeschränkt.

2.1.9 Miet- und Pachtverträge

Neben dem Franchisevertrag kann es im individuellen Fall häufig nötig sein, sich auch über weitere Verträge – Miet- und Pachtverträge oder markenrechtliche Verträge – Gedanken zu machen. In allen Vertragsangelegenheiten sollten idealerweise beide Parteien auf Fachleute als Berater zurückgreifen. In der Regel trägt jede Partei die Kosten ihrer eigenen Berater. Legt eine Partei, häufig der Franchisegeber, einen Vertragsentwurf vor, so übernimmt er auch die Kosten, die bei der Abfassung dieses Entwurfs entstanden sind. Sollten ausnahmsweise notarielle Verträge nötig sein, teilen sich die Parteien häufig diese Kosten je zur Hälfte.

► Ein Franchisevertrag sollte aufgrund der vertraglichen Regelung seine Vertrags-auflösung nach sich ziehen, wenn und sobald der Mietvertrag des Standortes ausläuft. Jedem Franchisenehmer ist zu raten, den Franchisevertrag nicht vor der Finanzierungszusage zu unterschreiben und Mietverträge nicht vor dem Franchisevertrag.

2.2 Gebührenmatrix als Zusatz zum Franchisevertrag

Möchte der Franchisegeber den Franchisevertrag seitenmäßig reduzieren und in einem Unternehmen für mehrere Franchisesysteme nutzen, besteht die Möglichkeit, die verbind-lichen Systemgebühren, aufgeschlüsselt nach Leistung und Marke, in einer Gebühren-matrix aufzulisten und diese Matrix zum Bestandteil des Franchisevertrags zu machen. Die Matrix erhält diverse Informationen, wie zum Beispiel Franchisegebühren, Marketing-gebühren, Einkaufsgebühren und Eröffnungsgebühren sowie zu leistende Rückstellungen zum Umsatz für Renovierungsarbeiten im Rahmen der notwendigen Zeitintervalle, Trai-ningskosten, lokale Marketingverpflichtungen (häufig in Prozentpunkten vom Umsatz vereinbart), Zahlungsraster, Zahlungszeiträume, Abrechnungsregelwerke, Pachtgebühren, Provisionen, Boni und Mieten (vgl. Abb. 2.1).

Den Vertragspartnern könnte es auf diese Weise gelingen, mithilfe der Übersicht Ge-bührenklarheit zu gewinnen und den Franchisevertrag – unabhängig von Konzept, Größe und Konditionen – in einem Unternehmen für alle Konzepte gleichzustellen.

► Bei einem Franchisegeber mit mehreren Franchisesystemen oder einem Fran-chisesystem und unterschiedlichen Modulen ist eine Gebührenmatrix von großem Vorteil, da der Franchisevertrag die wesentlichen Vereinbarungen ent-hält und somit für jedes System einsetzbar ist; auch die Gebührenmatrix kann jedem System und dessen Anforderungen angepasst werden kann.

2.3 Administrationsmanual und dessen Inhalte

Das allgemeine Regelwerk des Administrationsmanuals wird in Kap. 3 erläutert. Eine Auswahl von Inhalten und Unterpunkten soll Ihnen Ideen liefern, um für Ihr Unternehmen die für Sie relevanten Punkte herauszufinden und mit Inhalt zu füllen. Die Inhalte und die Formulierungen sind rechtlicher Bestandteil eines Franchisevertrags, in dem der Fran-chisegeber die Regeln, Pflichten und Rechte für Franchisenehmer und Franchisegeber detailliert beschreiben kann.

Hier finden Sie eine Beispiel-Auswahl von Punkten für Ihre Gebührenmatrix mit
kurzen Erklärungen zur Berechnung, welche dem Franchisevertrag zugeordnet
ist.

Vertragszusatz: VR1523Huber	*Franchisenehmermodell: xxxx*	
Standort: xxxxxxx	Stand Vereinbarung: 15.02.2014	
Franchisegebühren		
Franchise-Fee / Systemgebühr	in % vom Umsatz	o
Marketing-Fee national	in € oder % vom Umsatz	o
Lokales Marketing (LKM)	in € oder % vom Umsatz	o
Eröffnungsgebühr	einmalige pro Eröffnung	o
Lizenzgebühr	einmalige pro Eröffnung	o
Eröffnungsmarketing	meist in €	o
Sonstige Gebühren		o
Mieten und Leasing		
Basismiete	in € als Grundmiete	o
Umsatzmiete	in % vom Umsatz	o
Gerätemiete, z.B. Geldautomaten	in % vom Umsatz	o
Rückstellung Renovierung	in € oder % vom Umsatz	o
Verwaltungskosten des FG	in € oder % vom Umsatz	o
Fracht und Logistik	in € oder % vom Umsatz	o
Provision		
Verkaufsprovision nach Sortiment oder Artikel	in Stückzahl, nach Vertrag oder in % vom Umsatz	o
Zeiten		
Sonderöffnungszeiten	/ 5 Sonntage per anno	o
Öffnungszeiten mindest.	/ 11.00 Uhr bis 18.00 Uhr	o
Schließzeiten	/ 22.00 Uhr bis 7.00 Uhr	o
Feiertage	/ Weihnachtsfeiert. geöffnet	o
Standortkategorie		
Kategorie A / ab 1.5 Mio. Einwohn.	/ Freeständer / Ausfallstraße	o

Hinweisspalte

Alle Inhalte müssen
vertragskonform sein

Abb. 2.1 Gebührenmatrix

Inhalte können je nach Franchisesystem variieren. Arbeiten Sie mit Kennzahlen, welche bindend sind, und setzen Sie diese Matrix als Bestandteil des Franchisevertrages.

Hinweisspalte

Franchisegebühren		
Verpflichtende Schulungen	Trainingsplan B	o
Management Besetzungsplan	1 BL/ 1 erster ASS / 1 ASS / 2 SF	o
Sollbesetzung nach Umsatz	4500 Stunden mindest. 60% VZ	o
Pflichtveranstaltungen	alle	o
Außerordentliche Vereinbarung		
Darlehen	Vertrag 105 / Laufzeit 5 Jahre	o
Expansion		
Expansionsplan	Beilage 501	o
Besetzungsplan laut Expansion	Beilage 502	o
Investitionsplan Expansion	Beilage 503	o
Vertriebsschienen		
Onlineshop	/	o
Im Haus	/	o
Lieferservice	/	o
Fensterverkauf	/	o
Einheit x	/	o
Einheit xxl	/	o
Einheit 3xl	/	o

Mitarbeiterplanung
kann auch nach
Umsatz gestaffelt sein.

Abkürzungen:
Trainingsplan B = Plan, welcher der Standortkategorie zugeordnet ist
Managementbesetzung = BL = Betriebsleiter
                       Erster ASS = erster Assistent,
                                    Befähigung zum BL
                       ASS = Assistent
                       SF= Schichtführer
                       MA = Mitarbeiter

Abb. 2.1 (Fortsetzung)

Beispiel

Auszug einer Prozessbeschreibung im Administrationsmanual:

12.1 Internet standortbezogene Webseite

Bestandteil des Franchisevertrages von 15.03.2018 Herr Mustermann/Standort Mainz

Der Franchisenehmer ist verpflichtet, eine standortbezogene Webseite einzurichten und entsprechend den Systemvorgaben zu betreiben.

Der Franchisegeber stellt dem Franchisenehmer die standortbezogene Webadresse kostenfrei zur Verfügung, ebenso die Kontaktdaten der beauftragten Firma zur Webseitenprogrammierung. Die Kosten für die Programmierung, Bereitstellung der Software, Pflege der Webseite, Controlling von Content und das Einpflegen der Content-Informationen trägt der Franchisenehmer, siehe Aufstellung und Kostenrahmen *Internet-Web 7890- Standort Mainz*. Das Erstellen und Betreiben einer selbst gestalteten Webseite ist ausdrücklich untersagt.

Der Franchisenehmer ist verpflichtet, folgende Regelungen einzuhalten:

- Die Programmierung erfolgt ausschließlich durch die vom Franchisegeber bereitgestellte Firma.
- Die Kosten laut Kostenrahmen *Internet-Web 7890- Standort Mainz* trägt der Franchisenehmer.
- Der Franchisegeber gibt Design, Funktionalität, Software sowie die Vorgehensweise der Programmierung vor.
- Der Franchisegeber füllt die Webseite mit nationalen Informationen und Marketingaktionen.
- Der Franchisenehmer stellt sicher, das monatlich *ein* Eintrag für die standortbezogene Webseite bei der Firma x eingereicht wird.
- Erstellung des Content siehe Beispiele und Prozessstruktur sind im LKM-Handbuch dargestellt.
- Der Franchisenehmer erstellt eine monatliche Rückstellung zur Systemanpassung laut Kostenrahmen *Internet-Web 7890- Standort Mainz*.
- Eine Systemanpassung erfolgt alle 4 Jahre. Der nicht verwendete Betrag der Rückstellung wird zurückerstattet.

Sofern ein Franchisenehmer seine Webseite durch eine von ihm gewählte Firma programmieren möchte, muss diese alle Inhalte der Systemanforderungen und der Systemgrundlagen einhalten und erfüllen.

Alle Inhalte, Prozessstrukturen und Bilddateien werden der Firma XY vom Franchisegeber zur Verfügung gestellt. Der Franchisegeber stellt diese Sonderleistung der Beratung der externen Firma zu den Umsetzungsinhalten und der Systemanforderungen dem Franchisenehmer in Rechnung. Die Content-Freigabe erfolgt nur durch den Franchisegeber oder die von ihm beauftragten Unternehmen. Diese Sonderleistung wird ebenfalls dem Franchisenehmer in Rechnung gestellt. Der Franchisenehmer spricht vor der Vergabe einzelne Anforderungen mit dem Franchisenehmer ab und erfragt für die separaten Leistungen einen Kostenvoranschlag von seinem Franchisegeber.

Beispiel einer Positionsberechnung für die Anzahl der benötigten Mitarbeiter. Als Basis der Berechnung gilt die Kundenberechnung nach Stunden/Tagen und die daraus resultierende Umsatzplanung.

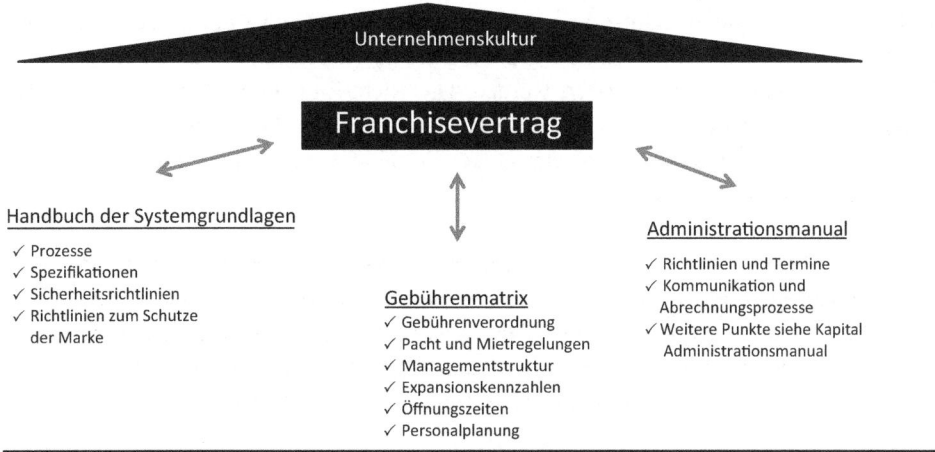

Unternehmenskultur

Franchisevertrag

Handbuch der Systemgrundlagen

✓ Prozesse
✓ Spezifikationen
✓ Sicherheitsrichtlinien
✓ Richtlinien zum Schutze
  der Marke

Gebührenmatrix

✓ Gebührenverordnung
✓ Pacht und Mietregelungen
✓ Managementstruktur
✓ Expansionskennzahlen
✓ Öffnungszeiten
✓ Personalplanung

Administrationsmanual

✓ Richtlinien und Termine
✓ Kommunikation und
  Abrechnungsprozesse
✓ Weitere Punkte siehe Kapital
  Administrationsmanual

 Mietverträge und Dienstleistungsverträge sollten ebenfalls ein Bestandteil in einem Franchisevertrag sein

Abb. 2.2 Franchisevertrag und dessen Verknüpfungen

Beilage:
- Unterlagen Systemanforderung
- Content – Informationen – Prozessstruktur
- Kostenrahmen *Internet-Web 7890- Standort*.......
- Verhaltensregeln Internet
- Nutzugshandbuch
- Antrag Schulung „Web Content"/Systemeinweisung

Wichtig ist hierbei, dass Inhalte und Prozesse detailliert erklärt werden, damit es in der Formulierung keine Missverständnisse gibt und unnötige Diskussionen und Streitigkeiten vermieden werden können. Die Inhalte und die Formulierungen sollten rechtlich überprüft und mit dem Franchisevertrag abgestimmt werden.

2.4   Handbuch der Systemgrundlagen

Das Systemhandbuch gibt die Grundlagen eines Franchisesystems wieder. Dieses beinhaltet Prozesse, Anweisungen, Produktspezifikationen oder Umsetzungsrichtlinien auf Basis der Systemgedanken und der Philosophie des Systems. In Kap. 4 werden wir genauer auf die Systemgrundlagen eingehen. Typischerweise verpflichtet sich der Franchisenehmer im Franchisevertrag, die Regeln des Systemhandbuches exakt einzuhalten (vgl. Abb. 2.2).

Trotz dieser rechtlichen Verbindlichkeit ist das Handbuch der Systemgrundlagen ein Kommunikationstool und hat seinen rechtlichen Bestand, sobald der Franchisegeber die Inhalte im System freigibt. Da täglich Informationen und Änderungen zu einem Handbuch für Systemgrundlagen hinzukommen, muss dies nicht wie der Franchisevertrag oder das Administrationsmanual rechtlich geprüft werden. Änderungen müssen lediglich an den Franchisenehmer kommuniziert werden. Die Nicht-Einhaltung von Prozessen oder Standards der Systemgrundlagen, die der Franchisegeber vorgibt, ist eine Verletzung des Franchisevertrags und kann nach mehrmaliger Ermahnung eine Abmahnung bis hin zur Kündigung nach sich ziehen.

▶   In der Prozessentwicklung und Ausarbeitung der Systemgrundlagen ist der Franchisepartner ein wichtiger und kompetenter Partner. Die Entscheidung über die Inhalte und ihre Formulierungen in den Systemgrundlagen sollte allein beim Franchisegeber liegen, da dieser gegenüber all seinen Franchisepartnern und dem Franchisesystem die Gesamtverantwortung trägt.

2.5   Kennzahlen und Systeminformationen

Kennzahlen und Systeminformationen sind wichtige Punkte im Datenschutz eines Franchisevertrags. Der Franchisegeber ist verpflichtet, keine Kennzahlen von Franchisenehmern an Dritte weiterzugeben. Es ist jedem Franchisegeber zu raten, einen internen Sicherheitsprozess einzurichten, aus dem hervorgeht, wer welche Informationen über den Franchisenehmer und dessen Standorte erhalten darf.

In den Vertragsverhandlungen und im Bewerbungsprozess des Franchisenehmers werden beidseitig Kennzahlen und Systeminformationen ausgetauscht. Hierfür sollte unbedingt für beide Seiten ein Vorvertrag mit einer Verschwiegenheitsklausel in den Vertrag eingebaut werden.

▶   Bei Abfassung des Vertrags ist auch folgender Hinweis bedeutend: Kennzahlen und Richtwerte sind nach besten Wissen und Gewissen vom Franchisegeber für den Franchisenehmer zusammengestellt worden. Diese Kennzahlen sind Werte, die an anderen Standorten erwirtschaftet wurden und jederzeit vom Franchisegeber nachgewiesen werden können. Alle übergebenen Kennzahlen treffen keinerlei Aussage über den zu erwartenden Profit, die Umsätze oder die Erreichung der überreichten Kennzahlen. Alle übermittelten Kennzahlen sind lediglich Vergleichswerte und beziehen sich nicht auf das zu erwartende Ergebnis des Franchisenehmers.

2.6 Abmahnprozess und Kündigung des Franchisevertrags

Zu Recht legt der Franchisegeber Wert darauf, Beraterbesuche bei seinen Franchisenehmern und die sich daraus ergebenen Handlungsempfehlungen schriftlich zu dokumentieren. Stellt sich im weiteren Verlauf heraus, dass der Franchisenehmer Prozesse und Aktivitäten trotz klarer Anweisungen nicht einhält, hat der Franchisegeber die Möglichkeit, weitere unterstützende Hilfe anzubieten oder ggf. einen Abmahnprozess einzuleiten.

Besuchsberichte und die damit verbundenen Aktionspläne weisen auf zu korrigierende Defizite hin und geben eine Handlungsempfehlung. Sollte trotz mehrmaliger Besuche und korrigierender Hinweise keinerlei Resonanz seitens des Franchisenehmers erfolgen, kann der Franchisegeber einen Abmahnprozess einleiten. Auch im Abmahnprozess sollte der Franchisegeber dem Franchisenehmer stets seine Verbindlichkeit zur Unterstützung aufzeigen sowie Hilfestellung zur Problemlösung anbieten. Sollte keine Verbesserung erzielt werden, kann der Franchisegeber nach dreimaliger Abmahnung die Kündigung des Franchisevertrags einleiten.

> ► Im Falle einer nicht geleisteten Hilfeleistung sollte der Franchisenehmer diese einfordern, da der Franchisegeber verpflichtet ist, dem Franchisenehmer eine Hilfestellung zur Systemführung trotz laufenden Abmahnprozesses anzubieten und diese, fortlaufend der Situation, anzupassen. Eine fehlende oder mangelnde Hilfeleistung kann gerichtlich dem Franchisegeber negativ ausgelegt werden.
> Einem Franchisenehmer ist anzuraten, die vereinbarten Hilfestellungen seines Franchisegebers umzusetzen, dem Franchisegeber Defizite in der Umsetzung aus der Handlungsempfehlung schriftlich mitzuteilen und weitere Hilfestellungen schriftlich einzufordern.
> Jeder Franchisenehmer sollte beachten, dass eine Aktivität bindend ist, wenn sie vom Franchisegeber festgelegt wird und der Franchisenehmer dieser nicht schriftlich widerspricht.

Kommt es zu einer Abmahnung, sollte der Franchisenehmer berücksichtigen, dass der Franchisegeber zuvor seine Rechtsabteilung zur Beratung eingeschaltet hat. Daher gilt die Handlungsempfehlung an den Franchisenehmer, auch seinerseits rechtlichen Beistand einzuholen. Der Franchisenehmer muss nämlich grundsätzlich damit rechnen, dass einer Abmahnung eine Kündigungserklärung des Franchisegebers folgen könnte (vgl. Abb. 2.3).

Eine Kündigungserklärung hat häufig erhebliche wirtschaftliche Konsequenzen für den Franchisenehmer, insbesondere im Hinblick auf seine getätigten Investitionen und den finanziellen Ausfall bereits gezahlter Gebühren, die der Franchisegeber, sofern nicht vertraglich anders geregelt, nicht zu erstatten hat.

▶ Abmahnung in einem Franchisesystem sollte der letzte Schritt in der Problemlösung sein. Doch sollte jeder Franchisenehmer eine härtere Vorgehensweise
seines Franchisenehmers akzeptieren und im System unterstützen, wenn ein
Franchisepartner sich längerfristig nicht an die Systemvorgaben oder gesetzlichen Regeln hält und somit dem System schadet. Eine konsequente Vorgehensweise des Franchisegebers schützt nicht nur das Franchisesystem, sondern
auch alle Franchisenehmer, die dem System vertrauen und Investitionen getätigt haben.

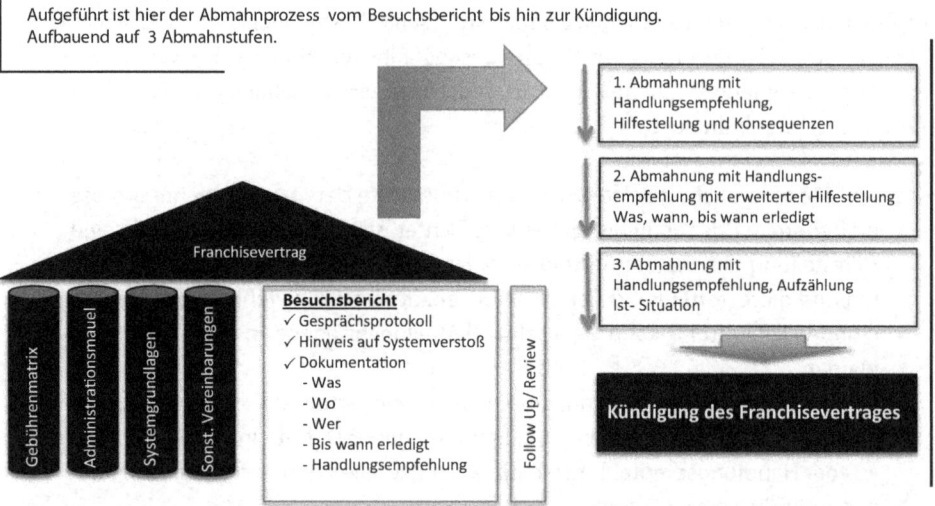

Aufgeführt ist hier der Abmahnprozess vom Besuchsbericht bis hin zur Kündigung.
Aufbauend auf 3 Abmahnstufen.

1. Abmahnung mit Handlungsempfehlung, Hilfestellung und Konsequenzen

2. Abmahnung mit Handlungs-empfehlung mit erweiterter Hilfestellung Was, wann, bis wann erledigt

3. Abmahnung mit Handlungsempfehlung, Aufzählung Ist- Situation

Kündigung des Franchisevertrages

Franchisevertrag

Gebührenmatrix

Administrationsmauel

Systemgrundlagen

Sonst. Vereinbarungen

Besuchsbericht
✓ Gesprächsprotokoll
✓ Hinweis auf Systemverstoß
✓ Dokumentation
   - Was
   - Wo
   - Wer
   - Bis wann erledigt
   - Handlungsempfehlung

Follow Up/ Review

Abb. 2.3 Der Abmahnprozess

Franchise-Administrationsmanual

3

Das Franchise-Administrationsmanual eines Franchiseunternehmens ist ein wichtiger Baustein der Philosophie eines Franchiseunternehmens und wird vom Franchisegeber erstellt. Das Franchise-Administrationsmanual beinhaltet eine Aufzählung der Spielregeln für eine faire Zusammenarbeit zwischen Franchisenehmer und Franchisegeber. Eine klare Definition von Abläufen, Terminen und Regelwerken, die im Zusammenhang zum Franchisevertrag zwischen Franchisenehmer und Franchisegeber entstehen, ist notwendig. Das Franchise-Administrationsmanual bleibt Eigentum des Franchisegebers, allein schon, um die Marke zu schützen.

Ein Franchise-Administrationsmanual setzt klare Spielregeln in Bezug auf Termine, Abrechnungstermine, Vertragsverlängerungen sowie administrative Pflichten beider Seiten und ist ein Bestandteil des Franchisevertrages (vgl. Abb. 3.1). Inhalte, die speziell die Vorgehensweise von vertragsrelevanten Themen oder Prozesse von Abwicklungen und Pflichten beider Vertragspartner behandeln, werden hier detailliert beschrieben und begleiten die Franchisepartner während der gesamten Vertragslaufzeit. Die hier festgelegten Prozesse unterstützen beide Seiten in ihrer Kommunikation und die unternehmerische Vorgehensweise des Franchisenehmers, damit ein einheitlicher administrativer Vorgang im gesamten System gesichert ist. Die Inhaltsangabe in Abb. 3.1 zeigt die Vielfalt der Inhalte auf, die Sie für Ihr Unternehmen einsetzen können. Der Vorteil besteht darin, dass Sie im Handbuch wesentlich spezifischere und detailliertere Themen und Pflichten beschreiben können als im Franchisevertrag.

© Springer Fachmedien Wiesbaden 2015
H. Riedl, C. Schwenken, *Praxisleitfaden Franchising,*
DOI 10.1007/978-3-658-04697-2_3

Die Beispiele der Inhalte in dieser Liste sollen bei der Erstellung eines Administrationsmanuals helfen.

Präambel	
Einleitung	o
Das Franchisekonzept	o
Die Philosophie des Unternehmens	o
Nutzung des Franchise-Administrationsmanuals	o
Copyright-Schutz	o
Zweck des Franchise-Administrationsmanuals	o
Aktualisierung von Inhalten in Handbüchern	o
Definitionen und Begriffe	o
Franchisenehmer-Struktur Ihres Franchiseunternehmens	
Franchisenehmer: Aufgaben – Erklärung – Definition	o
Single-Franchisenehmer (Einzel-Franchising)	o
Multi-Franchisenehmer (Gebiets-Franchising)	o
Master-Franchisenehmer (Eigenes Land)	o
Aufgaben der Systemzentrale/Operative, Rechte und Pflichten	o
Aufgaben eines Franchisenehmers nach der oben genannten Struktur	o
Franchisevertrag	
Franchisevertrag	o
Verfahren für Abschluss neuer Verträge	o
Laufzeiten der Franchiseverträge	o
Gebührenmatrix und Handbücher als Vertragszusatz	o
Externe Dienstleister/Verträge und Zustimmung	o
Vertragsverlängerung – Verfahrenswege	o
Abmahnprozess und Kündigung	o
Vertragsablauf Franchisevertrag und Mietvertrag	o
Themen der Zusammenarbeit	
Franchise-Auswahlverfahren für Bewerber	o
Schritte des Auswahlverfahrens und der Beurteilungsprozess	o
Phase der Integration von neuen Franchisenehmern	o
Inhalte der Partnerschaft sowie Aufgaben und Regeln	o
Mitarbeiterübernahme nach gesetzlichen Vorgaben	o

Hinweisspalte

Alle Inhalte sollten mit dem Franchisevertrag konform sein.

Abb. 3.1 Inhalte eines Administrationsmanuals

Themen der Zusammenarbeit		Hinweisspalte
Übernahme einer Systemeinheit/Filiale – Ablauf	o	
Übernahme Kunden aus einer bestehenden Franchisefiliale	o	
Rechte und Pflichten bei Filialübernahmen	o	
Übernahme-Inventar, Ware, Einrichtung	o	
Öffnungszeiten, Feiertage und Urlaub	o	
Unternehmerpflichten und Einhaltung von Gesetzen	o	Alle Inhalte
Preisänderungen/Preisgestaltung	o	sollten mit dem
Zustimmungen und Genehmigungen durch Franchisegeber	o	Franchisevertrag konform sein.
Einhaltung der Systemgrundlagen laut Handbücher	o	
Qualitätskontrolle und Kundenzufriedenheit	o	
Kritische Verstöße gegen Systemgrundlagen	o	
Franchisenehmer-Jahresgespräch	o	
Umgang mit Behörden/Vereinen in der Region	o	
Meetings und Veranstaltungen	o	
Trennung/Austritt/Vertragskündigung	o	
Franchise-Zulassungsverfahren für Bewerber der 2. Generation	o	
Weitere Notizen für die Zusammenarbeit:		
	o	
	o	
	o	
	o	
	o	
	o	
	o	
	o	
	o	
	o	
	o	

Abb. 3.1 (Fortsetzung)

Kommunikationsmittel/Sicherheit	
Standortbezogene Webseite und Aufgaben des FN	o
Internet/Standort/Filiale/Netzzugang Kunden	o
Internet – FG (Web-Portal) Nutzung und Sicherheit	o
Netzsicherheit und dessen Regelwerke	o
Warenwirtschaftssystem und dessen Anforderungen	o
Kassensysteme, Vorgaben und Spezifikationen	o
Videoüberwachung, Standard und Positionierung	o
Geldverkehr, Sicherheit und Kassenrichtlinien	o
TV mit öffentlichen Sendern	o
Radio, Musik mit öffentlichen Sendern und GEMA	o
Richtlinien Überfall und Unfall	o
Umgang mit Medienvertretern	o
Marketing/Marketing-Ausschuss	
Verwaltung des Marketingfonds	o
Gebühren des Marketing-Ausschusses	o
Franchise-Ausschuss und dessen Zusammensetzung	o
Ausschüttung von Überschüssen	o
Verrechnung "Marketingdeals"/Barter-Geschäfte	o
Berichtswesen Marketingbudget	o
LKM-Aktionen und Nutzung Handbuch	o
Werbeflächenanmietung	o
Gutscheine, Rabatte und bargeldlose Bezahlsysteme	o
Werbe-Marketingaktionen	o
Umgang mit der Marke/Corporate Identity	o
Aktionsbeteiligung und Umsetzung	o
Arbeitsgruppen Rechte/Pflichten	
Arbeitsgruppen Zusammensetzung	o
Umsatzbeteiligungen/Bonus	o
Arbeitseinsatz/Reisekosten	o
Wahlverfahren und Stimmrecht	o

Hinweisspalte

Alle Inhalte
sollten mit dem
Franchisevertrag
konform sein.

Abb. 3.1 (Fortsetzung)

Finanzen/Administration	
Business Planung pro Franchisefiliale	o
Umsatzerwartung und Planungsprozess	o
Operative Kosten und Buchungskonten	o
Gewinn-und-Verlust-Rechnung (G&V), Aufbau und Regelwerk	o
Finanzrichtlinien für Franchisenehmer	o
Geld/Zahlungsverkehr des Franchisenehmers	o
Cockpitmeldung Franchisenehmer, Aufbau, Inhalte, System	o
Computergestützte Buchhaltung und dessen Systemintegration	o
Buchprüfer	o
Kassensysteme	o
Jahresabschluss	o
Steuerberater	o
Steuern und Gebühren	o
Buchungskonten	o
Rückstellungen	o
Finanzaudits	o
Darlehen und Kredite	o
Finanzierungsrichtlinien	o
Franchisenehmergehalt	o
Verwaltungspauschale/Dienstleistungsgebühren	o
Inventuren, Kennzahlen und dessen Regelwerk	o
Personalmanagement	
Personaleinstellung, Kultur und Verantwortungsbereiche	o
Meldepflichten an Franchisegeber	o
Besetzungsquote laut Gebührenmatrix	o
Dienstplangestaltung	o
Personalaudits	o
Arbeitsverträge	o
Personalakten	o

Hinweisspalte

Alle Inhalte
sollten mit dem
Franchisevertrag
konform sein.

Abb. 3.1 (Fortsetzung)

Einkauf/Qualitässicherung

Aufgaben der Qualitätssicherung des Franchisegebers	o
Aufgaben der Qualitätssicherung des Franchisenehmers	o
Lieferantenaudits extern	o
Qualitätsaudits in Franchisefilialen	o
Zertifizierung von "Neuen Lieferanten"	o
Abtretungserklärung der Verantwortung des Franchisegebers an Franchisenhmer bei Verstoß des Lieferprozesses	o
Produkthandling und Sicherung	o
Einhaltung der gesetzlichen Vorgaben	o
Produktentwicklung und Innovationen	o
Genehmigte und zertifizierte Lieferanten	o
Externe Dienstleister zur Qualitätssicherung	o
Logistik und Gebühren	o
Reklamationsprozess	o
Produkthaftung	o
Technik und Komponenten – Warengruppen und Hersteller	o
Produktlagerung	o
Abgabe – Ware an Dritte (z.B. Hilfsbedürftige)	o
Produkttest, Testbetriebe	o

Training

Management-Training	o
Mitarbeiter-Training	o
Trainingskosten	o
Andere Trainingsmaßnahmen	o
Schulungsinhalte	o
Systemgrundlagen aller Marken	o
Trainingsstandorte	o
Verantwortung des Trainings	o

Hinweisspalte

Alle Inhalte
sollten mit dem
Franchisevertrag
konform sein.

Abb. 3.1 (Fortsetzung)

Instandhaltung und Veräußerung von Franchisefilialen

Veräußerung von Systemeinheiten/Filialen	o
Übernahme von Franchisefilialen in 2. Generation	o
Veräußerung einer Systemeinheit/Franchisefiliale	o
Berechnungsmatrix bei Filialverkäufen	o
Kaufpreisermittlung/Ablöse	o
Diskonierungszinssatz	o
Vertragsablauf Franchisevertrag und Mietvertrag	o
Renovierungen/Umbauten von Franchisefilialen	o
Ablauf und Procedere einer Renovierungsplanung	o
Ersatzbeschaffung/Instandsetzung	o
DACH und FACH Entscheidungen	o
Versicherungsschäden/Vandalismus	o
Rückstellungen für Investionen, Remodling	o

Alle Inhalte
sollten mit dem
Franchisevertrag
konform sein.

Expansion

Gebietsschutz	o
Expansionsplan und Berechnung	o
Mitarbeiterrekrutierung – Planung	o
Sicherheitszahlungen laut Expansionsplan	o
Standortplanung G&V	o
Kennzahlen und deren Nutzung	o

Marketing

Fachbereich Marketing	o
Branding Key Points	o
Werbeflächen Fremd- und Eigenvermarktung	o
Werbeflächenvermarktung	o
Point of Sale (POS)	o
Lokales Marketing (LKM)	o

Abb. 3.1 (Fortsetzung)

Systemhandbücher – Systemgrundlagen

4

Die sogenannten Systemhandbücher stellen den eigentlichen täglichen Begleiter des Franchisenehmers, aber auch seiner Angestellten dar. Diese Handbücher dienen einerseits dem Franchisenehmer als detaillierte und exakte Anweisung (Systemgrundlage) zu Aufbau und Führung des Franchisebetriebes. Neben dieser Tatsache helfen sie auch den Mitarbeitern, für die diese Bücher stets bereitstehen sollten, um die Bewältigung der täglichen Aufgaben zu erleichtern und überhaupt zu ermöglichen, dass eine Franchiseidee im Sinne des Franchisegebers umgesetzt wird.

> ▶ Die Vermittlung von Herstellungsverfahren, Verfahrenswissen, Prozesswegen und Hilfen zur Umsetzung und Führung des Franchisesystems ist rechtlicher Bestandteil des Franchisevertrages und die Pflicht eines jeden Franchisegebers. Der vertraglich verpflichtete Franchisenehmer sollte anhand des Handbuchs in der Lage sein, das Franchisesystem gemäß den Systemvorgaben zu verstehen und umzusetzen. Der Franchisegeber verpflichtet sich, das Handbuch stets den geschäftlichen Anforderungen anzupassen und das Franchisesystem weiterzuentwickeln. Die Pflicht des Franchisegebers ist es, dem Franchisegeber Schulungen bereitzustellen, damit dieser das Franchisesystem laut Handbuch der Systemgrundlagen umsetzen kann.

4.1 Systemgrundlagen als Kommunikator eines Franchisesystems

Das Handbuch der Systemgrundlagen übermittelt die Prozesse, die speziell für das Franchisesystem ausgearbeitet wurden. Diese Prozesse sind auf Basis der Qualitätssicherung zur Sicherung der Kundenzufriedenheit, der Profitabilität des Systems und der Organisation erstellt worden. Ein Handbuch der Systemgrundlagen kann rein prozessorientiert

© Springer Fachmedien Wiesbaden 2015

H. Riedl, C. Schwenken, *Praxisleitfaden Franchising*,
DOI 10.1007/978-3-658-04697-2_4

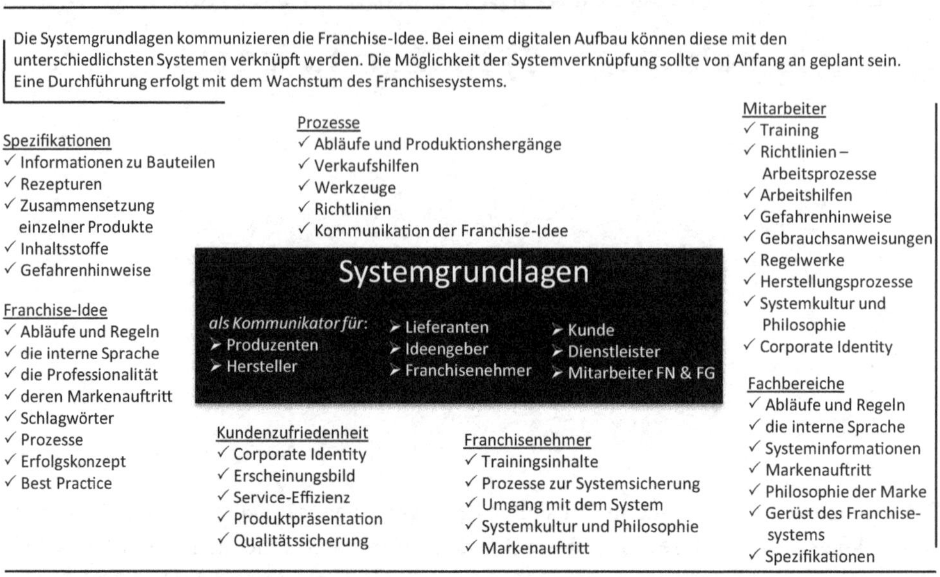

Die Systemgrundlagen kommunizieren die Franchise-Idee. Bei einem digitalen Aufbau können diese mit den unterschiedlichsten Systemen verknüpft werden. Die Möglichkeit der Systemverknüpfung sollte von Anfang an geplant sein. Eine Durchführung erfolgt mit dem Wachstum des Franchisesystems.

Spezifikationen
✓ Informationen zu Bauteilen
✓ Rezepturen
✓ Zusammensetzung
  einzelner Produkte
✓ Inhaltsstoffe
✓ Gefahrenhinweise

Franchise-Idee
✓ Abläufe und Regeln
✓ die interne Sprache
✓ die Professionalität
✓ deren Markenauftritt
✓ Schlagwörter
✓ Prozesse
✓ Erfolgskonzept
✓ Best Practice

Prozesse
✓ Abläufe und Produktionshergänge
✓ Verkaufshilfen
✓ Werkzeuge
✓ Richtlinien
✓ Kommunikation der Franchise-Idee

Mitarbeiter
✓ Training
✓ Richtlinien –
  Arbeitsprozesse
✓ Arbeitshilfen
✓ Gefahrenhinweise
✓ Gebrauchsanweisungen
✓ Regelwerke
✓ Herstellungsprozesse
✓ Systemkultur und
  Philosophie
✓ Corporate Identity

Systemgrundlagen

als Kommunikator für: ➤ Lieferanten   ➤ Kunde
➤ Produzenten   ➤ Ideengeber   ➤ Dienstleister
➤ Hersteller   ➤ Franchisenehmer ➤ Mitarbeiter FN & FG

Fachbereiche
✓ Abläufe und Regeln
✓ die interne Sprache
✓ Systeminformationen
✓ Markenauftritt
✓ Philosophie der Marke
✓ Gerüst des Franchise-
  systems
✓ Spezifikationen

Kundenzufriedenheit
✓ Corporate Identity
✓ Erscheinungsbild
✓ Service-Effizienz
✓ Produktpräsentation
✓ Qualitätssicherung

Franchisenehmer
✓ Trainingsinhalte
✓ Prozesse zur Systemsicherung
✓ Umgang mit dem System
✓ Systemkultur und Philosophie
✓ Markenauftritt

Abb. 4.1 Systemgrundlagen als Kommunikator der Franchise-Idee

sein oder auch die Philosophie und die Kultur des Franchisesystems wiedergeben. Ein durchdachtes Handbuch wird auch als Trainingshilfsmittel genutzt, denn es vermittelt dem Franchisenehmer, dem Franchisegeber und sogar den Lieferanten den Unternehmensprozess und durch seine Wortwahl zugleich bestimmte Schlagwörter für den Verkauf und die Kommunikation gegenüber dem Kunden. Die Systemgrundlagen bilden damit die Basis der Kommunikation vom Franchisegeber und dessen Mitarbeitern in der Systemzentrale zum Franchisenehmer und dessen Mitarbeitern sowie den Lieferanten (vgl. Abb. 4.1).

Überraschenderweise gibt es auch Franchiseunternehmen, bei denen Handbücher eine eher untergeordnete Rolle spielen. In diesen Unternehmen stößt man zuweilen auf eine gewisse Beratungsresistenz, die zu einem allgemeinen Missverständnis des Franchisesystems führt und zur Folge hat, dass der eigentliche Gedanke des Franchisesystems und des Franchisegebers nicht verstanden und gelebt wird. Das fehlgeleitete Verständnis der Systemhandbücher bewirkt, dass die Franchisenehmer kein Interesse an diesen Handbüchern entwickeln, sie ignorieren oder für Mitarbeiter sogar unzugänglich lagern.

Häufig lassen beide Vertragspartner unberücksichtigt, dass Handbücher nicht in die Büros des Franchisenehmers oder des Betriebsleiters gehören. Die Mitarbeiter müssen unmittelbaren Zugriff zu den Handbüchern haben, damit sie diese effektiv nutzen und das eigentliche Franchisekonzept leben können. Es gibt Franchisenehmer, die das Handbuch sogar verschlossen halten, da sie der Meinung sind, die Vertraulichkeitserklärung im Vertrag gelte auch für den Inhalt der Handbücher – was natürlich ein Irrtum ist, der auf schlechter Kommunikation und Missverständnissen beruht.

▶   Das Handbuch ist eine Arbeitsgrundlage und somit auch für die richtige Umset-
    zung des Systems für Mitarbeiter und Franchisenehmer zur Nutzung verpflich-
    tend. Entscheidend für die Umsetzung des Handbuches ist jedoch die Kultur
    des Franchisegebers. Oft wird unterschätzt, welchen Einfluss die Systemgrund-
    lagen auf die Kultur des Unternehmens haben. In Franchiseunternehmen, in
    denen die Systemgrundlagen nicht an die Mitarbeiter in der Systemzentrale
    kommuniziert werden, erlebt man nicht selten, dass Prozesse nicht auf das
    System abgestimmt sind und Uneinigkeit im Franchisesystem entsteht. Wenn
    allerdings die Systemzentrale und ihre Mitarbeiter die Systemgrundlagen ken-
    nen, leben und anwenden, wird das Franchisesystem sowohl in der Franchise-
    zentrale wie auch bei den Franchisenehmern gelebt. Dies spiegelt sich positiv
    im Miteinander zwischen Franchisegeber und Franchisenehmer sowie in der
    Professionalität und im Erfolg der Franchisemarke wider.

Viele Franchisenehmer unterliegen dem Irrglauben, dass die im Handbuch vereinbarten
Inhalte oder neu hinzugefügte Formulierungen einen wirksam abgeschlossenen Franchisevertrag ergeben. Tatsächlich hängt das wirksame Vertragsverhältnis zwischen Franchisegeber und Franchisenehmer nicht vom Inhalt des Handbuches und dessen Güte und Qualität ab, auch dann nicht, wenn das Handbuch schwer verständlich oder schlecht oder miss-
verständlich formuliert ist. Kündigungsmöglichkeiten des Franchisevertrages sind dann
gegeben, wenn Verstöße gegen die Richtlinien vorliegen, die wechselseitig im Vertrag
festgelegt sind. Häufig hat eine Abmahnung bzw. Ermahnung vorauszugehen. Dies sollten
beide Vertragsparteien beachten.

▶   Kündigungsgrund für den Franchisevertrag ist häufig die Gefährdung der
    Marke, insbesondere wenn die Gesundheit von Kunden oder Mitarbeitern
    gefährdet ist. Bitte beachten Sie: In der Regel sollte einer Kündigung zumindest
    eine Abmahnung vorausgehen!

4.2   Systemhandbücher als Führungsinstrumente

Ein Einzelunternehmer, der eine Filiale betreibt und in dieser auch täglich aktiv tätig ist,
vermittelt seinen Arbeitsprozess an seine Mitarbeiter durch seine Kommunikation und
sein Tun. Er gibt Anweisungen und stellt Regeln auf, deren Umsetzung er täglich kontrollieren kann, da er selbst vor Ort ist. In einem Franchisesystem oder auch Mehrfilialsystem ist eine direkte Kommunikation nicht möglich, da der Franchisegeber nicht an
jedem seiner Standorte unmittelbar aktiv ist. Er arbeitet mit selbstständigen Unternehmern
zusammen, denen er die Rechte erteilt, seine Franchiseidee und deren Marke zu betreiben.
Aufgrund der Tatsache, dass sich der Inhalt einer Kommunikation laufend durch personell
unterschiedliche „Sender und Empfänger" verändert, ist es notwendig, Prozesse schrift-

lich oder visuell festzuhalten und jedem Mitarbeiter zugänglich zu machen, damit eine einheitliche Kommunikation garantiert werden kann. Wir möchten die Systemhandbücher daher als Führungstool eines Franchisegebers verstanden wissen, denn erst die Beschreibungen von Prozessen in der Abfolge der Arbeitsschritte zeigen, wie das vorgeschriebene Ziel, die Umsetzung der Franchiseidee, erreicht werden kann. Der Franchisegeber gibt die Richtung vor, wie die Produktion, die Kommunikation zum Kunden und das System geführt werden. Der Franchisegeber führt mit den Systemgrundlagen seine Franchisenehmer und schützt seine Marke durch Vorgaben und Regeln.

▶   In einer Prozessverabschiedung und ihrer Freigabe sollte die grundsätzliche Entscheidung beim Franchisegeber liegen, denn dieser trägt die Verantwortung für das gesamte System und somit auch für die Prozesse, die Einflüsse auf Umsätze, Kundenverhalten, Marketing-Aktivitäten und auf die strategische Ausrichtung des gesamten Unternehmens haben.

Aufbau und Struktur von Systemhandbüchern spielen für die Akzeptanz und das Verständnis der Franchiseidee eine besondere Rolle. Das Durcharbeiten von zu großen oder unübersichtlichen Systemhandbüchern sorgt in der Regel für Demotivation, die durch bessere Kommunikation und Veranschaulichung vermieden werden kann. Arbeiten Sie daher so oft es geht mit Bildern oder Videos zur Illustration von Sachverhalten und vermeiden Sie extrem textlastige Beschreibungen. In jedem Fall hilft eine vernünftige Kommunikation der Prozesse und Abläufe in den Systemhandbüchern den exekutiven Mitarbeitern, ihre Arbeit effektiver zu gestalten.

Handbücher sollten nicht nur Prozessbeschreibungen und Richtlinien, sondern auch Trainingsmodule sein, ohne dass der mediale oder rechtliche Gedanke im Vordergrund steht. Handbücher sind als interne Kommunikationsmittel zu verstehen und sollten deswegen durchdacht und in ihrer Funktion so aufgebaut sein, dass sie im praktischen Gebrauch auf allen Mitarbeiterebenen und den unterschiedlichsten Nationalitäten anwendbar und verständlich sind. Verständliche Handbücher führen den Mitarbeiter durch die Prozesse und gewährleisten optimale Ergebnisse in Bezug auf Qualität, Kundenzufriedenheit oder Systemsicherheit.

▶   Prozessbeschreibungen sollten nicht am „grünen Tisch" vorgenommen werden, sondern auf der Basis der Erfahrung von Franchisenehmern in einer Arbeitsgruppe entstehen. Der Franchisegeber sollte eine enge Zusammenarbeit mit seinen Franchisenehmern suchen, um Ideen für die Prozessverbesserung gemeinsam zu erarbeiten. Ein Systemhandbuch fungiert dann nicht nur als Kommunikationsmittel von Franchisegeber zu Franchisenehmer, sondern wird auch in der Praxis von den Mitarbeitern als Mittel zur Qualitätssicherung akzeptiert.

▶   Nicht selten wird in gerichtlichen Auseinandersetzungen zwischen Franchisegebern und Franchisenehmern eine mangelnde Unterstützung seitens des Franchisegebers für eine negative Unternehmensbilanz verantwortlich gemacht. Bei Maßnahmen-Empfehlungen in den Besuchsberichten und Aktionsplänen sollten sich daher die Handlungsempfehlungen auf die Prozesse im Handbuch der Systemgrundlagen beziehen. Aufgrund der Kategorisierung und Standardnummern lassen sich diese jeder Handlungsempfehlung zuordnen. Sollte eine Handlungsempfehlung nicht ausreichend beschrieben oder vorhanden sein, sollte der Franchisegeber dies in seinem und im Interesse seiner Franchisenehmer umgehend korrigieren.

4.3 Aufbau und Darstellung von Systemhandbüchern

Hinsichtlich des Aufbaus und der Darstellung von Systemhandbüchern hat jedes Unternehmen seine eigenen Vorstellungen. Idealerweise entspricht der Aufbau der Prozessstruktur den Anforderungen des operativen Bereichs. Design, Kommunikationsinhalte und markenspezifische Begriffe werden vom Marketing des Franchisegebers vorgegeben.

In den vorherigen Kapiteln haben wir bereits darauf hingewiesen, dass die Systemhandbücher oft genug überfrachtet und somit im täglichen Geschäft nicht nutzbar sind. Unser Tipp für den Aufbau von Systemhandbüchern: Von Anfang an sollten eine Kurz- und eine Langversion von einem Prozess, oder auch Systemstandard genannt, angefertigt werden. Die Kurzversionen beschreiben gezielt die Prozesse für die Mitarbeiter, die ein schnelles und präzises Verständnis ihres Arbeitsauftrages benötigen. Sie dienen als operativer Kommunikator, Trainingsinformation und als Prozessinformation. Arbeitsutensilien, Arbeitsmittel sowie To-dos sind darin aufgeführt. In einer Randspalte sind wichtige Kurzinformationen dargestellt, Hinweise auf Videos hinterlegt oder sonstige Anmerkungen aufgeführt, z. B. Hinweise auf den Umsatz, auf Gefahren, das Kostenmanagement oder Tipps & Tricks.

► Wenn ein Unternehmen sich für eine Darstellungsstruktur eines Handbuches entschieden hat, sollte es berücksichtigen, dass Prozessbeschreibungen (Kurzversion) auch ganz einfach als Aktionsbeschreibung verstanden werden können und sollen. Somit kommuniziert der Franchisegeber intern in der Systemzentrale und extern bei seinen Franchisenehmern den Systemprozess und ersetzt damit zeitaufwendige Präsentationen oder unstrukturierte Kommunikationsformen innerhalb des Franchisesystems. Fachbereiche erhalten somit durch die Prozessvorgaben ihre Arbeitsaufträge, Termine und Systeminformationen und es entsteht eine einheitliche, produktive Kommunikation (vgl. Abb. 4.2).

Es ist besonders zu beachten, dass die Kurzversion nur die essenziellsten Arbeitsschritte enthält und das detailliertere Ausarbeitungen und Informationen der Langversion vorbehalten sind. In der Langversion kann ausführlich auf Besonderheiten der Philosophie, Produktspezifikationen oder Besonderheiten der Franchisekonzeption eingegangen werden. Sie müssen sich immer darüber im Klaren sein, dass die Personen, die die Handbücher

> Die Prozessvorlage dient Ihnen als Ideengeber zur Erstellung Ihrer eigenen Systemvorlagen und Prozessinformationen.

Systemgrundlagen
Standardnummer:
Service / S-531

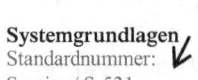Zuordnung der Standards

Balken-Bedeutung

Zeichen - Kurzversion

Zeichen - Langversion

Überschrift: Dieser Text sollte den Prozess kurz beschreiben. Nutzen Sie gezielt Schlagwörter, Verkaufsbegriffe, die auch Ihre Franchiseteams im Umgang mit Kunden oder auch intern benutzen.

Arbeitsprozess: beinhaltet eine Schrittweise und verbildlichte Erläuterung der Arbeitsabläufe; Rezepturen

Informationen für Mitarbeiter zum Prozessablauf inklusive benötigter Werkzeuge und Arbeitsmaterialien

Wichtig! Hinweis! Tipp!

Alle Informationen zur Zuarbeit der Aktion und Installationstermine z. B. Kassenprogrammierung, Dekorateur, Handwerker und Sondertraining

1. **Kassen-Programmierung .... "bis-Datum"**
2. **Lagerbestimmungen... "bis-Datum"**

Achtung - Gefahr!

Marketing-Materialien: Aufzählung aller Materialien, die Positionierung und die Bestückung der Verkaufsflächen

a) Unterlagen in Stückzahl mit Nachbestellnummer
b) Bilder der Werbeposter
c) Tabellen zum Download / Produktplatzierung / Werbeflächen-Plan
d) Werbeinformationen

Umsatzsteigernd! Möglichkeit!

Videomaterial verfügbar!

Trainings- Tipps & Tricks
Auf **Specharts** sollte verwiesen werden, um Schnellmitteilungen zu ermöglichen. Diese sollten an den dafür vorgesehenen Stellen platziert werden.

Anhang

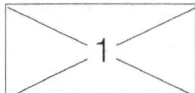 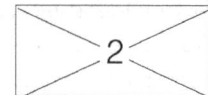 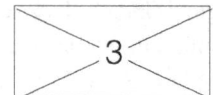

Abb. 4.2 Aufbau eines Systemprozesses

lesen, die Franchisemarke und ihre Philosophie gegenüber den Kunden vertreten und den direkten Kundenkontakt herstellen.

▶ Kein Mensch geht zur Arbeit mit der Absicht, einen schlechten Job zu machen oder seinem Unternehmen zu schaden. Das ist bei Abweichungen in Prozessen und Standards zu berücksichtigen. Oft liegt der Fehler in einer schlechten Kommunikation, nicht kalkulierbaren Einflüssen oder daran, dass Prozesse/ Standards nicht zeitgemäß und fehlerbehaftet sind. Deshalb sollten Checks und Analysen durchgeführt werden, und der Franchisegeber sollte sich die Frage stellen, wo die tatsächliche Ursache des Missstandes liegt. Bei einem angekündigten „Check" wird der Franchisenehmer in seiner Filiale wohl kaum seine Mitarbeiter auffordern, schlecht zu arbeiten – vielmehr wird er seine Mitarbeiter dazu anhalten, sich dem Franchisegeber tadellos zu präsentieren. Der Franchisenehmer oder seine Mitarbeiter werden einen Prozess oder Arbeitsablauf nur dann fehlerhaft umsetzen, wenn die Sinnhaftigkeit des Prozesses nicht richtig verstanden wurde oder wenn dieser im operativen Geschäft nicht umsetzbar ist.

4.4 Systemprozesse analysieren und vergleichen

Um eine Analyse der Systemprozesse zu ermöglichen, ist eine Vergleichbarkeit notwendig. Sie ist dann gegeben, wenn Prozessabläufe in Kategorien und Unterkategorien eingeteilt und mit unverwechselbaren Standardnummern versehen werden. Standardnummern und Einteilungen in Kategorien können insbesondere für Training, Kundenbeschwerden sowie Systemchecks genutzt werden. Ein Beispiel für eine solche Standardnummer ist die Bezeichnung KS für Kundenservice und die darauf folgende Kapitelnummer des Prozesses. Der beschriebene Prozess wird damit in die Kategorie Kundenservice zugeordnet. Des Weiteren können weitere Kategorien wie TW Technik/Wartung oder PQ Produktqualität gesetzt werden.

Auf diese Weise lassen sich zum Beispiel Systemchecks oder Mystery Customer Checks anhand ihrer Kategorien und deren Zuteilungen vergleichen. Diese Checks werden zum Beispiel mithilfe eines Fragenkatalogs durchgeführt, der den Kategorien zugeordnet ist. Zu den Fragen der Kategorien werden aus den Systemgrundlagen die Antworten hinzugefügt. Das heißt, die Standardnummern aus dem Systemprozess sind dieselben Standardnummern der Fragen im Check beziehungsweise der Kategorien. Es können auch mehrere Systemprozesse einer Frage als Antwort zugeordnet werden, somit müssen alle Standardnummern der Frage zugeordnet werden, die diese betreffen (vgl. Abb. 4.3).

Bei einem Systemcheck gibt es daher nur die Antworten Ja oder Nein. Der Sachverhalt, der sogenannte Ist-Zustand, wird dargelegt und mit dem Soll-Zustand verglichen.

Die Fragen des Systemchecks und ihre Bewertung gehen ein in ein Analyseformular, das den Systemcheck und seine Frageneinteilung wiedergibt. Der Systemcheck ist nach Gebieten und Regionen sortiert. In der Multiplikation der Abweichungspunkte erkennt

Anbei erhalten Sie ein Beispiel für einen Systemcheck. Dieser dient als Trainingstool und Analysetool für einen Franchisestandort.

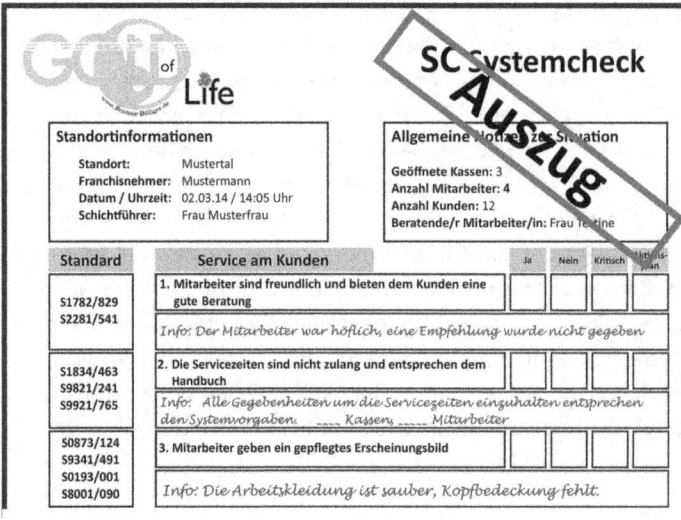

Detailinformationen im Aktionsplan

Fragen sind auf das gesamte Franchise-system aufgebaut!

Zum Beispiel:
➢ Service
➢ Qualität
➢ Sauberkeit
➢ Wartung
➢ Training
➢ Finanzen
➢ Personal

Siehe Richtlinie Systemgrundlagen

SC 789875

✓ Der Systemcheck kann sowohl angemeldet als auch unangemeldet erfolgen

✓ Der Systemcheck überprüft die Einhaltung und die Umsetzung der Systemvorgaben

✓ Der Systemcheck kann auch als Trainingsinstrument für neue Mitarbeiter und Franchisenehmer eingesetzt werden

✓ Der Systemcheck ist ein Bestandteil der Franchisenehmer - Akte und des Jahresendgespräches

✓ Der Systemcheck überprüft Prozesse und Abläufe auf deren Richtigkeit

Abb. 4.3 Systemcheck und dessen Aufbau

man sehr schnell, wo die meisten Fehler im System liegen. Anhand der Ergebnisse können diese mit dem Trainingslevel oder dem Beschwerdemanagement verglichen werden. Die Ursachen von Umsatzrückgängen oder zu hohen Verbrauchskosten können durch eine Analyse der Systemprozesse der operativen Standortleistungen erkannt werden.

▶ Bei einem solchen Systemcheck wird dem Franchisegeber oder der damit beauftragten Person unter Umständen auffallen, dass Mängel vorliegen. Diese Mängel können nun je nach Häufigkeit in der Region, den Gebieten etc. auf einen generellen Fehler im Prozess zurückgeführt oder als Einzelfall erkannt werden.

Im Rückschluss nutzt der Franchisegeber die Systemchecks, um Schwachstellen im System zu erkennen, sie durch gezieltes Training oder Prozessoptimierung zu vermeiden und somit die Umsetzung der Systemgrundlagen zu ermöglichen. Um ein System überhaupt zu gewährleisten, ist eine Umsetzung und Exekution der Standards nicht nur notwendig, sondern gleichzeitig eine Bereicherung für die Franchisepartner in der Multiplikation der Marke!

4.5   Specharts – Aufbau, Inhalte und Funktionen

Ein weiterer Bestandteil von den Systemhandbüchern sind „Specharts". Damit sind Spezialcharts gemeint, die der Franchisegeber für Franchisenehmer und deren Mitarbeiter als spezielle Hilfsmittel ausarbeitet. Diese sogenannten Spezial-Charts sollten am Arbeitsplatz der am operativen Geschäft beteiligten Mitarbeiter nicht fehlen, da sie als kurze Aktions- und Prozessbeschreibungen dienen und den Mitarbeitern eine Schnellinformation geben können (vgl. Abb. 4.4).

In der Darstellung sehen Sie die unterschiedlichsten Specharts. Die Größe kann variieren, je nach Positionierung am Arbeitsplatz.

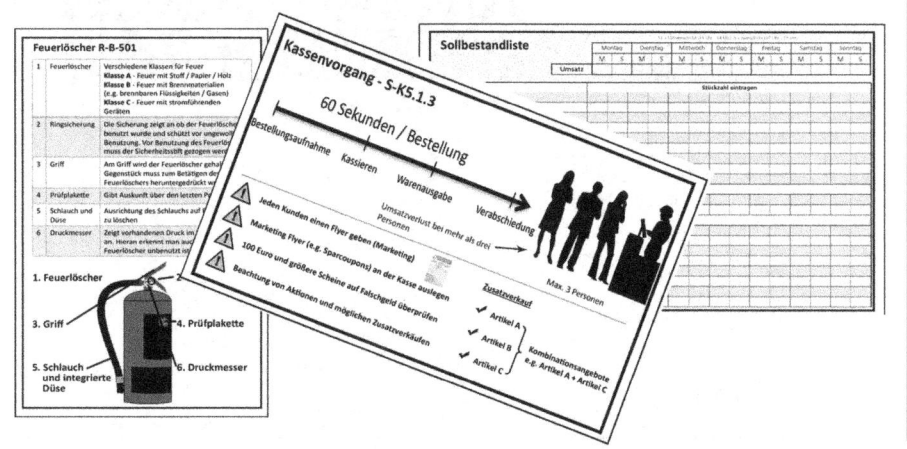

Abb. 4.4 Spechart und dessen Darstellung

Der große Vorteil von Specharts liegt darin, dass diese Kurzbeschreibungen ein schnelles Verständnis erlauben und sich so auch neue Mitarbeiter oder Saisonkräfte schnell in die Prozessabläufe integrieren lassen. Mit bildlichen Darstellungen und wenig Worten können Specharts dazu dienen, beispielsweise Reinigungs- und Installationsprozesse oder sogar die Reihenfolge eines Abverkaufes kurz und schnell verständlich darzustellen. Rezepturen, Kassenanweisungen oder auch Montagehinweise können hier in kurzer Darstellung informativ und anwendbar kommuniziert werden.

▶   Wichtig ist, dass alle Mitarbeiter auf dem einfachsten Weg mit den vorgegebenen Rezepturen, Prozessen, Verkaufsaktivitäten, Produktinformationen und Abläufen vertraut werden und somit bei gleichbleibender Qualität produktiv sind. Außerdem ist zu beachten, dass Mitarbeiter auf die Informationen schnell zugreifen können, ohne den Fokus auf das laufende Geschäft zu verlieren.

Des Weiteren zieht der Franchisenehmer auch im Bereich der Führung seiner Franchiseeinheit einen ganz individuellen Nutzen aus den Specharts. Wenn es zum Beispiel zur Lagerführung eines Mehr-Filialunternehmens kommt, können Specharts als Kontrollpunkt für Soll- und Ist-Bestandslisten genutzt werden (vgl. Abb. 4.5). Natürlich wird ein routinierter Lagerist wissen, wie eine Bestellung hinsichtlich Größe, Art, Produktauswahl und Menge zusammenzustellen ist, doch Specharts sind omnipräsent und erinnern somit immer wieder an den richtigen Vorgang, wie sich zum Beispiel die Bestellmenge oder der erlaubte Mindestbestand eines Produktes zusammensetzen.

Beispiel einer Lagerbestandsliste, die selbstverständlich auch für Nonfood eingesetzt werden kann.

Mindestbestandsliste		Umsatzwoche 35.500 €				Umsatzwoche 38.500 €	
Produkte	Artikel- nummer	Di Mind.	Di Soll	Do Mind.	Do Soll	Di Mind.	Di Soll
Roggenbrötchen	502341	60	640	65	870	60	640
Fladenbrot	504569	20	225	35	380	20	225
Teighörnchen	50163	40	138	85	380	40	138
Kümmeltörtchen	578926	80	270	120	450	80	270
Schinken Streifen	96321	3 Kart.	9 Kart	3 Kart.	13 Kart	3 Kart.	9 Kart
Broccoli	98652	2 Bt.	10 BT	2 Bt.	12 BT	2 Bt.	10 BT
weitere Produkte				✓ Planung weiterer Umsatzwochen ✓ Produkte an Umsatz anpassen ✓ Soll-Bestand ist Sicherheit bei Mehrumsatz			

 Lagerhaltung verursacht enorme Kosten, deshalb Mindestbestand genau planen!   Mindestbestand sichert Ausverkauf bei Mehrumsatz.

Abb. 4.5 Lagerbestandsliste

Planungsbeispiel einer Lagerbestandsliste: Bestückung von Verkaufsregalen, Positionierung der Ware
und Befüllungder Produktionsreserven.

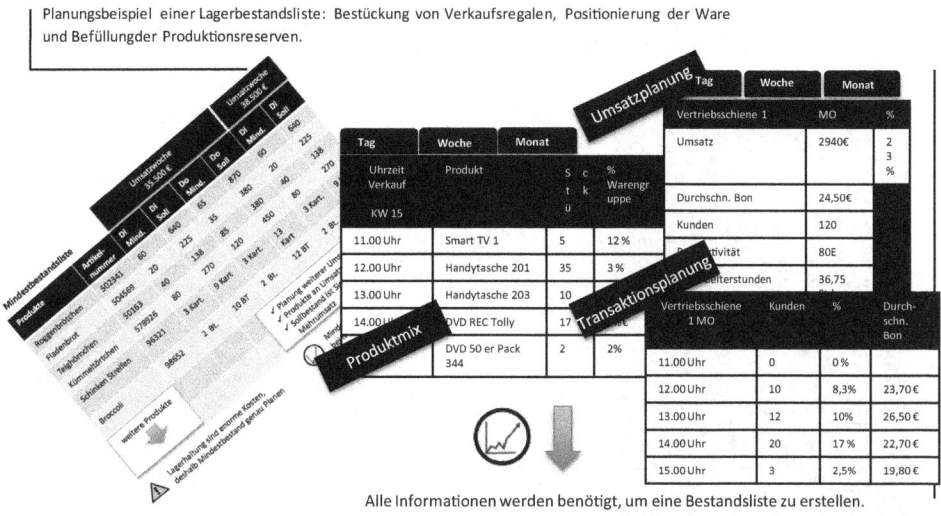

Alle Informationen werden benötigt, um eine Bestandsliste zu erstellen.

Abb. 4.6 Lagerbestandsliste mit Berechnung

Der Franchisenehmer nutzt die vom System vorgegebenen Lagerbestandslisten und erarbeitet anhand von Kennzahlen und Hilfsmitteln des Systems mit seinen Mitarbeitern den optimalen Lagerbestand (vgl. Abb. 4.6). Er errechnet die Bestellgrößen nach Umsatz-größen und ordnet die Bestellgrößen den Bestelltagen zu. Auch bei spontanen Besuchen eines Franchisenehmers in seinen Filialen stehen ihm dann die Bestandslisten als Kon-trollpunkt zur Verfügung und er kann bei nicht korrekter Handhabung direkt vor Ort eine Problemanalyse durchführen.

▶   Interessant an dem Beispiel der Lagerbestandslisten sind nicht nur die Kosten-
      und Verbrauchskontrolle, sondern auch die Auswirkungen auf die Profitsitua-
      tion der Franchisefiliale. Der Franchisenehmer nutzt die Lagerbestandsliste als
      Kontroll- und Checkpunkt, um die gewonnenen Informationen des Soll- und
      Ist-Zustandes miteinander abzugleichen.

4.6   Systemgrundlagen als Trainingstools

Da der Franchisenehmer und die Mitarbeiter des Franchisenehmers sich intensiv mit den Prozessen in den Systemgrundlagen auseinandersetzen müssen, eignen sich Systemhand-bücher durchaus als Trainingstools zur Schulung der Mitarbeiter.

Ein Franchisegeber entwickelt ein Trainingssystem, das mit der internen Philosophie und Kultur des Franchisesystems abgestimmt ist. Ein Trainingssystem beinhaltet eine Struktur, die vorgibt, ab wann, wie, wo und in welchem Zeitrahmen ein Mitarbeiter trai-

Das Systemhandbuch hat Einfluss auf die unterschiedlichsten Werkzeuge und Prozesse im Franchisesystem.
Es dient als Kommunikator in alle Fachbereiche und dessen Partner im Franchisesystem.

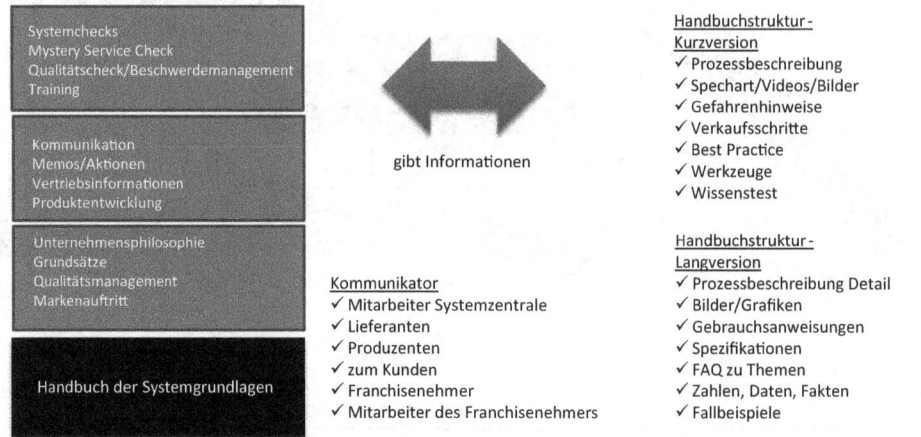

Bei Strukturierung und Aufbau eines Handbuchs sollten die Anforderungen aller Fachbereiche aufgeführt werden.

Abb. 4.7 Verknüpfung des Systemhandbuches mit Systemmodulen

niert werden muss. Ein Trainingssystem gibt auch die einzelnen Schritte des Trainings und ihre Struktur vor sowie die Inhalte und Ziele des Trainings. An dieses Trainingssystem kann ohne Weiteres ein Handbuch der Systemgrundlagen angekoppelt werden (vgl. Abb. 4.7). Ein Franchisegeber, der sich Gedanken macht, ein Trainingssystem und ein Handbuch der Systemgrundlagen zu entwickeln und diese miteinander zu verknüpfen, sollte den Trainingseffekt in den Handbüchern noch mehr hervorheben. Zum Beispiel können Befähigungschecks hinter jedem Prozess stehen oder Trainingspläne sowie Trainingshilfestellungen direkt dem entsprechenden Kapitel zugeordnet werden.

Die verbale und visuelle Präsentation in den Handbüchern der Systemgrundlagen und die Art und Weise, wie kommuniziert wird, beeinflussen das Auftreten des Mitarbeiters gegenüber seiner Kunden. Steht in der Prozessbeschreibung etwas von einem neuartigen LCD-Fernsehgerät, so wird der Mitarbeiter das Produkt auch lediglich als LCD-Fernsehgerät anpreisen. Beschreiben Sie allerdings das Gerät als energiesparenden, hochauflösenden LCD-TV, so gewinnt Ihr Produkt während des direkten Kundenkontakts an Wert, denn der Mitarbeiter wird das Gerät ebenfalls als „energiesparenden, hochauflösenden LCD-TV" verkaufen.

▶   Nutzen Sie einen zielgerichteten und präzisen Wortlaut in der Beschreibung Ihres Prozesses und geben Sie Ihren Mitarbeitern das Werkzeug in die Hand, um Ihr Produkt mit den richten Worten im Verkauf zu unterstützen.

4.7   Verknüpfung von Intranet und Digitalisierung der Systemgrundlagen

Eine digitale Darstellung eines Handbuches kann auch ohne großen technischen Aufwand sehr effektiv und sinnvoll sein. Der Franchisegeber kann sich die Druckkosten eines Handbuches ersparen, wenn die Handbücher digital erstellt werden. Ein Vorteil der Digitalisierung ist auch, dass in der digitalen Lösung zum Beispiel Videos zur Beschreibung von Arbeitsschritten oder auch Produkt- und Werbeinformationen in kurzen Sequenzen hinterlegt werden können. Zur Erstellung dieser Trainingsvideos bedarf es keines großen inhaltlichen und zeitlichen Aufwands. Die technische Entwicklung von Videosystemen ist heute qualitativ so hoch, dass hierfür keine Spezialisten oder besondere Gerätschaften mehr benötigt werden.

Verschwendet man einmal einen nostalgischen Gedanken an die ursprünglichen Trainingssysteme in einem Franchisesystem, so waren Trainingsvideos ein unabdingbarer Teilbereich für ein systematisiertes Training. Es war zwar immer fraglich, inwieweit diese Trainingsvideos tatsächlich angesehen wurden, da wenige Betriebsleiter, Unternehmen oder Franchisenehmer ihren Mitarbeitern die Zeit dazu gaben. Die Optimierung von Mitarbeiter-Einsatzstunden spielte eine immer größere Rolle und das langwierige Betrachten eines Trainingsvideos mit einer durchschnittlichen Länge von 10 min war häufig nicht gewünscht oder nicht praktikabel. Außerdem standen die Produktionskosten (Drehbuch, Schauspieler, Übersetzungen in andere Sprachen etc.) in keinem Verhältnis zu seinem Nutzen.

Dank des technischen Fortschritts lassen sich heute mit wesentlich geringerem finanziellen Aufwand ähnliche Sequenzen erstellen, die eine visuelle Unterstützung des Trainings ermöglichen. Wie bereits im Kapitel Systemgrundlagen erläutert, lassen sich Videosequenzen sehr gut in ein digitalisiertes Handbuch einbauen und können mit ihren gebündelten Informationen beim Erreichen von Trainingszielen äußerst hilfreich sein. Bei der Herstellung dieser kurzen Trainingssequenzen sollten Sie allerdings darauf achten, dass hier lediglich der Prozess dargestellt wird, um den es in der Trainingsphase geht. Der Vorteil liegt darin, dass der Leser der Prozessbeschreibungen die Möglichkeit bekommt, sein Wissen schnell auditiv und visuell zu festigen, sodass seitenlange Beschreibungen innerhalb von wenigen Sekunden in der Trainingssequenz abgehandelt werden können. Kosten für Drehbuch, Schauspieler oder Übersetzungen entfallen, da lediglich eine kurze Sequenz gezeigt wird.

In der Systemkommunikation zwischen Mitarbeitern, Franchisegeber und Franchisenehmer ist die Installation eines Intranets von großem Nutzen. Ein Intranet kann ein Kommunikator sein, aber auch als Motivator eingesetzt werden. Die digitalen Handbücher der Systemgrundlagen mit Trainingssystem können im Intranet hinterlegt werden (vgl. Abb. 4.8). Zusätzlich kann das Trainingssystem mit den Informationsdaten aus der Mitarbeiterdatenbank verknüpft werden. Trainingsinformationen und Wissenstests aus den Systemprozessen können den Mitarbeitern zugeordnet werden.

In einem Intranet können Analysetools mit einem Cockpitsystem verbunden werden und Marketingaktionen und die daraus resultierenden Abteilungs- und Filialinformationen termingerecht über einen automatisierten Kalender gesteuert werden. Die heutige Technik

Das Intranet ist eine wichtige Kommunikationsbasis. Durch Schnittstellen können diverse Module angedockt werden. Listenführungen und hoher administrativer Aufwand lassen sich hierdurch reduzieren, Informationen können schnell und automatisiert kommuniziert werden.

Interne News
✓ Verwaltungsinformationen
✓ Franchisenehmerinformationen
✓ Standortinformationen
✓ Hinweise
✓ Meldung Aktionen
✓ Mitarbeiterinformationen

Automatisiertes Cockpitsystem
✓ nach Hierarchiestufen
✓ automatisiert
✓ zielgerichtet
✓ verknüpft mit Aktionen

Verwaltungsmodul
✓ Arbeitsplatzinformationen
✓ Prozesslexikon
✓ Informationen Gesetze
✓ interne Informationen
✓ Vorlagen
✓ Kalendarium – Termine
✓ automatisches Termin-Informationstool
✓ uvm.

Trainingsmodul
✓ Wissenstest
✓ Mitarbeiter-Statusinformationen
✓ Onlinetraining
✓ Trainingslevel
✓ kontrollierter Wissenstransfer

Intranet
Internes Kommunikations-modul mit Zugriffsrechten

Digitalisierung

Handbuch der Systemgrundlagen

⚠ Planen Sie Ihr Intranet zukunftsorientiert! Ein Ausbau kann in Schritten erfolgen!

Abb. 4.8 Intranet und dessen Vernetzung mit Systemgrundlagen

eröffnet uns viele weitere Möglichkeiten, Systeme miteinander zu verknüpfen und Abläufe zu optimieren.

▶ Sofern eine digitale Erstellung von Systemgrundlagen geplant wird, sollte überlegt werden, welche Verwaltungs- und Kommunikationsprozesse mit dieser Entscheidung im Unternehmen optimiert werden können. Gerade bestehende Trainingssysteme sind bei dieser Gelegenheit zu überprüfen und gegebenenfalls in das Handbuch der Systemgrundlagen zu integrieren. Ein Intranet kann und sollte auch mit dem Franchisesystem wachsen, doch sollte man bei der Digitalisierung der Systemgrundlagen eine Erweiterung des Intranets, seiner Ausbaumöglichkeiten und Funktionen mit einplanen.

Das Intranet sollte auch über ein hinterlegtes Hierarchiesystem verfügen, mit dem der Franchisegeber die Zuteilung von Informationen zielgerichtet steuern kann. So stellt das System sicher, dass zum Beispiel Prozess- oder Aktionsinformationen an die Mitarbeiter kommuniziert werden und die Meldungen nicht über viele Autoritätsstufen verlorengehen. Informationen, die nur an den Franchisenehmer gerichtet sind, werden zielgerichtet kommuniziert, und sogar Lesebestätigungen können eingeholt werden.

Ein Intranetsystem sollte die Möglichkeit haben, die Zugriffsrechte in Gruppen zu unterteilen, um zu vermeiden, dass ein Informationsüberfluss entsteht oder ein Mitarbeiter mit unnötigen Informationen konfrontiert wird (vgl. Abb. 4.9).

Aufgrund der Vielfalt der Funktionalitäten eines Intranets sollte eine technische Lösung mit allen Fachbereichen genau durchdacht und kalkuliert werden, denn für ein schnell wachsendes Franchiseunternehmen ist es immer von Vorteil, wenn eine gute Kommunikation das Franchisesystem und seine Philosophie festigt.

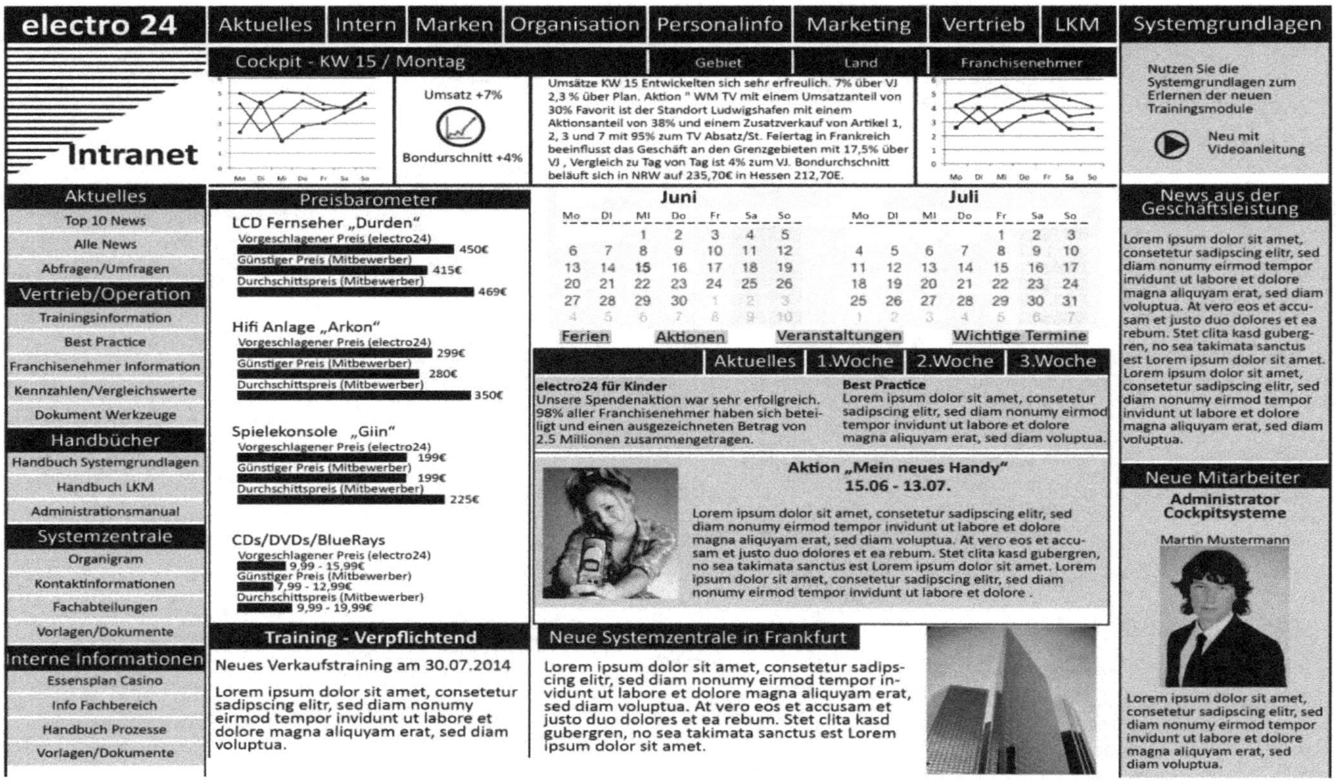

Abb. 4.9 Das Intranet-Portal

Training

Das Training ist eine Kombination aus Systemvorgaben, Informationsfluss und Kommunikation in einem Franchisesystem mit dem Ziel, die Nutzer des Franchisesystems zu befähigen, die Systemvorgaben nach allen Regeln umzusetzen und die Franchiseidee in Sinne des Franchisegebers an den Kunden zu kommunizieren. Um ein effektives Trainingssystem zu entwickeln, das der jeweiligen Franchisephilosophie angepasst ist, sollte man sich folgende Fragen stellen:

- **Welche Personen möchte ich trainieren?**
  Nationalität, Altersgruppe, Bildungsgrad, Vorkenntnisse vorhanden
- **Welche Trainingsunterlagen stehen mir zur Verfügung?**
  Systemgrundlagen, Präsentationen, Specharts, Videos, E-Books
- **Wie hoch ist der zeitliche Aufwand des Trainings an den Standorten?**
  Kostenaufwand des Trainings, Trainingsmöglichkeit vorhanden
- **Wie kann ein Trainingssystem messbar gemacht werden?**
  Meldeprozess, Trainingslevel, Zeitrahmen
- **Sind ein Strukturaufbau des Trainings und Hierarchiestufen möglich?**
  Trainingspläne nach Hierarchiestufen, alle Hierarchiestufen berücksichtigt
- **Ist eine Trainingskultur vorhanden?**
  Franchisekultur und Philosophie sind integriert
- **Wie kann mein Trainingssystem automatisiert werden?**
  Trainingsabfragen, Statusmeldungen, Zuteilung der Trainingspläne nach Trainingseinheiten, Follow-up-Training, Wissenstest, Verknüpfung mit Mitarbeiter-Stammdaten, Intranetverknüpfung mit „Best Practice" und Trainingsvideos

© Springer Fachmedien Wiesbaden 2015
H. Riedl, C. Schwenken, *Praxisleitfaden Franchising,*
DOI 10.1007/978-3-658-04697-2_5

Training sollte in einem Franchiseunternehmen nicht nur Informationen und Befähigungen vermitteln, sondern auch ein Modul sein, das den Franchisenehmer und seine Mitarbeiter in ihrer Standortführung unterstützt.

▶ Die Inhalte und der Aufbau des Trainings sind ein wichtiger Bestandteil der Kommunikation bezogen auf die Kultur und die Philosophie der Franchisemarke sowie die Systemprozesse, die der Franchisegeber vorgibt.

5.1 Grundlagen eines effizienten Trainings

Die Aufgabe des Franchisenehmers besteht darin, seinen Mitarbeitern, unabhängig von ihrem Lebensalter, ihrem Berufszweig, ihren Sprachkenntnissen oder den Kulturen, aus denen sie stammen, in kürzester Zeit die benötigten Fertigkeiten zu vermitteln.

Der Franchisegeber stellt dem Franchisenehmer die dazugehörigen Unterlagen zur Verfügung. Trainingsmodule oder Trainingssysteme sind durchdachte Trainingsmethoden und Wege, die dem Franchisenehmer helfen, die ihm zur Verfügung gestellten Unterlagen effektiv einzusetzen.

Bei einer gut durchdachten Ausarbeitung eines Trainingssystems und seiner Trainingseinheiten bieten sich Saison- und Vollzeitmitarbeitern die gleichen Möglichkeiten, ihre Lernziele in der entsprechenden Zeit zu erreichen. In einem Franchisesystem und seinen Trainingseinheiten sollte man auch die Anlernzeit und die Verweildauer der Mitarbeiter im Unternehmen berücksichtigen. Das Ziel lautet: Eine Saisonkraft mit acht Arbeitsstunden pro Woche muss die Fertigkeiten genauso schnell erlernen wie jemand, der 40 Arbeitsstunden in der Woche im Unternehmen beschäftigt ist. Je praxisbezogener und verständlicher Trainingsunterlagen aufgebaut sind, desto mehr fühlt sich der Mitarbeiter mit dem System verbunden.

▶ Der operative Trainingsaufwand ist so gering wie möglich zu halten, aber mit dem Ziel, das beste Ergebnis für die Wirtschaftlichkeit des Franchisestandortes und die Kundenzufriedenheit zu erreichen. Der Mitarbeiter lernt die Systemsprache und alle Inhalte, die der Franchisegeber kommunizieren möchte. Deshalb ist es sehr wichtig, dass die Lerninhalte der Unternehmensphilosophie angepasst sind.

Die Handbücher der Systemgrundlagen können die Lerninhalte für ein Trainingssystem darstellen, sofern der Aufbau der Trainingsinhalte bei der Erstellung der Systemgrundlagen berücksichtigt wurde. Nach jeder Trainingseinheit sollte dem Mitarbeiter ein Befähigungstest vorgelegt werden. Dieses Feedback und die Kontrolle der erreichten Lernziele geben Franchisenehmer und Franchisegeber einen Eindruck vom Wissens- beziehungsweise Trainingsstatus und inwieweit die Systemgrundlagen verstanden werden. Die Ergebnisse des Wissenstests können in einer Kennzahl wie etwa „Trainingslevel" zusammengefasst werden. Der Trainingslevel ist eine Kennzahl, die die Standortleistung im Trainingsergebnis aufzeigt. Dieses Ergebnis kann in Verbindung mit anderen Kennzahlen oder auch mit den Ergebnissen aus den Systemchecks verglichen werden. Auf der Grundlage der daraus resultierenden Ergebnisse können Korrekturmaßnahmen eingeleitet werden.

5.2 Trainingsstruktur und der strategische Gedanke

Der Franchisegeber macht sich nicht nur Gedanken, wie er seinen Systemgedanken und seine Systemgrundlagen an den Franchisenehmer, die Mitarbeiter und ihre Führungskräfte vermitteln kann. Training bedeutet auch Mitarbeiterentwicklung, die gerade in einer expansiven Phase sehr wichtig ist. Ein Franchisegeber plant Beförderungsstufen von Mitarbeitern bis zum Leitungsmanagement und integriert diese in seine Trainingsanforderungen. Eine Beförderungsstufe für einen Mitarbeiter kann der Teamtrainer sein. Das Trainingssystem vermittelt dem Mitarbeiter alle Fachkenntnisse, die er benötigt, um die Systemanforderungen gegenüber dem Kunden umzusetzen. Sticht ein Mitarbeiter durch seine Persönlichkeit, sein innerbetriebliches Engagement oder seine Überzeugungskraft aus dem Team heraus, kann er zum Teamtrainer befördert werden. Der Franchisegeber stellt hierfür Weiterentwicklungsprogramme zur Verfügung, in denen zukünftige Mitarbeiter, die zu Teamtrainern ausgebildet werden, lernen, wie man Wissen im Training effektiv und im Sinne des Franchisegebers vermittelt. Hier beginnt bereits eine strategische Ausbildung, denn der Mitarbeiter lernt, Trainingstermine zu organisieren, Mitarbeiter zu ihrem Ziel zu führen und sich selbst zur Führungskraft zu entwickeln. Gerade in expansiven Franchisesystemen sind Trainer die zukünftigen Schichtleiter und bei Expansionen und Neueröffnungen unverzichtbar (vgl. Abb. 5.1).

Schichtleiter aus der Mitarbeiterebene sind Fachspezialisten, die jeden Prozess unter den größten Anforderungen selbst umsetzen können. Schichtleiter haben oft eine fachliche Vorbildfunktion; nicht selten entwickeln sie sich zu hervorragenden Betriebsleitern.

Kein Franchisesystem ist in der Führungsbesetzung vergleichbar. Es gibt Systeme, in denen keine Führungskräfte benötigt werden und der Franchisenehmer das tägliche Geschäft allein bewältigt, doch möchte das System wachsen und es empfiehlt sich, auch in solchen Franchisesystemen eine Beförderungsstruktur festzulegen.

▶ Der strategische Trainingsgedanke in einem Franchisesystem bezieht sich auf die Mitarbeiterentwicklung, die Trainingsstufen und die daraus resultierenden Anforderungen für die benötigten Positionen. Jede Trainingsstufe sollte deutlich machen, welche Leistungen gefordert werden, aber auch Entwicklungsmöglichkeiten aufzeigen. Mitarbeiter werden dadurch motiviert, die nächste Leistungsebene zu erreichen.

em sollte eine Besetzung von Führungskräften strategisch aufgebaut sein.
nsionsphase stellt der Franchisegeber sicher, dass alle Standorte immer besetzt
nügend Entwicklungspotenzial vorhanden ist.

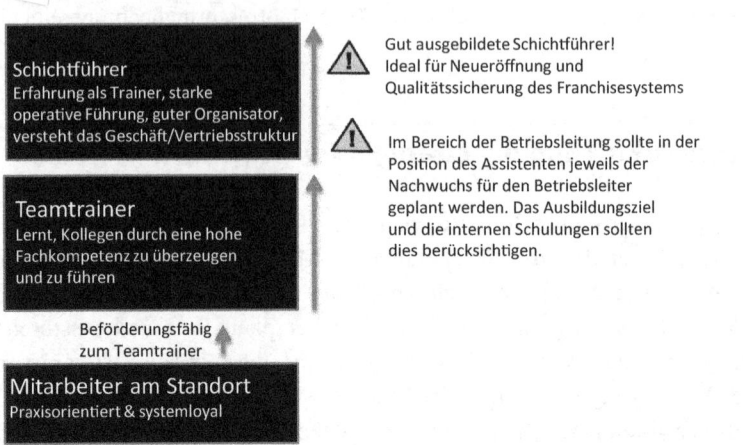

Abb. 5.1 Die strategische Managementbesetzung

5.2.1 Mitarbeitertraining und dessen Aufbau

Beginnt ein neuer Mitarbeiter seinen ersten Arbeitstag, so sollte er an seinem Arbeitsplatz eingewiesen und mit den nötigen Arbeitsutensilien ausgestattet werden. Daneben sollte er aber auch bereits zu Beginn seines ersten Arbeitstages im Unternehmen mit seinem Trainingsplan vertraut gemacht werden. Der Trainingsplan beinhaltet Trainingsinhalte wie Sektionen aus den Systemgrundlagen, die Unterstützung von Teamtrainern, Wissenstests, „Follow-up-Training" und Termine (zum Beispiel für Gruppentraining).

Trainingspläne kann man je nach Position und Arbeitsbereich standardisieren, sodass jeder Mitarbeiter die Möglichkeit hat, auf ein festes Ziel hinzuarbeiten. Trainingspläne sollten jederzeit einsehbar sein.

Was den Aufbau von Trainingsunterlagen betrifft, so sollte man sich vor Augen führen, dass operative Mitarbeiter in der Regel als eher praxisorientiert einzuschätzen sind und sich insbesondere um die Belange des Kunden des Unternehmens kümmern. Natürlich ist jeder Mensch wissbegierig und will seine Arbeit bestmöglich ausführen, doch es fehlt in der Regel die Zeit, sich mit langen, theoretischen Präsentationen zu beschäftigen. Erfolgreiche Trainingskonzepte beginnen mit kurzen und effizienten Prozessbeschreibungen, den „Specharts", die visuell oder in kurzen Stichworten einen Arbeitsprozess beschreiben. Der Vorteil dieser „Specharts" liegt darin, dass ein Mitarbeiter an seinem Arbeitsplatz jederzeit sein Wissen auffrischen kann, vorausgesetzt, die Specharts sind in seinem Blickbereich angebracht. Ziel der Charts ist es, schnell und gebündelt Informationen zu vermitteln und somit den Lernprozess zu beschleunigen und zu unterstützen (vgl. Abb. 5.2).

Trainingsysteme sind strategisch aufgebaut. Sie basieren auf einer schnellen Wissensvermittlung, einer erlernbaren Kommunikation und Instrumenten, die das Lernen beschleunigen und vereinfachen.

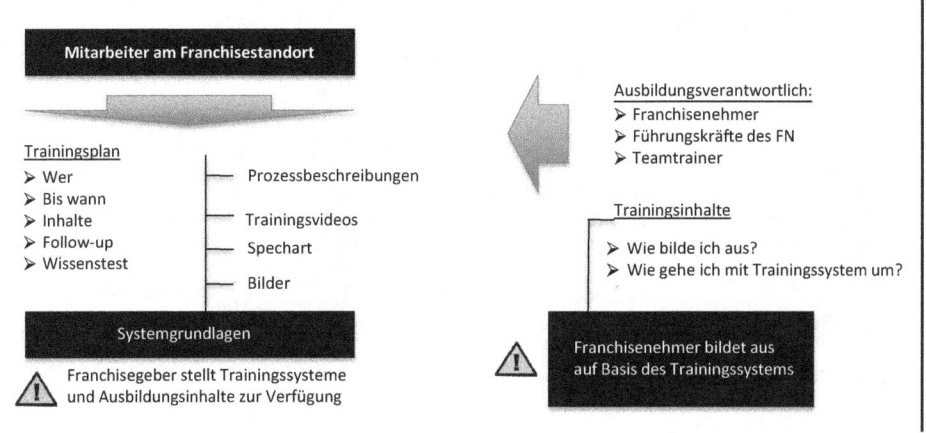

Abb. 5.2 Trainingssysteme und deren Werkzeuge

▶ Nicht selten werden Mitarbeiter ineffizient mit Präsentationen trainiert, die oft einen Umfang von 30 Seiten übersteigen. Die Mitarbeiter werden von ihren Vorgesetzten angehalten, die gesamte Masse an Informationen selbstständig neben der Arbeit aufzuarbeiten und auswendig zu lernen. Am Ende wundern sich die leitenden Angestellten und Trainingsverantwortlichen, dass ihre Mitarbeiter trotz der ausführlichen Beschreibung noch immer Defizite bei ihrer Arbeit haben, obwohl doch jeder mit den nötigen Informationen ausgestattet wurde. Wenn die Inhalte dieser Präsentation lediglich aus Produktionsschritten oder Rezepturen bestehen, können diese 30 Seiten auf eine Seite in Form eines Specharts zusammengefasst werden.
Der Mitarbeiter kann dieses Sprechart an seinem Arbeitsplatz anbringen und hat bei Bedarf jederzeit mit einem Blick Zugriff auf die benötigten Informationen.

5.2.2 Managementbesetzung, ihre Ausrichtung und Hierarchieebenen

Der Franchisegeber stellt dem Franchisenehmer ein Trainingsprogramm für Führungskräfte bereit, in dem die praktische Ausbildung zusätzlich nach Inhalten und Zeitrahmen aufgegliedert ist. Für die praktische Ausbildung ist der Franchisenehmer verantwortlich. Bei Erreichung der Ziele sollte über die erlernte Tätigkeit ein Befähigungsnachweis ausgestellt werden.

Ein Trainingsplan, der den Eröffnungen der Betriebsstätten angepasst ist, dient für die gesamte
Personalplanung, inklusive dem Zeitpunkt des Trainingsbeginns.

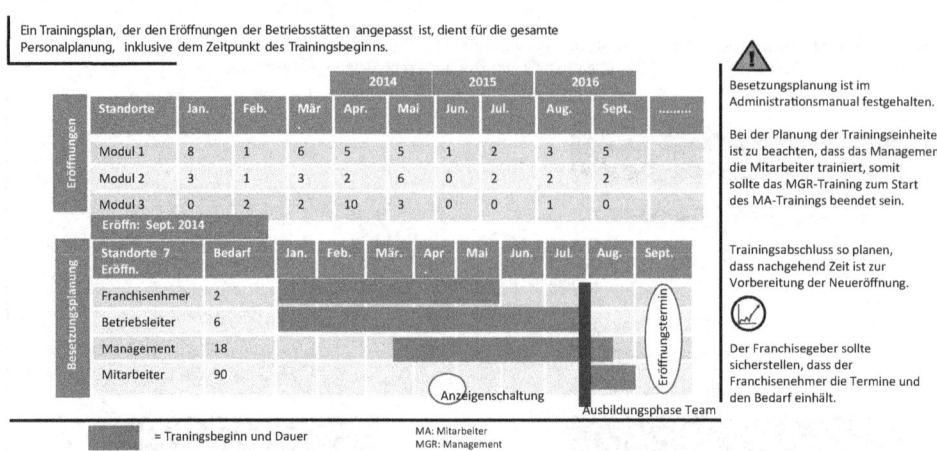

Abb. 5.3 Trainingsplanung nach Expansionsplan

Führungskräfte sind Kommunikatoren mit Vorbildfunktion und als Umsetzer des Franchisesystems in der Führung und Ausbildung von Mitarbeitern gefordert. Daher sollte jedes Franchisesystem für jede Hierarchieebene Trainingsprogramme für Führungskräfte zur Verfügung stellen. Diese Führungsprogramme sind meist für den Franchisenehmer kostenpflichtig, da diese extern ausgelagert und kostenintensiv sind. Der Franchisevertrag sollte die verpflichtende Teilnahme der Führungskräfte regeln.

In der Expansionsphase eines Unternehmens steht außer Frage, dass eine Trainingsstruktur und ein Personalentwicklungsplan geschaffen werden müssen.

Jede Expansion benötigt ausreichend trainierte Führungsmitarbeiter, die einen neuen Standort übernehmen können, um das Franchisesystem in all seinen Funktionen und Prozessen im Sinne des Systems gegenüber dem Kunden umzusetzen. Ein Plan einer strukturierten Besetzung mit hinreichend ausgebildeten Mitarbeitern ist ein wesentlicher Bestandteil einer erfolgreichen Expansion (vgl. Abb. 5.3).

Jedes Franchisesystem ist in seiner Führungsbesetzung und Mitarbeiterbesetzung unterschiedlich. Deshalb ist es für den Franchisegeber ein Muss, in eine Expansionsplanung auch detaillierte Besetzungspläne mit Trainingsinformationen und organisatorische Fragen mit dem Franchisenehmer gemeinsam festzulegen; diese standortbezogenen Kennzahlen und Termine sind in den Expansionsplan aufzunehmen. Sofern es sich um einen Multi-Franchisenehmer handelt, sollte der Expansionsplan mit den Mitarbeiteranforderungen und dem Ausbildungsplan ein Bestandteil der Gebührenmatrix sein. Eine Besetzungsstrategie gewinnt schnell an Bedeutung, wenn viele verschiedene Führungskräfte benötigt werden (wie zum Beispiel Abteilungsleiter, Schichtführer oder Assistenten).

Abbildung 5.4 zeigt, dass zu den einzelnen Positionen ein festgelegter Ausbildungsplan umzusetzen ist, der die zeitliche Planung und die Lerninhalte festhält. Ein Bereich des Ausbildungsplanes ist die praxisorientierte Ausbildung, die dem Auszubildenden durch den Franchisenehmer alle Fertigkeiten laut Trainingsplan vermittelt. Liegt danach eine

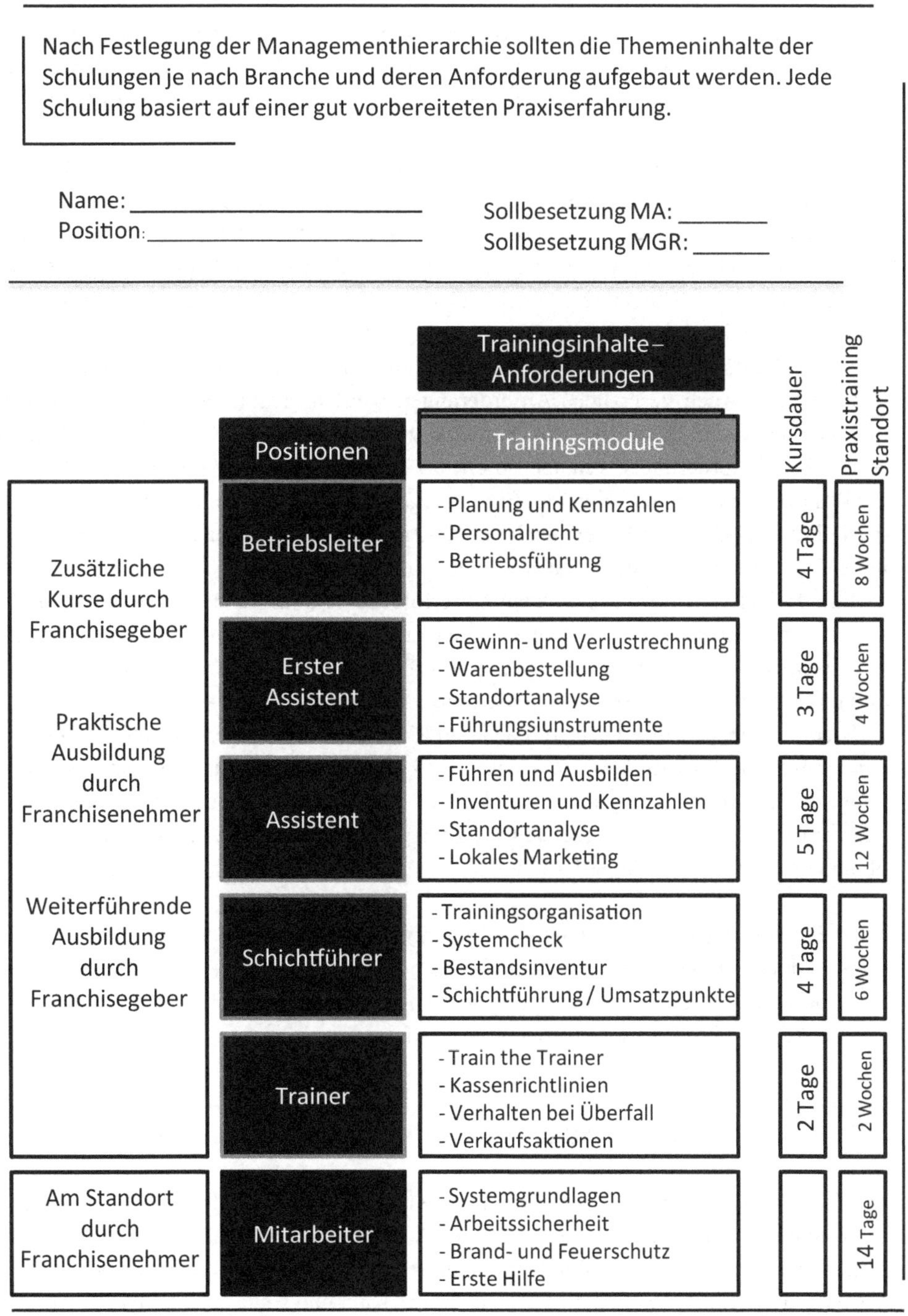

Nach Festlegung der Managementhierarchie sollten die Themeninhalte der Schulungen je nach Branche und deren Anforderung aufgebaut werden. Jede Schulung basiert auf einer gut vorbereiteten Praxiserfahrung.

Name: _____   Sollbesetzung MA: _____
Position: _____   Sollbesetzung MGR: _____

	Positionen	Trainingsinhalte – Anforderungen / Trainingsmodule	Kursdauer	Praxistraining Standort
Zusätzliche Kurse durch Franchisegeber	**Betriebsleiter**	- Planung und Kennzahlen - Personalrecht - Betriebsführung	4 Tage	8 Wochen
Praktische Ausbildung durch Franchisenehmer	**Erster Assistent**	- Gewinn- und Verlustrechnung - Warenbestellung - Standortanalyse - Führungsiunstrumente	3 Tage	4 Wochen
	Assistent	- Führen und Ausbilden - Inventuren und Kennzahlen - Standortanalyse - Lokales Marketing	5 Tage	12 Wochen
Weiterführende Ausbildung durch Franchisegeber	**Schichtführer**	- Trainingsorganisation - Systemcheck - Bestandsinventur - Schichtführung / Umsatzpunkte	4 Tage	6 Wochen
	Trainer	- Train the Trainer - Kassenrichtlinien - Verhalten bei Überfall - Verkaufsaktionen	2 Tage	2 Wochen
Am Standort durch Franchisenehmer	**Mitarbeiter**	- Systemgrundlagen - Arbeitssicherheit - Brand- und Feuerschutz - Erste Hilfe		14 Tage

Abb. 5.4 Trainingsinhalte nach Managementposition

Praxiserfahrung vor, besucht er den vom Franchisegeber angebotenen Pflichtkurs. Eine Führungsposition sollte nur dann vergeben werden, wenn alle Voraussetzungen nach Vorgaben des Franchisegebers erfüllt wurden und der Mitarbeiter alle Kurse erfolgreich absolviert hat.

Im Administrationsmanual sollte die Ausbildung für Führungspositionen klar festgelegt und der Hinweis vorhanden sein, dass der Franchisenehmer Führungspersonal als seine Vertretung einsetzen kann, sofern die Führungskraft die dafür vorgesehenen Kurse erfolgreich absolviert hat. Der Franchisegeber sollte für jedes Aufgabenfeld/Position ein Trainingsmodul im System bereitstellen. Der Abschluss des Trainingsprogramms erfolgt über einen Befähigungsnachweis. Erst wenn der Befähigungsnachweis erfolgreich erlangt wurde, sollte der Mitarbeiter des Franchisenehmers berechtigt sein, seine neue Position einzunehmen. Auch gesetzliche Anforderungen werden erfüllt: Wenn es zum Beispiel um Personaleinstellungen geht, sollte jede dafür verantwortliche Führungskraft auch alle rechtlichen Anforderungen kennen. Sofern die geplante Führungskraft nicht befähigt ist, die Position einzunehmen, kann der Franchisegeber dem Franchisenehmer die Besetzung der Führungsposition verbieten, auch dann, wenn der Franchisegeber nicht die Personalhoheit oder Weisungsbefugnis hat.

Eine zielgerichtete Expansion kann nur erfolgen, wenn ausreichend ausgebildete Mitarbeiter und Führungskräfte bei einer neuen Eröffnung einer Franchisefiliale zur Verfügung stehen, um die Marke von Anfang an im Sinne jedes einzelnen Franchisenehmers und im Sinne des Franchisegebers präsentieren zu können.

Hierarchieebenen in Franchisefilialen sind in einem expansiven Franchisesystem unverzichtbar. Sie fördern den Nachwuchs von Führungskräften. Ein Trainingssystem befähigt die Mitarbeiter, die geforderten Aufgaben ordnungsgemäß zu erfüllen. Franchisenehmer und Franchisegeber erkennen auch aufgrund der geforderten Aufgabenstellungen, ob und inwieweit der Mitarbeiter Potenzial für eine Beförderung in sich trägt.

▶   Ein Franchisegeber gibt eine Besetzung und die dafür erforderliche Ausbildungsstrategie vor, also welcher Standort mit welcher Führungsstruktur besetzt sein soll. Diese Besetzung sollte auch in der Gebührenmatrix als Soll-Besetzung pro Standort festgehalten werden.

5.3   Franchisegeber und dessen Trainingsverantwortung

Der Franchisegeber ist der Gründer der Marke und der Visionär, der die Abläufe und Prozesse in einem Unternehmen bestimmt und die Philosophie seiner Idee dem Franchisenehmer weiterleitet. Er vermittelt dem Franchisenehmer alle Fertigkeiten, mit denen dieser das System im Sinne des Franchisegebers führen kann und seine Mitarbeiter dementsprechend ausbilden kann.

Sollte die Konzeptgröße des Franchisesystems eine Betriebsleiterbesetzung bzw. Führungskräfte benötigen, so stellt der Franchisegeber hierzu Ausbildungsangebote zur Verfügung. Die Teilnahme an den Ausbildungskursen sollte für Führungskräfte vor Beginn ihrer Führungstätigkeit verpflichtend sein.

5.4 Franchisenehmer und ihre Trainingsverantwortung

Der Franchisenehmer hat die Personalhoheit in seinem Unternehmen und somit auch die Ausbildungsverantwortung getreu dem ihm vorgegebenen Trainingssystem und dessen Systemvorgaben. Für eine nachvollziehbare Trainingsdokumentation ist der Franchisenehmer verantwortlich. Der Franchisenehmer führt eine Personalakte, in der alle Ausbildungszertifikate, Wissenstests, rechtlichen Dokumentationen und Vereinbarungen vermerkt sind. Der Franchisenehmer stellt seine Führungskräfte ein und passt den Trainingsplan den Ausbildungszielen und deren Anforderungen an. Sofern der Franchisegeber separate Trainingseinheiten anbietet, z. B. Verkaufsseminare für Mitarbeiter, werden diese meist vom Franchisegeber organisiert und durchgeführt. Die Seminarkosten trägt auch in diesen Fällen meistens der Franchisenehmer. Eine Teilnahme ist für die Mitarbeiter des Franchisenehmers verpflichtend. Die Einzelheiten sind im Vertrag geregelt und in der Gebührenmatrix dargestellt.

▶ Der Franchisenehmer ist für die Umsetzung und Durchführung der Trainings an seinen Standorten verantwortlich. Der Franchisegeber stellt das Trainingssystem und die Anforderungen der Trainingseinheiten zur Verfügung. Er sollte diese Anforderungen im Sinne der Markenverantwortung auch mithilfe von Trainingsaudits kontrollieren und dem Franchisenehmer mögliche Verbesserungspunkte aufzeigen. Der Trainingslevel sagt aus, wie der Trainingsstatus des Standortes ist; er sollte ein Bestandteil des Jahresgespräches sein.

Personalmanagement 6

In einem Mehrfilialsystem, das vom Unternehmen als betriebseigene Filialen selbst geführt wird, ist das Personalmanagement je nach Branche eine große Herausforderung. Das Unternehmen muss sich neben der Expansion und der direkten Führung der Vertriebseinheiten auch Gedanken über die Personalbeschaffung und Besetzung der betriebseigenen Filialen machen. Nicht selten ist dies nur mit einem enormen Verwaltungsapparat möglich. Gerade im Franchising ist es von Vorteil, dass der Franchisenehmer für sein Personal verantwortlich ist und der Franchisegeber sich mit einer schlanken Personalstruktur auf die Expansion und die Weiterentwicklung des Franchisesystems konzentrieren kann.

6.1 Die Mitarbeiterverantwortung des Franchisegebers

Es ist die Aufgabe des Franchisegebers, Fachpersonal bereitzustellen, das in der Lage ist, dem Franchisenehmer als beratende Person zur Verfügung zu stehen, um ihm in den Bereichen des System- und Regelwerkmanagements, in Finanzfragen und allen Fragen zur Führung des Franchisesystems unterstützend zur Seite zu stehen. Da der Franchisenehmer als rechtlicher und wirtschaftlicher Unternehmer auftritt, der aufgrund seiner Zahlung von Gebühren die Nutzungsrechte an der Marke und deren Prozessen erhält, hat der Franchiseberater oder Vertriebsbeauftragte des Franchisegebers nur eine beratende Funktion. Er besitzt aber auch das Recht, dem Franchisenehmer im Namen und im Auftrag des Franchisegebers Anweisungen zu erteilen, die sich insbesondere am Regelwerk des Franchisevertrages, den Systemgrundlagen und den Inhalten des Administrationsmanuals orientieren. Der Franchiseberater ist die Schnittstelle zwischen Franchisenehmer und Franchisegeber. Er kümmert sich auch um die Belange des Franchisegebers, wenn Probleme mit dessen Fachbereichen auftreten. Des Weiteren hat der Franchiseberater (Vertriebsbeauftragter) das Recht, jederzeit die Räumlichkeiten des Franchisenehmers zu betreten. Er hat auch

© Springer Fachmedien Wiesbaden 2015   53
H. Riedl, C. Schwenken, *Praxisleitfaden Franchising*,
DOI 10.1007/978-3-658-04697-2_6

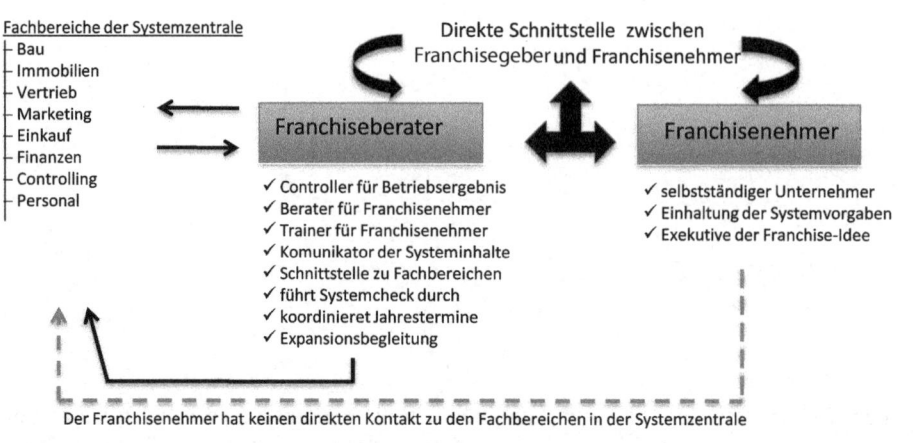

Der Franchiseberater ist ein Mitarbeiter aus der Franchisezentrale und vertritt alle Belange des Franchisegebers. Er ist die direkte Schnittstelle zwischen Franchisegeber und Franchisenehmer.

Franchiseberater: Auch Vertriebsbeauftragter, Franchise Consultant genannt

Abb. 6.1 Aufgaben und Positionierung des Franchiseberaters

das Recht, Einblick in alle Systemunterlagen, Bilanzen, Kennzahlen und Personalakten zu fordern, um die Einhaltung der Systemregeln der Systemvorgabe sowie alle rechtlichen Belange zu überprüfen, gegebenenfalls zu ermahnen oder korrigierende Maßnahmen einzuleiten. Er kann darüber hinaus Fachbereiche aus der Systemzentrale zur Überprüfung der Standorte anfordern. Zu seiner beratenden Funktion gehören auch Aufgaben wie die Standardoptimierung im Bereich Kostenmanagement, Umsatzanalysen und die dazugehörigen Maßnahmen, Marketing, dessen Umsetzung und alle Aktivitäten und Präsentationen der Franchisemarke am Standort, Standardorganisation im Bereich Vertrieb/Operative sowie Beratung zu allen Buchungskonten in der G&V-Unternehmensbilanz.

▶ Der Franchiseberater steht als direkter Ansprechpartner des Franchisenehmers zur Verfügung. Er stellt die Schnittstelle zwischen Franchisegeber und seinen Fachbereichen und dem Franchisenehmer dar; darüber hinaus dient er als Begleiter bei der Standortplanung sowie als Kommunikator von Lösungsansätzen zur Systemoptimierung und zur Sicherung des Franchisesystems. Der Franchiseberater hat keine Weisungsbefugnis gegenüber dem Personal des Franchisenehmers (vgl. Abb. 6.1).

6.2 Personalhoheit und Mitarbeiterverantwortung

Die Führung der Mitarbeiter an einem Franchisestandort liegt ausschließlich in der Hand des Franchisenehmers oder bei den damit beauftragten Mitarbeitern des Franchisenehmers. Der Franchisenehmer ist in allen rechtlichen und persönlichen Entscheidungen und Belangen für seine Mitarbeiter verantwortlich. Die Weisungsbefugnis im Hinblick auf

Arbeitsverträge obliegt ausschließlich dem Franchisenehmer, der auch allein verantwortlich für die Personalsuche, Einstellung sowie Führung des Personals ist. Der Franchisenehmer hat die volle Verantwortung für die Einhaltung aller Regeln am Arbeitsplatz, einschließlich der Arbeitsschutzverordnungen und der gesetzlichen Regelungen. Sollte es im Franchisevertrag oder in etwaigen Handbüchern Abweichungen zu den gesetzlichen Vorgaben geben, so gelten immer die gesetzlichen Vorgaben des jeweiligen Landes vor den Regelungen des Franchisegebers.

Der Franchisegeber sollte zum Schutz der Marke und der Unternehmensphilosophie Personalaudits durchführen. Dazu gehören die Kontrolle von Personalunterlagen wie Arbeitsverträgen, die ordnungsgemäße Handhabung von Pausen- und Arbeits- und Stempelzeiten, die Hinterlegung der Sozialversicherungsausweise, das Vorhandensein der nötigen Qualifikationsdokumente der Mitarbeiter und eine Dokumentation der Einhaltung der gesetzlichen Vorgaben zur Arbeitssicherheit, den Tarifvereinbarungen sowie des Arbeitsrechts.

Der Franchisegeber hat zwar nicht die Personalhoheit, jedoch die Verantwortung für die Marke. Der Franchisegeber setzt Kontrollpunkte und überprüft die Einhaltung der gesetzlichen und internen Vorgaben sowie den Ausbildungsstand nach Systemvorgaben der Mitarbeiter des Franchisenehmers.

Der Franchisenehmer ist außerdem verpflichtet, seine Mitarbeiter anzuweisen, die Systemvorgaben ordnungsgemäß umzusetzen, Trainingsinhalte und deren Vorgaben termingenau umzusetzen und seinem Franchisegeber gegenüber Meldung zu machen.

Es empfiehlt sich, für jeden Franchisegeber einen Arbeitsvertrag für Mitarbeiter bereitzustellen. Der Franchisenehmer hat zwar die freie Wahl, welchen Arbeitsvertrag er nutzt, jedoch wird dies selten in Anspruch genommen. Zur Corporate Identity (siehe Glossar) gehört auch der einheitliche Markenauftritt nach außen, deshalb sollte der Franchisegeber dem Franchisegeber Arbeitsunterlagen zur Nutzung zur Verfügung stellen. Diese beinhalten Stellenbeschreibungen für Mitarbeiter und Führungskräfte, Vorlagen für Inserate für die Personalsuche, Imagebroschüren zum Franchisesystem als Arbeitgeber, Informationen zu Berufsausbildung, Karriere im Unternehmen XY, Tarifinformationen, gesetzliche Neuerungen im Bereich Personalrecht, Gerichtsentscheide als Negativbeispiele zur Vorbeugung, Kassenrichtlinien (mit Sicherheitsbelehrung für Überfälle), Aufbau der Personalakte, geforderte Befähigungsdokumentation (zum Beispiel: Erste-Hilfe-Bescheinigung, Polizeiliches Führungszeugnis, Führerschein wie Gabelstapler-Lizenz usw.).

Obwohl der Franchisenehmer für alle Personal-Belange verantwortlich ist, unterstützt ihn der Franchisegeber mit den oben genannten Unterlagen. Zusätzlich sichert der Franchisegeber sein System ab. Alleine durch die Unterlagen werden seine Franchisenehmer in der Personalarbeit ausgebildet und vergrößern in diesem Bereich ihre Kompetenz.

▶   Sollten sich vertragliche Systemvorgaben mit den gesetzlichen Vorgaben für den Bereich des Personalmanagements widersprechen, so steht der Franchisegeber in der Pflicht, die von ihm vorgegebenen Prozesse so anzupassen, dass die gesetzlichen Rahmenbedingungen eingehalten werden.

Im Administrationsmanual sollten alle Anforderungen zum Personalmanagement des Franchisenehmers aufgeführt werden. Dazu gehören die gesetzlichen Vorgaben sowie die internen Richtlinien zur Dokumentation jedes einzelnen Mitarbeiters in den Personalakten.

6.2.1 Festlegung der Personalstruktur und Mitarbeiterbesetzung

Der Franchisenehmer ist dafür verantwortlich, dass eine der Größe des Unternehmens angemessene Personalstruktur vorliegt. Der Franchisegeber sollte diese gemeinsam mit seinen Franchisenehmer erarbeiten und für jeden Standort einzeln festlegen. Die Vorgaben der Personalstruktur sollten im Franchise-Administrationsmanual festgehalten und die errechneten Anforderungen in der Gebührenmatrix notiert werden.

Je nachdem, wie individuell das Konzept in Ablauf und Aufbau strukturiert ist, sollte eine Gliederung der Personalstruktur entsprechend der Filialgröße oder der Umsatzstärke vorliegen. Folgende Parameter sollten in der Gebührenmatrix dargestellt sein: Mindestbesetzung der Mitarbeiter nach Umsatzgrößen, max. Produktivität zu Produktivzeiten sowie die Stundenanzahl nach Kennzahlen zum Umsatz (vgl. Abb. 6.2).

Um diese Größenordnungen zu berechnen, liegt dem Franchisegeber nicht selten eine Vielzahl von Kennzahlen aus Vergleichsstandorten vor, die er gemeinsam mit dem Franchisenehmer nutzen kann, um eine Mindestbesetzung von Mitarbeitern in den jeweiligen Franchisefilialen individuell festlegen zu können. Der Franchisenehmer hat den Vorteil, bei der Berechnung und der Festlegung des Mindestbestands an Personal in der Franchisefiliale die Untergrenze der Mitarbeiterbesetzung nach Umsatz festlegen zu können. Die

---

Dies ist ein Bestandteil des Franchise-Administrationsmanuals. Kennzahlen, Aufbau und Struktur sollten je nach Branche und Konzept und deren Prozessen angepasst werden.

Betriebsführung – Besetzung	
Betriebsleiter	1
1. Assistent	1
Assistent	2
Schichtführer	1
Trainer	2

Durchschnittlicher Umsatz/Produktivität

5000	5500	6000	6500	7000	7500	9000	10000
Umsatz							
72 €	72 €	78 €	85 €	90 €	95 €	100 €	100 €
Produktivität							

Stundenplanung zum Umsatz

69	76	78	76	77	78	90	100

Mindest-/Soll- Besetzung Monat			
	Kopf	Std.	Total
Teilzeit	5	00	00
Vollzeit	4	00	00
Geringverdiener	10	00	00
Studenten	6	00	00
Total	**25**	**00**	**00**

⚠ Umsatzberechnung erfolgt pro Tag und kumuliert auf den vollen Monat, ebenso die Stundenberechnung und der daraus resultierende Bedarf

 Dies sollte ein Bestandteil der Gebührenmatrix sein

Abb. 6.2 Berechnung des Personalbedarfs

Berechnung basiert immer auf Erfahrungswerten einer optimalen Personalbesetzung, um die Franchisefilialen im Sinne des Systems und der unternehmerischen Profitabilität zu führen und eine optimale Kundenzufriedenheit zu erreichen.

Beispiel

Eine Fragestellung zur Mitarbeiterplanung als Beispiel:

Ab wie vielen Kunden und in welchem Zeitrahmen muss ein weiterer Mitarbeiter eingeteilt werden, damit der Kassenvorgang beschleunigt wird und ein Kassiervorgang von 45 Sekunden laut Systemvorgaben erreicht werden kann?

Genau an dieser Stelle kommt es des Öfteren zu Diskrepanzen, da es immer wieder Unternehmer gibt, die an der falsche Stelle sparen möchten. Sie argumentieren in der Regel, dass sie wegen zwei zusätzlicher Stunden keinen weiteren Mitarbeiter einstellen wollen. Das ist genau der Punkt, an dem der Franchisegeber in der Pflicht steht, vertraglich zu regeln, wie hoch die Mindestkassenzeit oder die maximale Kundenzahl pro Kasse sein darf.

Eine zu lange Schlange an der Kasse zum Beispiel verschreckt potenzielle neue Kunden, die sich gar nicht erst auf lange Wartezeiten einlassen möchten. In diesem Fall liegt das in der Regel daran, dass der Kassiervorgang zu lange dauert, die Kasse nicht mit der richtigen Anzahl von Mitarbeitern besetzt ist oder die Kassierstation nicht richtig aufgebaut ist, sodass ein reibungsloser Arbeitsablauf nicht gewährleistet ist und es zu Verzögerungen im Betriebsablauf kommt.

Franchisegeber und Franchiseberater sollten in solchen Fällen konsequent auf die Besetzungsplanung des Franchisenehmers achten. Es sollte ein Verständnis dafür geschaffen werden, dass der Franchisenehmer dadurch der Marke und somit auch vielen anderen Franchisenehmern schadet, die Vertrauen in die Marke setzen. Eine Besetzungsvorgabe zum Arbeitsprozess gestützt durch messbare Kennzahlen würde in diesem Beispiel eine weitere personelle Besetzung fordern.

6.2.2 Managementstrukturen

Je nach Branche und Konzept werden Standorte in ihrer Führungsstruktur unterschiedlich aufgebaut. Grundsätzlich werden alle Franchisebetriebe von dem jeweiligen Franchisenehmer als Betriebsverantwortlichem geführt. Es gibt aber auch Konzepte, bei denen allein aufgrund von Öffnungszeiten oder der Standortgröße eine Managementstruktur notwendig ist.

Der Franchisegeber erarbeitet anhand seiner Erfahrungswerte eine optimale Führungsbeziehungsweise Managementstruktur für einen Franchisestandort aus. Im Sinne des Franchisegebers und des Systems liegt der Fokus immer auf einer optimalen Besetzung, bei der Kündigungen, Krankheiten und Urlaube sowie Expansion abgedeckt sind. Dies sind „Soll-Vorgaben", die unter anderem auch in der Gebührenmatrix festgelegt sein sollten, denn jedes Franchisesystem muss in seinen Prozessen und Abläufen zum Schutze der

Marke gesichert sein. Trotz aller Regeln ist es auch wichtig, dass der Franchisegeber zur Sicherung des Systems beiträgt, indem er die Trainingsinhalte und Ausbildungsbefähigungen den Systemanforderungen und dem jeweiligen Verantwortungsbereich von leitenden Mitarbeitern des Franchisenehmers vorgibt. So kann sichergestellt werden, dass stets ein gewisses Entwicklungspotenzial für eine Expansion oder bei Krankheiten oder Personalengpässen vorhanden ist und das System in seinem Markenauftritt nicht geschädigt wird. Eine Ausbildungsbefähigung kann unter folgenden Vorgaben festgelegt werden:

Positionsbeschreibungen:

Sie beinhalten den Ausbildungsstatus des Mitarbeiters, die geforderten Grundkenntnisse und die zugehörigen Ausbildungsschritte des internen Trainingssystems sowie den Nachweis über einen erfolgreichen Abschluss aller Schulungen. Im Bereich der Positionsverantwortung sollten alle Aufgaben, die von dieser Position zu verantworten sind, aufgeführt und beschrieben werden.

Ist ein Mitarbeiter zum Beispiel für Personaleinstellungen verantwortlich, so muss er auch in allen rechtlichen Themen ausgebildet sein. Hier gehört auch ein Befähigungsnachweis dazu, dass er die Kompetenz hat, Mitarbeiter nach Systemvorgaben und Bedarf einzustellen.

Trainingsinhalte Schulungen:

Sie sind auf die Bedürfnisse von Position und Tätigkeit abgestimmt. Der praktische Bereich wird in den Schulungen untermauert; Führungsaufgaben und ihre Verantwortlichkeiten werden auf Basis der praktischen Anforderung vom Franchisegeber geschult.

Managementplanung

Im Zusammenhang mit einer Expansion ist eine Managementplanung oft sehr sinnvoll. Sie bestimmt die Größe des benötigten Managements und seine Befähigung, aber auch den Einstellungszeitpunkt, der anhand des Ausbildungsbedarfs und des Zeitrahmens zur Neueröffnung errechnet wird.

Der Begriff „Managementstruktur" kann hier durchaus irreführend sein, da es auch Franchisesysteme gibt, die keine Personalstruktur benötigen und bei denen der Franchisenehmer alle Aufgaben erledigt (auch hier sollte eine Vertretungsstruktur mit einem Ausbildungsgrad vorhanden sein).

▶ Bei der Festlegung einer Managementstruktur ist zu berücksichtigen, dass die Positionierung unabhängig davon ist, ob der Franchisenehmer zu 100 Prozent seiner Zeit im Standort aktiv ist oder ein Mehrfilialsystem führt. Wenn der Franchisenehmer 100 Prozent aktiv ist, so nimmt er auch 100 Prozent der Position eines Managementmitglieds ein.

Eine Managementstruktur garantiert dem Franchisenehmer nicht nur eine Besetzung seines Standortes durch ausgebildetes Führungspersonal, sondern gewährleistet aufgrund der vorgegebenen Ausbildungsphasen auch den geforderten Nachwuchs, der bei einer Expansion dringend benötigt wird. Ein gut ausgebildetes Management optimiert den Standort in seinen operativen Kosten, bildet Mitarbeiter am Standort aus und setzt Systemvorgaben gemäß den Anforderungen um.

Der Franchisenehmer in einem Franchisesystem

Es gibt unterschiedliche Gründe für die Bewerbung um ein Franchisesystem, dennoch hat ein Franchisebewerber immer die große Wahl der Qual und muss sich am Ende des Tages die Frage stellen, welches für ihn das richtige Franchisesystem ist. Ein zukünftiger Franchisenehmer sollte sich schon im Anfangsstadium darüber im Klaren sein, warum er sich beruflich verändern möchte. Er sollte sich ebenfalls fragen, ob er in einem Franchisesystem arbeiten möchte und ob er auch der Typ Mensch ist, der in einem Franchisesystem Aussicht auf Erfolg hat.

In einem Franchisesystem zu arbeiten, bedeutet auch eine gewisse Unterordnung, sich an Regeln und Vereinbarungen zu halten. Obwohl der Franchisenehmer ein selbstständiger Unternehmer mit allen Rechten und Pflichten ist, unterscheidet sich die Selbstständigkeit in einem System sehr von der klassischen Selbstständigkeit.

Unternehmer, die sich eine Selbstständigkeit zum Ziel gesetzt haben, die kreativ sind und sich nicht in einem System unterordnen beziehungsweise anpassen können, werden verstärkt Probleme mit dem Franchisegeber haben und in einem Franchisesystem nicht glücklich werden. Wer sein eigner Herr sein will, der sollte sich im Klaren darüber sein, dass ein Franchisesystem klare Anforderungen hat und eine 100-prozentige Loyalität erfordert.

Ein Franchisenehmer wird als Partner in ein Franchisesystem integriert. Die Aufgabe eines solchen Partners ist es, die Philosophie, die Marke und die Systemgedanken im Markt zu kommunizieren. Ein Franchisenehmer ist ein Glied einer langen Kette von Franchisenehmern und muss sich in diese integrieren. Ein Franchisegeber entscheidet und kommuniziert Prozesse und Aktionen, die der Franchisenehmer umsetzen muss. Nur durch die einheitliche Umsetzung der Systemprozesse und Aktionen im gesamten System wird das Franchisesystem stark.

© Springer Fachmedien Wiesbaden 2015
H. Riedl, C. Schwenken, *Praxisleitfaden Franchising,*
DOI 10.1007/978-3-658-04697-2_7

Franchisenehmer, die sich nicht in das System integrieren können, sich nicht unterordnen können, schaden dem System und dem Franchisenehmer nicht nur kurzfristig, sondern bringen einen starke Unruhe in das System.

Auch ein Unternehmer, der der Meinung ist, dass Franchise eine Gelddruckmaschine ist und er am eigenen Franchisestandort weniger arbeiten muss als ein Angestellter oder ein selbstständiger Unternehmer im klassischen Sinne, sollte seine Tätigkeit in einem Franchisesystem überdenken. Ein Franchisenehmer, der führungsstark ist und eine gute Auffassungsgabe zur Umsetzung von Vorgaben und Prozessabläufen hat, wird in einem Franchisesystem erfolgreich sein. Auch Innovationen lassen sich einbringen. Wenn der Franchisenehmer seinen Franchisegeber mit seiner operativen Stärke und der Systemloyalität überzeugt hat, wird dieser ihn in Arbeitsgruppen einsetzen, die das System stetig weiterentwickelt.

▶   Franchisesysteme, die in der Führung zu viel eigenständige Innovation in der Franchisenehmerschaft zulassen, fördern starke Persönlichkeiten aus dem System, die ihren unternehmerischen Ideen als Franchisenehmer freien Lauf lassen. Nicht selten werden Systemgedanken dadurch nicht richtig umgesetzt, zusätzlich entstehen verstärkt Konflikte zwischen den wenigen Kommunikatoren der Franchisenehmerschaft, die im Grunde das gesamte System hinterfragen und dadurch nicht nur dem Franchisesystem schaden, sondern auch die gesamte Franchisenehmerschaft darunter leiden lassen. Nicht selten konzentriert sich der Franchisegeber dann auf diese wenigen Franchisenehmer, mit dem Ziel, die wenigen Kommunikatoren „zufriedenzustellen", und setzt in Systementwicklung und Führung die falschen Prioritäten. Das System bleibt in der Innovation und in der Systementwicklung stehen, obwohl die Produktivität beim Franchisegeber enorm steigt, aber ohne dass ein Benefit für das System und seinen Franchisenehmer erwirtschaftet wird.

7.1   Rekrutierung von Franchisenehmern

Den richtigen Franchisenehmer zu finden, ist für ein Franchisesystem sehr schwierig, denn man möchte schließlich einen Partner haben, der den Systemgedanken umsetzt und das System im Team voranbringt. Auch für einen zukünftigen Franchisenehmer sind Auswahl und Entscheidung für ein Franchisesystem schwierig, denn er investiert sein Kapital und ist auf längere Zeit an ein System gebunden. Er ist darauf angewiesen, dass der Franchisegeber durch seine Führung das System erfolgreich macht und die Investition und Arbeitsleistung, die er als Franchisenehmer einbringt, an Wert gewinnt.

Jedes System erfordert ein individuelles Profil seiner zukünftigen Franchisenehmer. In Bezug auf Anforderungen wie unternehmerische Persönlichkeit, vertriebliches Know-how, finanzieller Background und auch die Fähigkeit, sich gewissen Rahmenbedingungen im System anzupassen, gibt es in jedem Franchisesystem eigene Vorstellungen von geeigneten Kandidaten.

Ansprache und Anwerbung von Interessenten für eine nationale oder auch internationale Expansion sollten konzeptionell gut durchdacht sein. Franchiseunternehmen, die in einem Markt schon über einen längeren Zeitraum aktiv sind, haben eine klare Struktur in der Rekrutierung von Franchisenehmern aufgebaut. Diese bezieht sich auf den Aufbau der Bewerbungsunterlagen vom Erstgespräch bis zur praktischen Orientierung. Geworben wird in Zeitungen, auf Messen oder in dafür vorgesehenen Portalen. Einige findige Unternehmer haben sich als Franchisevermittler spezialisiert und suchen für Franchisegeber geeignete Kandidaten. Es gibt Franchiseunternehmen, die mit selbstständigen Unternehmen, sogenannten Regionsentwicklern, zusammenarbeiten, die eigenständig Immobilien und zukünftige Franchisenehmer anwerben. Hier werden teilweise Spezialisten aus dem Personalwesen in die Vorentscheidung der Bewerberauswahl miteinbezogen, die die Befähigung von Bewerbern prüfen, bevor diese überhaupt in die Erstgespräche des Franchisegebers kommen.

► Ein seriöser Franchiseberater, der für ein Unternehmen Franchisenehmer akquiriert, wird sich im Vorfeld Informationen über das System einholen. Dies beinhaltet eine Unternehmenspräsentation sowie die nötigen Kennzahlen, um das Franchisesystem zu präsentieren. Eine Bezahlung für das sogenannte „Headhunting" erfolgt auf Erfolgsbasis. Hat sich der Franchiseberater in der Rekrutierung bewährt, empfiehlt es sich, mit ihm gemeinsam den Expansionsplan zu bearbeiten und dementsprechend den Rekrutierungsplan langfristig zu planen.

Für kleine Unternehmen ist es sehr schwierig, den „ersten" Franchisenehmer zu finden. Es liegen noch keine Vergleichszahlen vor, das Risiko des Geschäftes ist oft nicht berechenbar und die Marke ist nicht bekannt. Der zukünftige Franchisenehmer hat oftmals Schwierigkeiten mit der Finanzierung, da man diese nicht auf eine Erfolgsgeschichte im System aufbauen kann. Eine Lösung wäre hier, dass ein zukünftiger Franchisegeber sich zum Beispiel unter seinen Mitarbeitern oder einer Person aus seinem Umfeld seinen „ersten" Franchisenehmer aufbaut, dem er Unterstützung bei der Finanzierung anbietet oder gegebenenfalls auch die Gebühren wie zum Beispiel die Franchisefee erlässt oder diese erst ab einem bestimmten Umsatzziel berechnet. Wenn der Jungunternehmer seinen „ersten" Franchisestandort mit seinem „ersten" Franchisenehmer eröffnet hat, liegen Vergleichskennzahlen vor und Rekrutierung wird für die Zukunft einfach.

Der junge Unternehmer merkt gerade in der Anfangsphase seines Franchisesystems, wie wichtig die Öffentlichkeitsarbeit und die Verbindung zu sozialen Netzwerken ist, um seine Franchiseidee zu kommunizieren. Ein professionelles Auftreten des gesamten Unternehmens ist eine Grundvoraussetzung, damit das Unternehmen seinen zukünftigen Investoren oder Franchisenehmern eine vertrauenswürde Gesprächsbasis und einen Überblick über den Markenauftritt des Systems bieten kann.

▶   Bedenken Sie, dass eine Franchiseidee an einem Standort lediglich eine Idee ist. Sobald der erste Franchisenehmer unter Vertrag ist, spricht man von einem Franchisesystem.
Je mehr Franchisenehmer Sie haben, desto leichter fällt Ihnen die zukünftige Kommunikation. Die Überzeugungskraft liegt in den Kennzahlen und in den Aussagen Ihrer Franchisenehmer zur Qualität des Franchisesystems.

Die Rekrutierung zukünftiger Franchisenehmer sollte strukturiert ablaufen. Auf Basis des Expansionsplanes und der Franchisenehmerstrukturen sollte ein Anforderungsprofil erstellt werden, das die bevorzugten Berufsgruppen, Ausbildung- und Bildungsgrad, Berufserfahrung sowie Charakterzüge und das einzubringende Kapital beinhaltet. Hierzu wird dem Interessenten ein Bewerbungsbogen zur Verfügung gestellt.

▶   Der Franchisegeber verpflichtet sich, die Unterlagen streng vertraulich zu behandeln. Die Unterlagen beinhalten oft sehr detaillierte Informationen zu Vermögen und Persönlichkeit des Bewerbers, die nur ausgewählten Personen des Franchisegebers zur Verfügung stehen sollten.

Der Franchisegeber erstellt eine Imagebroschüre über sein Franchisesystem, anhand derer der Interessierte sich über das Franchisesystem informieren kann. Der Franchisegeber hat hierbei zu beachten, dass alle Informationen wahrheitsgemäß und alle Kennzahlen nachvollziehbar sind. Die Broschüre sollte die Philosophie des Unternehmens enthalten, Kontaktinformationen für Rückfragen und die weitere Vorgehensweise bei Interesse am Franchisesystem, Einzelheiten zur Leistungserbringung des Franchisegebers und die Erwartungen an den zukünftigen Franchisenehmer.

7.2   Kriterien bei der Auswahl des richtigen Franchisenehmers

Wenn sich jemand beruflich verändern möchte, zum Beispiel ein Bankangestellter zum Systemgastronom, ist dies in einem geeigneten Franchisesystem sicherlich möglich, sogar aus Sicht des Franchisegebers häufig von Vorteil. Voraussetzung ist stets, dass der künftige Franchisenehmer Mitarbeiter führen kann und gut in der operativen Organisation ist. Ein Bankangestellter wird sich in einem Franchisesystem möglicherweise konsequenter an die Systemvorgaben und die Philosophie halten als ein Gastronom mit langjähriger Berufserfahrung. Aber ebenso kann auch ein langjähriger Gastronom sehr erfolgreich in der Systemgastronomie sein, sofern er sich dem System unterordnet und seine gastronomische Innovation einschränkt. Ein Franchisesystem, das im Handwerk tätig ist, sollte sich auch Franchisenehmer mit handwerklichem Geschick suchen. Ein vertriebsorientiertes Franchisesystem benötigt keine Handwerker, sondern eine Persönlichkeit, einen Kommunikator, einen Verkäufer.

Jedes Franchisesystem sucht seine Franchisenehmer individuell nach den Systemanforderungen. Jedoch sollte der Franchisegeber die Einfachheit der Systemumsetzung im Auge behalten, denn damit wird die Rekrutierung von Franchisenehmern leichter, da die Anforderung weitläufiger ist und man in solchen Fällen keine Fachspezialisten benötigt. Ein Franchisesystem hat anhand seiner Erfahrungswerte ein klares Anforderungsprofil für seine Franchisenehmer geschaffen. Deshalb sollte auch jeder Bewerber das Anforderungsprofil erfragen und sich diesem stellen.

7.3 Auswahl des richtigen Franchisesystems

Es gibt sehr viele Erfolg versprechende Franchisesysteme und jedes sucht den perfekten Franchisenehmer. Aber das Problem der Wahl des richtigen Franchisesystems hat auch der Franchiseinteressent.

Bei der Recherche und Auswahl des richtigen Franchisesystems ist ein persönlich zugeschnittener Fragenkatalog sehr sinnvoll (vgl. Abb. 7.1). Die Fragen an den Franchisegeber sollten strukturiert und auf gesammelte Informationen aufgebaut sein. Ergebnisse aus den Gesprächen können im Nachhinein mit anderen Franchisesystemen verglichen werden. Informationen zu diesen Gesprächen sollte der Interessent sowohl aus eigener Recherche wie auch aus Gesprächen mit aktiven Franchisenehmern bestehender Franchisebetriebe zusammentragen.

Ein Kontakt zu Franchisenehmern kann spontan an einem Franchisestandort aufgebaut werden oder man sucht diesen über die Franchisezentrale. Unbeschadet der Tatsache, dass der Interessent zahlreiche Informationen aus den Gesprächen gewinnen wird, sollte er diese kritisch hinterfragen. Nicht nur positiv zum Unternehmen eingestellte Franchisenehmer könnten Sie über das Franchisesystem informieren, denn auch von negativ eingestellten Franchisenehmern können wertvolle Informationen erfragt werden.

Daher sollten Gespräche auch mit negativ eingestellten Franchisenehmern geführt werden, um möglichst viele Informationen zu erhalten. Es gibt kein Franchisesystem, das alle Franchisenehmer einhellig glücklich macht; interessanter sind manchmal die Gründe, warum jemand im System unzufrieden ist.

‿ rade für zukünftige Franchisenehmer und Interessenten ist es wichtig, anhand eines Fragenkatalogs zielgerichtete Fragen zu stellen.

Hinweisspalte

Meine persönliche Einschätzung als zukünftiger Franchisenehmer

Kann ich Mitarbeiter führen?	o
Kann ich organisieren?	o
Kann ich im Team arbeiten?	o
Möchte ich Mitarbeiter haben?	o
Möchte ich mehrere Filialen führen?	o
Passt die Unternehmensphilosophie zu meinen Erwartungen?	o
Wie viele Mitarbeiter möchte ich führen?	o
Bin ich bei der Ortswahl flexibel?	o
Möchte ich mich langfristig binden?	o
Kann ich mich in einem System einbringen?	o
Bin ich der Kreative oder der Umsetzer?	o
Kann ich in einer festen Struktur arbeiten?	o
Kann ich mich in einem System unterordnen?	o

Sie binden sich für eine lange Zeit. Prüfen Sie für sich, ob Sie in einem Franchisesystem richtig aufgehoben sind!

Kapital/Investitionen und Gebühren

Welche Investitionsmodelle werden angeboten?	o
Welches Eigenkapital wird benötigt?	o
Anteile der Finanzierung und des Eigenkapitals?	o
Welche Franchisegebühren fallen an und in welcher Höhe?	o
Meine erwartete Kapitalverzinsung?	o
Welche Fördermittel kann ich nutzen?	o
Gibt es einen Finanzierungsplan seitens des FG?	o
Werde ich bei der Finanzierung von FG unterstützt?	o
Wie ist der Ruf des Franchisesystems bei Banken?	o
Mit welcher Bank arbeitet der Franchisenehmer zusammen?	o

Bei Finanzierungsanfragen sagen die Reaktionen der Banken viel über die Rentabilität eines Franchisesystems aus!

Abb. 7.1 Fragenkatalog zum richtigen Franchisesystem

Presse und Werbeinformationen	
Gibt es negative Presse und wenn ja, warum?	o
Positive Presse?	o
Wird Presse zur Imagewerbung genutzt?	o
In welcher Presse gibt es Artikel über das Franchisesystem (seriöse Presse)?	o
Werden Kennzahlen des Franchisesystems öffentlich kommuniziert?	o
Ist die Rede von zahlungsunfähigen Franchisenehmern?	o
Gibt es gerichtliche Auseinandersetzungen mit Franchisenehmern?	o
Werbeauftritt und Marketing	
Passt der Werbeauftritt zum gesamten Erscheinungsbild?	o
Ist der Werbeauftritt aussagekräftig gegenüber Image und Umsatz?	o
Finden sich die Werbeaussagen auch in der Presse und an den Standorten wieder?	o
Erfüllt das Marketing an den Standorten und in den Medien meine Erwartungen?	o
Werden Medien wie TV, Radio und Plakate zum Marketing genutzt?	o
Gibt es Marketingaktionen und Kampagnen?	o
Sind die Marketingaktionen professionell und ansprechend?	o
Werden die Aktionen auch an den Standorten professionell umgesetzt?	o
Gibt es eine Marketing-Verwaltungsgesellschaft?	o
Sind FN innovativ in die Systementwicklung eingebunden?	o
Gibt es Arbeitsgruppen für Marketing und Vertrieb?	o
Was sagen Bekannte/Freunde zu der Franchisemarke?	o

Hinweisspalte

Checken Sie das Internet, fragen Sie Ihre Freunde oder verwickeln Sie Kunden in ein Gespräch! Holen Sie sich Meinungen über das Franchisesystem ein!

Bei einem Franchisesystem kommt es auf die Qualität und Innovation des Marketings an und nicht darauf, ob es im TV oder in den führenden Medien präsent ist!

Abb. 7.1 (Fortsetzung)

Sie sollten Franchisenehmer des von Ihnen favorisierten Systems persönlich ansprechen. Gehen Sie auch als Kunde zu einem Franchisenehmer des Systems, für das Sie sich interessieren.

Gespräche mit Franchisenehmern im System

Wie offen waren die Franchisenehmer?	o
Überwogen positive oder negative Aussagen?	o
Waren die Franchisenehmer loyal gegenüber dem Franchisegeber?	o
Stimmen die Aussagen der Presse mit denen der Franchisenehmer und Ihren Gesprächspartnern überein?	o
War das Auftreten des Franchisenehmers professionell?	o

Stimmen die Aussage bezüglich Ihrer Recherche?

- o Training der Franchisenehmer
- o Mitarbeiterbeschaffung
- o Unterstützung des Franchisegebers
- o Entwicklungschancen des Franchisenehmers
- o Kundenzufriedenheit
- o Marketing und Innovationen
- o Philosophie
- o Expansion
- o Franchisenehmerzufriedenheit

Expansion und persönliche Entwicklung

Gibt es Expansionspläne und Möglichkeiten?	o
Gibt es persönliche Entwicklungspläne?	o
Wird die persönliche Entwicklung jährlich besprochen?	o
Gibt es einen Gebietsschutz?	o
Welche Unterstützung gibt es während der Expansion?	o
Gibt es Beispiele für eine positive Franchiseentwicklung?	o
Wie expandiert der Mitbewerber im Verhältnis zum Franchisegeber?	o

Hinweisspalte

Besuchen Sie Franchisenehmer als Kunde inkognito, bevor Sie Gespräche mit dem Franchise-geber führen!

Sie binden sich für eine lange Zeit! Möchten Sie sich auch als Unternehmer weiterentwickeln?

Abb. 7.1 (Fortsetzung)

		Hinweisspalte
Unternehemenszahlen		
Wie ist die Entwicklung des Umsatzes in den letzten Jahren?	o	
Wie stark war die Standortexpansion?	o	
Was sagt Ihre Hausbank zum Franchisesystem?	o	
Lassen sich Risiken und Chancen erkennen?	o	
Liegt das Franchisesystem im Trend einer Zielgruppe?	o	
Sind die Preise kundennah und konkurrenzfähig?	o	
Ist das Franchisesystem krisensicher und welche Risiken bestehen?	o	
Welcher Return on Investment wird im Schnitt erreicht?	o	
Unternehmensinformationen		
Wer ist/sind der/die Investor/en?		
o Gründer		Die Unternehmens-
o Finanzinvestoren		struktur gibt oft
o Banken		die Entwicklung des
o mehrere Unternehmen		Franchisesystems vor.
o Kapitalgesellschaft		
Welche Anforderungen hat der Investor – Ruf?		
o kapitalorientiert		
o Expansionist auf Umsatz und Masse		
o Franchisesytem ist nur ein Nebenprodukt		
Wird die Franchisephilosophie auch von den Investoren gelebt und verstanden?	o	
Gehört das Unternehmen Verbänden und/oder sozialen Einrichtungen an?	o	
Ausbildung zum Franchisenehmer		
Wie lange dauert die Ausbildung?	o	Ein gutes Aus-
Kosten der Ausbildung?	o	bildungskonzept und
Welche Schulungen werden angeboten?	o	das Controlling zeigen
Was ist die größte Hürde für Branchenfremde?	o	die positive
Anforderungsprofil an den Franchisenehmer		konsequente
o Berufserfahrung		Führung im Franchise-
o Branchenerfahrung nötig		Unternehmen.

Abb. 7.1 (Fortsetzung)

Training, Ausbildung und Betreuung

Welche Ausbildungsmodule gibt es für Mitarbeiter?	o
Welche Ausbildungsmodule für Mitarbeiter?	o
Kosten und Art der Ausbildung?	o
Wie unterstützt der Franchisegeber die Ausbildung?	o
Wie hoch sind die Ausbildungskosten jährlich?	o
Wie werden bestehende Franchisenehmer vom Franchisegeber betreut?	o
Welche Arbeitswerkzeuge bzw. Hilfe gibt es?	o
Welche Unterstützung gibt es, wenn die Filiale nicht läuft?	o
Welche Unterstützung gibt es zur Eröffnung?	o
Wie wird die Ausbildung der Mitarbeiter im System kontrolliert?	o
Welche Systemchecks gibt es?	o

Führung der Franchisefiliale und deren Besetzung

Wie viele Mitarbeiter werden im Durchschnitt benötigt?	o
Wird die Filiale mit Führungskräften besetzt?	o
Kann ich als Franchisenehmer auch anderswo als Unternehmer tätig sein?	o
Welche Führungswerkzeuge gibt es?	o
Ist die Führung einer Filiale „operativ" anspruchsvoll?	o
Wie ist die Mitarbeiterbeschaffung und -rekrutierung?	o
Gibt es Tarifverträge und Tarifpartner?	o

Ausbildung zum Franchisenehmer

Wie lange dauert die Ausbildung?	o
Welche Schulungen werden angeboten?	o
Was ist die größte Hürde für Branchenfremde?	o
Anforderungsprofil an den Franchisenehmer	
o Berufserfahrung nötig	
o Branchenerfahrung nötig	
o Führungserfahrung nötig	

Hinweisspalte

Stellen Sie sich die Frage, ob Sie Mitarbeiter operativ führen können.

Abb. 7.1 (Fortsetzung)

Gerade in den Bereichen Produkt und Einkauf sollten Sie sich genau informieren, ob das Produkt sicher, krisensicher vermarktbar und der Qualitätsstandard gleichbleibend ist!

Einkauf und Warenbeschaffung   Hinweisspalte
Gibt es eine Einkaufsorganisation?   o
Sind die Einkaufspreise konkurrenzfähig?   o
Wie sind die Verkaufspreise gegenüber Mitbewerbern?   o
Gibt es einen Lieferanten-Zertifizierungsprozess?   o
Nach welchen Kriterien werden Lieferanten ausgesucht?   o
Gibt es einen General-Logistiker?   o
Wie systematisiert ist der Einkauf?   o
Gibt es eine Qualitätssicherung?   o   Fragen Sie ehemalige
Wie geht die Qualitätssicherung vor?   o   Franchisenehmer,
Werden Produkte im Ausland produziert und sind diese frei von   die aus dem
Risiken (Kinderarbeit, Zusatzstoffe ...)?   o   System ausgestiegen
Wie riskoreich ist das Produkt?   o   sind, nach ihren
Wie ist das öffentliche Interesse am Produkt?   o   Erfahrungen!
Werden Rückvergütungen an Franchisenehmer ausgeschüttet?   o
Wie ist die Margenberechnung auf das Produkt?   o
Kann ich als Franchisenehmer frei einkaufen?   o
Wie bin ich an Lieferanten gebunden?   o

Filialverkauf, vorzeitiger Ausstieg aus dem Franchisesystem
Haben Franchisenehmer ihre Standorte erfolgreich
weiterverkauft?   o
Ich möchte verkaufen bzw. aussteigen, ist das möglich?   o
Welche Gebühren kommen bei einem Ausstieg auf mich zu?   o
Was passiert mit meiner Filiale nach Vertragsablauf?   o
Bekomme ich nach Vertragsablauf eine Abstandszahlung?   o
Gibt es einen Verkaufsprozess im System?   o
Wie oft kann der Franchisegeber meinen Käufer ablehnen?   o
Bekommt der Käufer automatisch eine Franchiselizenz?   o
Was geschieht mit meiner Franchiselizenz im Falle einer
Kündigung des Mietvertrags?   o
Wer ist Mieter in der Franchisefiliale?   o

Abb. 7.1 (Fortsetzung)

Anhand dieser Informationen bietet es sich auch an, sich in die Rolle des Kunden zu begeben und Franchisestandorte als kritischer Kunde zu analysieren, Informationsmaterialien als Kunde vom Franchisegeber einzufordern und auch gezielte Fragen zur Produktqualität an das Unternehmen zu stellen.

Ein gut vorbereitetes und geplantes Gespräch mit dem Franchisegeber gibt Ihnen Informationen über seine Fachkompetenz, Philosophie und das Verhalten gegenüber Kunden, das in diesem Franchisesystem gelebt wird. Aus diesen Erfahrungen können Sie herausfiltern, inwieweit das System mit seinen Franchisenehmern zusammenarbeitet, sie in ihrer Entwicklung und Expansion fördert und wie die Franchisephilosophie im Franchisesystem gelebt wird. Anhand all dieser Informationen sollten Sie das Franchisesystem auswählen und Ihr Bewerbungsgespräch fortsetzen.

►   Auch ein Franchisegeber merkt, wenn sein Bewerber sich konkret für das System interessiert, sich vorbereitet hat und die richtigen Fragen stellt.

Für den Franchisenehmer ist eine gute Vorbereitung dieses Gesprächs sehr wichtig, denn er investiert sein Geld in ein System und will seine Zukunft hier aufbauen. Für den Franchisegeber ist es wichtig, motivierte und interessierte Franchisenehmer unter Vertrag zu nehmen, denn er gibt seinem zukünftigen Franchisenehmer auch das Vertrauen, die Marke in seinem Interesse an den Kunden zu kommunizieren.

7.3.1   Partnermodell auf Kommissionsware

Jedes Franchisesystem arbeitet mit seinen individuell berechneten und kalkulierten Finanzierungsmodellen, die auf das Franchisesystem und seine Anforderungen abgestimmt sind. Ein Franchisemodell ist ein Partnermodell, auch „Vertriebspartner" genannt, in dem der Franchisenehmer alle Waren in Form von Kommissionsartikeln erhält. Der Kommissionär ist selbstständiger Kaufmann. Er kauft und verkauft Waren im eigenen Namen, aber auf fremde Rechnung.

Die Abrechnung erfolgt auf Provisionsbasis der verkauften Artikel. Die Provisionen sind nach Produktgruppen gestaffelt. Modelle wie diese werden in vielen Fällen in der Telekommunikation für Vertriebspartner verwendet. Ein Vorteil für den Franchisenehmer besteht darin, dass er wenig bis gar kein Eigenkapital benötigt. Der Franchisenehmer trägt die Personalkosten, die Miete sowie die Betriebskosten für den Franchisestandort und agiert als selbstständiger Unternehmer. Dinge wie Marketingmaterialien, Einrichtungen und Kassensysteme werden in solchen Fällen vom Franchisegeber gestellt. Je nach Branche werden die anfallenden Kosten wie Leasing, Inventar und Mietinventar dem Franchisenehmer gesondert in Rechnung gestellt oder in der Provisionszahlung berücksichtigt.

▶   Dieses Modell hat einen großen Vorteil für eine Expansion, denn es bietet Fran-
    chisenehmern ein breites Feld. Oft können Finanzierungsgelder zur Selbststän-
    digkeit beantragt werden, sodass wenig bis gar kein Eigenkapital notwendig
    ist. Ein Nachteil könnte hierbei sein, dass der Franchisegeber in Ware, Lagerhal-
    tung und Einrichtung an jedem seiner Standort investiert.

7.3.2 Franchisenehmer ohne Investition

Beabsichtigt ein Franchisegeber, einen bestimmten Franchisenehmer, von dessen Können
er überzeugt ist, in sein System aufzunehmen, stellt sich die Frage, ob und in welcher Höhe
der Franchisenehmer über Eigenkapital verfügt. Liegt der Fall vor, dass der Franchisenehmer kein Eigenkapital mit einbringen kann oder möchte, so kommt für den Franchisegeber die Möglichkeit in Betracht, ein auf diesen Fall abgestimmtes Finanzierungskonzept
einzusetzen. Dieses Finanzierungskonzept sieht häufig vor, dass der Franchisegeber alle
Investitionen, die der Franchisenehmer an sich zu tätigen hätte, übernimmt.

Der Franchisegeber ist somit der Investor und stellt dem Franchisenehmer seine Auf-
wendungen in Form eines Darlehens in Rechnung. Statt eines Darlehens könnte auch der
Abschluss eines speziellen Mietvertrages in Betracht kommen, sodass der Franchisegeber
auf diesem Wege über einen Zeitraum gestreckt seine Investitionen zurückerhält. Die Vertragspartner sollten sich darüber einig sein, dass die Instandhaltungskosten Thema des
Franchisevertrages sind und unbedingt in der Gebührenmatrix berücksichtigt werden sollten. Durch solch ein Franchisemodell können zum Beispiel eigene Mitarbeiter gefördert
werden, die vom angestellten Mitarbeiter des Franchisegebers zum Franchisenehmer werden. Von Vorteil für den Franchisegeber ist, dass Zukunftsängste bei seinen Mitarbeitern
in der Systemzentrale entfallen und die Loyalität und Einsatzkraft von Mitarbeitern im
Unternehmen steigen.

Der Franchisegeber vermeidet durch die Einbindung des bewährten Mitarbeiters, dass
dieser bei einem Mitbewerber anheuert. Gerät der ehemalige Mitarbeiter in die neue Position als Franchisenehmer, sollte besondere Aufmerksamkeit darauf gelegt werden, dass
alle Verdachtsmomente für eine Scheinselbstständigkeit unterbunden werden.

Die Übernahme eines solchen Mitarbeiters in das Franchisemodell zieht also eine besonders exakte Vertragsprüfung nach sich. Es sollte klar dokumentiert werden, dass der
ehemalige Mitarbeiter nun mit allen Rechten und Pflichten als selbstständiger Unternehmer agiert.

▶   Dieses Modell ist sehr interessant, wenn der Franchisegeber einem seiner lang-
    jährigen Mitarbeiter einen Franchisestandort geben möchte. Er schafft dadurch
    eine hohe Loyalität unter seinen Mitarbeitern, da typische Zukunftsängste im
    Unternehmen nicht vorhanden sind. Auch gibt der Franchisegeber keinen

guten Mitarbeiter an Mitbewerber ab und hält somit die Fachkompetenz im eigenen System. Wichtig ist, dass diese Verträge anwaltlich genau geprüft werden, damit keine Scheinselbstständigkeit vorliegt. Der Franchisenehmer ist und bleibt ein selbstständiger Unternehmer und haftet mit allen Rechten und Pflichten!

7.3.3 Pachtmodell als Gesamtpaket

Im Franchisebereich gibt es auch Pachtmodelle. Standorte werden komplett mit Inventar, Verbrauchsgütern (Geräte, Kassensysteme, Maschinen) sowie mit einem zusätzlichen Lizenzvertrag verpachtet. Die Pacht beinhaltet alle Investitionen inklusive der Einrichtung. Der Franchisenehmer führt den Standort als selbstständiger Unternehmer und kauft auf eigene Kosten Waren nach Vorgaben des Franchisegebers ein. In der Vermarktung hält sich der Franchisenehmer an die Systemvorgaben und trägt alle Kosten der Betriebsführung. Oft tritt das Problem auf, dass der Franchisegeber mit sehr hohen Investitionen belastet wird, was eine geplante Expansion beeinträchtigen oder gar zum Scheitern bringen kann. Eine weitere Problematik ist, dass bei Investitionsberechnungen der nötige Return on Investment nicht erreicht wird, das System im Rückschluss für den Investor und seine Vorgaben nicht mehr wirtschaftlich ist und nur noch die notwendigsten Investitionen getätigt werden. Gerade bei Konzeptanpassungen oder Erweiterungen im gesamten Franchisesystem scheitert dieses Modell, da der Franchisegeber die geforderten und notwendigen Investitionen nicht tätigen kann.

Franchisegeber verpflichten dann oft ihre Pächter oder Franchisenehmer, die Verbrauchsgüter nach einer gewissen Frist auf eigene Kosten zu erneuern. Hier sollte der Franchisenehmer seine steuerlichen Vorteile des Investitionskonzeptes den Wachstumschancen einer Expansion, für die er investiert, gegenüberstellen und sehr genau hinterfragen, inwieweit der Mehrumsatz durch die Expansion und die dazugehörigen Einnahmen aus Franchisefee, Lizenzgebühren und Mieteinnahmen den Unternehmensprofit positiv beeinflusst. Rechnerisch dagegen zu stellen sind die steuerlichen Vorteile eines Investitionsmodells.

In Pachtverhältnissen kommt es des Öfteren dazu, dass die nötige Loyalität zum System verloren geht und der Franchisenehmer sich nicht mit seinen Standort verbunden fühlt, da er nicht investiert hat und der Standort kein Teil von ihm ist. Nicht selten entwickelt das System dann eine gefährliche Eigendynamik, wenn der Franchisenehmer eigene Verkaufsstrategien entwickelt und damit das Franchisesystem beschädigt, da der Systemgedanke nicht weiter verfolgt und das Franchisesystem nicht marktgerecht weiterentwickelt wird.

Ein Investitionsmodell wie dieses kann durchaus als Zusatz in einem Franchisesystem aufgeführt werden, um Franchisenehmer bei der Expansion zu unterstützen oder um einen bestimmten Franchisenehmer mit besonderen Leistungen für das System zu gewinnen.

▶   Bei einem Investitionsmodell ist zu beachten, inwieweit Wachstum und eine Aktualisierung des Konzeptes gehemmt werden. Ein negativer Einfluss von Investment hätte zur Folge, dass dieses Franchisekonzept mit der Präsenz und dem Markenauftritt des Mitbewerbers nicht mithalten kann. Innovationen und neue Konzepte gehen oft unter und sorgen für Kunden- und Umsatzverluste.

7.3.4   Unterschiedliche Investitions- und Franchisemodelle unter einer Marke

Ein Franchisesystem, dessen Expansion gründlich durchdacht und geplant wurde, sollte auch ein durchdachtes Investitionsmodell enthalten. Es ist ratsam, dass der Franchisegeber die Investitionsmodelle im Administrationsmanual detailliert aufgliedert. In diesem Fall sollten auch die damit verbundenen Fristen, Gebühren, Verzinsungen und Laufzeiten der jeweiligen Modelle aufgeführt werden. Gerade bei Ausschreibungen für die Franchisenehmersuche unterstreichen klar strukturierte Finanzierungs- und Investitionsmodelle die Professionalität und Strukturiertheit des Franchisesystems. Dem Franchisegeber bleibt es letztendlich überlassen, für welchen Lizenznehmer und für welchen Standort er welches Investitionsmodell anwendet (vgl. Abb. 7.2). Auch wenn im Administrationsmanual viele

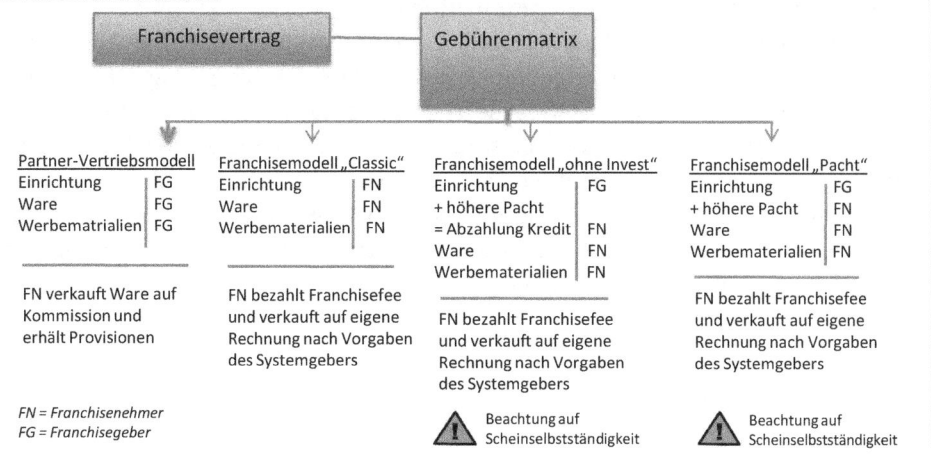

Abb. 7.2 Unterschiedliche Franchisemodelle

verschiedene Modelle aufgeführt werden, ist nur das Modell in der Gebührenmatrix verbindlich.

Wir möchten noch darauf hinweisen, dass sich die Investitionen lediglich auf den Ausbau des Standortes beziehen und nicht auf die Miete oder den Kauf des Standortes selbst. In Kap. 12 finden Sie weitere Anregungen, wie Sie Ihre Immobilienexpansion strukturieren können.

7.3.5   Die Finanzierung eines Franchisesystems

Bevor man sich an die Auswahl eines Franchisesystems heranwagt, sollte man nach der eigenen Eignung auch die finanziellen Mittel überprüfen. Eine Finanzierung in einem Franchisesystem kann aus unterschiedlichen Bausteinen zusammengesetzt werden, z. B. staatliche Fördergelder, Überbrückungsgelder, private Finanzierungen oder Gelder, die über die Bank finanziert werden. Nicht selten wird eine Eigenmittel-Quote von 20 bis 25 Prozent an der Gesamtinvestition vorausgesetzt.

Bevor man jedoch einen Franchise-Vertrag unterzeichnet, sollte man unbedingt die Finanzierung des Vorhabens sicherstellen. Man kann im Vorfeld bei bestehenden Franchisenehmern nach deren Hausbank fragen und sich gegebenenfalls dort schon einmal vorstellen und das Vorhaben erläutern. Die Bank zeigt schon im Vorfeld ihr Interesse an oder lehnt das Vorhaben aufgrund schlechter Erfahrungen bereits in der Voranfrage ab. Der Vorteil liegt darin, dass die Banken sowohl positive oder auch negative Erfahrungen mit dem jeweiligen Franchisesystem haben und somit eine Finanzierung erleichtert oder direkt abgelehnt wird. Eine Ablehnung vor der Vertragsunterschrift kann auch für Sie ein Hinweis sein, dass man die erhaltenen Informationen über das Franchisesystem noch mal überprüfen sollte. Eine Ablehnung muss aber nicht unbedingt bedeuten, dass das Franchisesystem nicht finanzierungswürdig ist, es kann auch sein, dass die jeweilige Bank nicht in die präsentierte Branche investieren möchte.

Ein seriöser Franchisegeber unterstützt zukünftige Franchisenehmer im Aufbau der Finanzierungsvorlage und stellt Kennzahlen und Unterlagen zur Verfügung, die eine strukturierte und professionelle Bewerbung zur Finanzierung ermöglichen. Eine Finanzierungspräsentation sollte nicht nur die Kompetenz des zukünftigen Franchisenehmers nachweisen, sondern auch die bereits vorhandenen und die zu finanzierenden Geldmittel. Der Franchisegeber sollte den zukünftigen Franchisenehmer bei der notwendigen Rentabilitätsberechnung unterstützen, die auf Erfahrungswerten beruht und nach bestem Wissen und Gewissen erstellte wurde (vgl. Abb. 7.3).

Diese Aufzählung soll Ihnen als zukünftiger Franchisenehmer helfen, eine übersichtliche und an Ihre Bedürfnisse angepasste Finanzierungspräsentation für Ihre Bank zu erstellen.

Hinweisspalte

Ihre Person

Kurze Darstellung Ihrer Person – Lebenslauf	o
Ihre Fachkompetenz, was Sie befähigt, ein/dieses Franchisesystem zu führen	o
Ihre Entscheidung, warum Sie sich für ein Franchisesystem entschieden haben	o

Bitten Sie Ihren Franchisegeber um Unterstützung!

Informationen zum Franchisesystem

Philosophie und Konzept des Franchiseunternehmens	o
Erfolgsgeschichten, Expansionszahlen	o
Kennzahlen aus dem Jahresbericht (wenn öffentlich)	o
Anzahl Betriebe, Franchisenehmer, Referenzadressen-Franchisenehmer	o
Presseberichte, Unternehmensziel	o
Vergleichsstandorte – G&V als Beispiele zur Rentabilität (nicht immer üblich)	o

Vorlagen zur Finanzierungs-bewerbung

Kennzahlen und Unternehmens-informationen

Informationen zum Standort

Lage des Standorts mit Karte, Kennzeichnung der Mitbewerber und Traficgeneratoren auf einer Karte	o
Kennzahlen: Einkommensstruktur, Einwohnerzahl, Traffic am Standort	o
Begebenheiten, Besonderheiten des Standorts	o
Standortkennzahlen: Miete, Alter, Zustand, Umbaumaßnahmen	o
Investitionsaufstellung der Umbauten	o
Bilder des Ist-Zustands, eventuell Fotomontagen oder Scrible der Idee-Fertigstellung	o
Parkplätze, öffentliche Verkehrsmittel	o

Abb. 7.3 Inhalte eines Finanzierungsplanes

Rentabilitätsberechnung	
Investionsaufstellung nach Abschreibung und Bau, Technik, Inventar sortiert	o
Operative Investionen, Training, Ausbildung	o
G&V-Planung auf 3 Jahre mit Entwicklungskriterien	o
Entwicklungsplan von Vergleichsstandorten–G&V Kennzahlen auf 3 Jahre	o
Private Sicherheiten	o
Erklärung mit Einzelpositionen und Zusammensetzung der G&V-Planung	o
Planung der Kundenentwicklung	o
Finanzierungsplanung	o
Verträge	
Franchisevertrag, Gebührenmatrix	o
Mietvertrag	o
Marketing des Franchisekonzepts	
Vergleichsaktionen und deren Ergebnisse (nicht immer üblich)	o
Produktgruppen –Produktmix	o
Aktivitäten des Franchisenehmers zur Kundengewinnung	o
Aktivitäten des Franchisegebers zur Kundengewinnung	o
Außenwerbung am Standort –eventuell eine Fotomontage	o
Marktpositionierung und Mitbewerber	o
Zielgruppenaufstellung	o
Mitbewerberanalyse	o
Marketingplan vom Vorjahr	o
Presseinformationen	o

Hinweisspalte

Banken schätzen
Präsentationen, wenn:

- diese professionell
  erstellt sind

- diese sortiert und
  übersichtlich sind

- Inhalte fakten-
  orientiert sind

- Kennzahlen
  erklärbar sind

- Konzepte schlüssig
  und ggf. bebildert
  erklärt werden

- der Bewerber sich
  mit dem Konzept
  identifiziert

- dem Bewerber die
  Risiken bewusst sind

Abb. 7.3 (Fortsetzung)

Hinweisspalte

Finanzmittelaufstellung

Privatvermögen, Fremdvermögen   o

Sicherheiten, Immobilien, Versicherungen etc.   o

Bürgschaften für laufende Kredite aus Altlasten   o

Finanzierungsbedarf   o

Privater Finanzmittelbedarf für den Lebensunterhalt   o

Zusätzliche Einnahmen vorhanden?   o

Versicherungen und feste monatliche Verpflichtungen (privat)   o

Persönliche Informationen

Persönliche Daten, Familienstand, ortsgebunden, Ehefrau, Kinder o

Polizeiliches Führungszeugnis   o

Ausbildungsplan des Franchisesystems zur Befähigung   o

Risikoeinschätzung und persönliches Statement

Beschreiben Sie in kurzen Worten die Risiken und geben Sie Ihre Einschätzung ab, inwieweit die Faktoren für Sie ausschlaggebend sind, dass der Standort und das Konzept erfolgreich sein wird.   o

Abb. 7.3 (Fortsetzung)

▶ Gehen Sie keine vertraglichen Verpflichtungen ein, bevor die Finanzierung
   unterschrieben ist. Der Franchisevertrag oder die Immobilien- oder Dienstleistungsverträge sollten erst unterschrieben werden, wenn alle Finanzierungsbe-
   stätigungen vorhanden sind. Üblich ist es aber, dass Sie mit dem Franchisegeber
   eine Verschwiegenheitserklärung vereinbaren, da Ihnen auch vertrauliche
   Informationen übermittelt werden. Auch ein Vorvertrag für den zukünftigen
   Franchisevertrag ist möglich, der die vereinbarten Inhalte im Franchisevertrag
   zusichert, sobald die Finanzierung genehmigt sein wird.

Franchisenehmerstrukturen

In jedem Franchisesystem sollten festgesetzte Franchisenehmerstrukturen vorhanden sein. Ein Franchisegeber macht sich anhand seines Franchisekonzeptes Gedanken, wie viele Standorte ein Franchisenehmer führen kann. In welcher Stadt möchte ich wie viele Franchisenehmer unter Vertrag nehmen? Wie groß darf eine Franchiseregion im Radius sein, um meinen Qualitätsansprüchen gerecht zu werden? In der Expansionsplanung sollte diese erarbeitete Struktur mit eingebaut sein. Auf diese Weise kann eine optimale Planung auf Basis von Befähigung, Führungsqualitäten und Kapitalbedarf in der Rekrutierung von Franchisenehmern berücksichtigt werden. Wir möchten Ihnen nachfolgend drei Franchisemodelle als Beispiel vorstellen, die den Verantwortungsbereich jedes einzelnen Modells verdeutlichen.

8.1 Single-Franchisenehmer (Einzelunternehmer/Einzel-Franchising)

In diesem Fall vergibt der Franchisegeber eine einzelne Lizenz für eine sogenannte Systemeinheit. Dies hat zur Folge, dass der Franchisenehmer keinen Gebietsschutz erhält, da sich der Franchisegeber vorbehält, Standorte im Umfeld zu planen. Die Erhebung eines Gebietsschutzes würde die Option, weitere Standorte aufzubauen, verhindern und lohnt sich in der Regel nicht bei Single-Franchisenehmern, außer wenn das besetzte Gebiet so klein ist, dass es keinen weiteren Standort halten könnte.

Den Single-Franchisenehmer treffen alle unternehmerischen und rechtlichen Pflichten und er hat insbesondere die vertraglichen Spezifikationen des Franchisegebers zu beachten. Der Franchisenehmer vertritt die Marke in seinem lokalen Umfeld.

Die Aufgabe des Franchisenehmers in seinem konkreten Umfeld ist es, Marketing und die Positionierung der Marke als festen Bestandteil seiner Aufgaben zu sehen. Daneben hat der Franchisenehmer den geschäftlichen Verkehr mit den Behörden und den Kommu-

© Springer Fachmedien Wiesbaden 2015
H. Riedl, C. Schwenken, *Praxisleitfaden Franchising*,
DOI 10.1007/978-3-658-04697-2_8

Darstellung einer Single-Franchisenehmerlizenz mit einem Ausschnitt der
Befähigungsanforderung.

Single-Franchisenehmer

Befähigung
✓ kontaktstark im geschäftlichen Umfeld
✓ operativ tätig
✓ führungsstark im direkten Kontakt mit Mitarbeitern
✓ systemtreu
✓ Management-Basiswissen

– besitzt eine Singlelizenz,
  ohne Gebietsschutz

– führt seinen einzelnen Standort
  selbstständig nach Systemvorgaben

– erfüllt lokale Marketingaufgaben (LKM)
  in seiner Umgebung

– leitet das tägliche operative Geschäft in
  der Verantwortung eines Standortleiters

Es besteht kein Expansionsplan

Abb. 8.1 Struktur des Single-Franchisenehmers

nen zu pflegen. Oft übernimmt der Single-Franchisenehmer auch die direkte operative
Führung und die Aufgaben in seiner Franchiseeinheit (vgl. Abb. 8.1).

▶   Geht es darum, für eine Stadt oder Region die Anzahl künftiger Standorte
    festzulegen und einem einzelnen Franchisenehmer zuzuordnen, wirken sich
    spätere Korrekturen in der Besetzung mit einer Umbesetzung des Franchise-
    nehmers in eine andere Stadt oder Region meist negativ aus. Deshalb ist es
    wichtig, die Regionen in der Expansionsplanung durchdacht zu planen und
    eine Franchisenehmerstruktur festzulegen, damit keine Franchisenehmer in
    der laufenden Expansion umbesetzt werden müssen.

▶   Man sollte sich vor Augen führen, dass ein Franchisenehmer, der in der Lage
    ist, eine einzelne Filiale gut zu führen, nicht automatisch auch die Mehrfachbe-
    lastung eines Multi-Lizenznehmers tragen kann. Soll also ein Single-Franchise-
    nehmer zu einem Multi-Franchisenehmer entwickelt werden, ist sorgfältig zu
    prüfen, ob der Partner in der Lage und willens ist, den Expansionsplan exakt
    nach den vorgegebenen Regeln umzusetzen.

Darstellung einer Multi-Franchiselizenz mit einem Ausschnitt der
erweiterten Befähigungsanforderung

Multi-Franchisenehmer

Es besteht ein Expansionsplan

– besitzt eine Multilizenz mit
  Gebietsschutz nach Expansionsplan

– führt mehrere Standort in seiner Region
  selbstständig nach Systemvorgaben

Befähigung
✓ kontaktstark im geschäftlichen Umfeld
✓ operativ tätig
✓ führungsstark im direkt Kontakt mit Mitarbeitern
✓ systemtreu
✓ Managementwissen erweitert
✓ befähigt, standortübergreifend zu führen
✓ erhöhter Kapitalbedarf
✓ guter Organisator

– erfüllt lokale Marketingaufgaben (LKM)
  in seiner Umgebung

– leitet das tägliche operative Geschäft
  über Standortleiter

**unterstützt durch
Gebietsleiter**

– koordiniert das operative Geschäft
  zwischen den Standortleitern

– leitet und koordiniert die
  Ausbildung in den Standorten

Abb. 8.2 Struktur des Multi-Franchisenehmers

8.2   Multi-Franchisenehmer (Gebietsfranchising)

Gebietsfranchising ist grundsätzlich für den Franchisegeber von Interesse, der im Rahmen seiner Expansion Städte oder Regionen im Auge hat und die Strategie verfolgt, Franchisenehmer mit der Verantwortung für mehrere Franchisefilialen einzusetzen. Eine Region oder Gebiet kann mehrere Konzeptgrößen beinhalten oder auch kleine Satelliteneinheiten, welche einer Hauptfiliale untergeordnet sind. Der Multi-Franchisenehmer ist für Entwicklung, Ausbau und Führung der Systemeinheiten seiner Region oder Gebiet eigenständig verantwortlich (vgl. Abb. 8.2).

Geht es darum, einen Multi-Franchisenehmer vertraglich zu binden, sind einige Besonderheiten zu beachten. Diese Standorte können je nach konkretem Expansionskonzept und angelehnt an eine fundierte Marktanalyse in einer Region, einer Stadt oder einem Bezirk festgelegt werden. Es ist wichtig, gemeinsam mit dem Franchisenehmer einen Expansionsplan zu entwerfen und auf den Prüfstand der Umsetzung zu stellen.

▶   Der Expansionsplan muss zeitlich gegliedert und zielgerichtet aufgebaut sein.
    Die Anzahl der Standorte und deren Lage sowie die Art der Module, die Investitionssumme und der Zeitrahmen der Expansion müssen klar definiert sein.
    Als Sicherheit für die Einhaltung der Expansion können im Franchisevertrag
    bestimmte Klauseln zum Umgang mit Fristen und einer Kündigung des Expansionsplanes mit eingebaut werden. Ebenso kann eine Bürgschaft für die zu
    eröffnenden Standorte in Form einer Eröffnungsgebühr pro Standort als Sicher-

heitsleistung vereinbart werden, die der Franchisenehmer bei Nichteinhaltung der Expansionsziele und Kündigung des Expansionsplanes einbehalten kann.

Der Franchisegeber muss sich auf die Expansionsabsichten und auch auf die Zielerreichung der vereinbarten Parameter in einem festen Zeitrahmen verlassen können. Der Multi-Franchisenehmer sollte durch geeignete Kapitalnachweise sicherstellen, dass der erforderliche Finanzstandard erfüllt werden kann. Ratsam könnte es sein, den Multi-Franchisenehmer zu verpflichten, im Hinblick auf die geplante Expansion eine Sicherheitszahlung auf ein Treuhandkonto vorzunehmen. Dies dient auch als Absicherung für den Franchisegeber und kann in manchen Fällen, sofern dies im Vorhinein so vertraglich geregelt wurde, bei Nichteinhaltung des Vertrags auch als Schadensersatz dienen. Darüber hinaus sollten auch die Opening Fees (Eröffnungsgebühren) und das Eigenkapital pro Standort zu Beginn der Zusammenarbeit auf einem Treuhandkonto hinterlegt werden, um die Liquidität des Multi-Franchisenehmers während der Expansion abzusichern.

Stimmt also der finanzielle Hintergrund des Multi-Franchisenehmers, ist in weiteren Schritten zu prüfen, ob der Franchisenehmer auch das organisatorische Talent besitzt, Mitarbeiter standortübergreifend zu motivieren und vor allem zu führen.

Die gemeinsame Aufgabe beider Partner wird es sein, vorab pro Standort zusätzlich zur Standardkalkulation die Soll-Managementbesetzungen festzulegen. Dies ist ein wichtiger Punkt in der Expansionsplanung, um fortlaufende Management-Positionen besetzen zu können und somit bei einer Expansion die geforderten Qualitätsansprüche einer Franchisemarke einhalten zu können.

▶   Der Franchisegeber und die Franchisenehmer sollten sich darüber im Klaren
    sein, dass eine schlechte Personalstruktur oder ein fachlich nicht ausgebildetes
    Management negative Auswirkungen auf die gesamte Marke und damit auf die
    Wirtschaftlichkeit jedes einzelnen Franchisenehmers haben kann.

8.3   Master-Franchisenehmer (für ein eigenes Land)

Sucht der Franchisegeber einen Lizenznehmer für ein gesamtes Land, kommt der Abschluss eines sogenannten Master-Franchisenehmer-Vertrages in Betracht. Eine Masterlizenz, oft auch Generallizenz genannt, kommt gerade für solche Länder infrage, die entweder aus kulturellen, religiösen und/oder länderspezifischen Gründen für den Franchisegeber nicht mit eigenen Möglichkeiten steuerbar sind.

Daraus ergeben sich besondere Anforderungen an einen Master-Franchisenehmer, der den Managementaufgaben und den finanziellen Anforderungen, die Marke positiv zu entwickeln und auszubauen, gewachsen sein muss (vgl. Abb. 8.3).

Die Erfahrung zeigt, dass viele internationale Expansionen scheiterten, weil Franchisegeber versuchen, ein erfolgreiches Franchisesystem aus einem Land in ein weiteres Land 1:1 zu übertragen, ohne bei dieser Übertragung landestypische Besonderheiten zu berück-

Führung eines Franchisesystems in einem größeren Territorium, beispielsweise einem Staat/Land. Die Sektionen der Verwaltung zeigen lediglich einen Ausschnitt der Bereiche, die in der Verantwortung des Master-Lizenznehmers liegen. Diese können je nach Branche variieren.

Es besteht ein Expansionsplan

Master-Franchisenehmer

betriebseigene Standorte

Gebietsleiter

Standortleiter

erweiterte Lizenz

Franchisenehmer-struktur

Single-Franchisenehmer

Multi-Franchisenehmer

Operations-Abteilung
Personalmanagement
Entwicklungsabteilung
Vertriebsabteilung
Einkaufs- und Qualitätssicherung
Finanzabteilung
Expansionsabteilung
Marketingabteilung
Entwicklungsabteilung

– Masterlizenz/Generallizenz für ein Land

– berichtet an den Franchisegeber

– entwickelt im Gebiet des entspr. Landes

– leitet das operative Geschäft über seine Fachbereiche
– entwickelt das System nach Vorgaben des Lizenzgebers

Befähigung
✓ finanzstark
✓ Erfahrung in Konzernentwicklung
✓ gute Geschäftskontakte im Land

Masterlizenz wird auch Generallizenz genannt

Abb. 8.3 Struktur des Master-Franchisenehmers

sichtigen. Viel zu oft werden die Bedürfnisse der Kunden vergessen und die Marke arrogant in den Vordergrund gesetzt. Nach dem Motto: „Was bei uns funktioniert, funktioniert woanders auch!"

Gerade aufgrund dieser Fehleinschätzung haben sich schon viele gute Franchiseideen in den unterschiedlichsten Ländern nicht positionieren können, weil man es nicht geschafft hat, sich den Anforderungen zu stellen beziehungsweise den Master-Lizenznehmer in die Entwicklung und Systemanpassung mit einzubinden.

Der Master-Lizenznehmer sollte die Aufgabe haben, Verträge, das Administrationsmanual und die Systemgrundlagen den vorgegebenen und landestypischen Besonderheiten anzupassen. Prozessabläufe müssen an die arbeitsrechtlichen Bedingungen angepasst werden, Food-Artikel in ihrer Spezifikation oft überarbeitet werden und ebenfalls den gesetzlichen Anforderungen des Landes angepasst werden. Dienstleister müssen für den Service der systemrelevanten Gerätschaften angelernt werden und alle Unterlagen entsprechend der Sprache, der landestypischen Kultur und der jeweiligen Gesetzgebung überarbeitet werden. Der Franchisegeber tut gut daran, diese Verantwortung dem Master-Lizenznehmer zu übertragen; er stellt seine Kompetenz als Coach und als letzte Instanz zur Freigabe beziehungsweise Genehmigung zur Verfügung.

Dem Master-Lizenznehmer ist vertraglich und in einem Entwicklungsplan aufzuerlegen, die Marke in Kommunikation, Wirtschaftlichkeit und im Wachstum voranzutreiben. Hierfür sollte ein Drei- oder beispielsweise Fünfjahres-Entwicklungsplan zugrunde gelegt werden. Der Mehrjahresplan sollte nicht nur den Umfang der Expansion hinsichtlich der Stückzahl, sondern auch die Zahlungsmodalitäten, Fristen und die Entwicklung in den

Bereichen Marke, Marketing, Operation, Vertrieb und soziales Engagement regeln. Der Master-Lizenznehmer verpflichtet sich, eine eigenständige Konzernzentrale aufzubauen. Im Gegenzug kann er das Recht erhalten, Franchiselizenzen in seinem Franchisegebiet auf eigene Verantwortung zu vergeben.

► Vertraglich sollte auch der Fall bedacht werden, dass ein General-Lizenznehmer das Interesse an seinen Aufgaben verliert bzw. an seinen Aufgaben scheitert oder den Expansionsplan nicht einhält. Ratsam ist es auch hier, den Master-Lizenznehmer zu verpflichten, im Hinblick auf die geplante Expansion eine Sicherheitszahlung auf einem Treuhandkonto vorzunehmen, die verwirkt ist, sollte der General-Lizenznehmer vertragsuntreu werden.

Einkauf und Qualitätssicherung

9

Insbesondere für das System und den Franchisenehmer ist das Thema „Einkauf" von großer wirtschaftlicher Bedeutung. Unterschiedliche Kaufsysteme sind mit ihren Vor- und Nachteilen zu bedenken. Je nach Unternehmensorganisationen gibt es nationale, internationale und länderübergreifende Einkaufsorganisationen bis hin zu Organisationen, die von Franchisenehmern organisiert und verwaltet werden. Häufig legt der Franchisegeber Wert darauf, den Einkauf selbst zu koordinieren und den Franchisenehmern die Ware zur Verfügung zu stellen. Franchisesysteme, die in andere Länder expandieren, sind nicht nur gefordert, in der Lieferantenorganisation die Logistik und die Warenbeschaffung an den Franchisestandorten sicherzustellen, sondern sie müssen auch oft das Core-Produkt, also das Basisprodukt, den landesspezifischen Anforderungen anpassen. Produkte, die in einem Land in ihrer Zusammenstellung und den gesetzlichen Vorschriften entsprechend genehmigt sind, können in anderen Ländern in der gleichen Zusammensetzung verboten sein. Der Franchisegeber steht hier vor der Aufgabe, das Produkt mit anderen Zutaten, Rezepturen oder angepassten Komponenten nachzubauen, sodass es am Ende mit dem Basisprodukt vergleichbar ist. Dies ist meist nur möglich in der Zusammenarbeit mit Lieferanten und deren Know-how.

> ► Erst wenn man als Franchisegeber vor der Herausforderung einer internationalen Expansion steht, erkennt man die Wichtigkeit einer langjährigen und fairen Zusammenarbeit mit seinen Lieferanten. In einem Franchisesystem sollte der Lieferant nicht nur das „Liefertaxi" sein, sondern ein wichtiger Bestandteil des Systems. Lieferanten bringen Produktinnovationen und unterstützen Franchisesysteme in der weiteren Produktentwicklung. Loyale Lieferanten, die sich mit dem Franchisesystem identifizieren, liefern wichtige Beiträge zur Produktinnovation und können somit für die Wertigkeit der gesamten Marke von Vorteil sein.

© Springer Fachmedien Wiesbaden 2015
H. Riedl, C. Schwenken, *Praxisleitfaden Franchising*,
DOI 10.1007/978-3-658-04697-2_9

Beispielhafte Darstellung, von welchen Prozessen ein Produkt umgeben ist, bevor dies in den Verkauf
kommt. Alle diese Kosten sind nicht unerheblich und werden meist durch Rückvergütung finanziert.

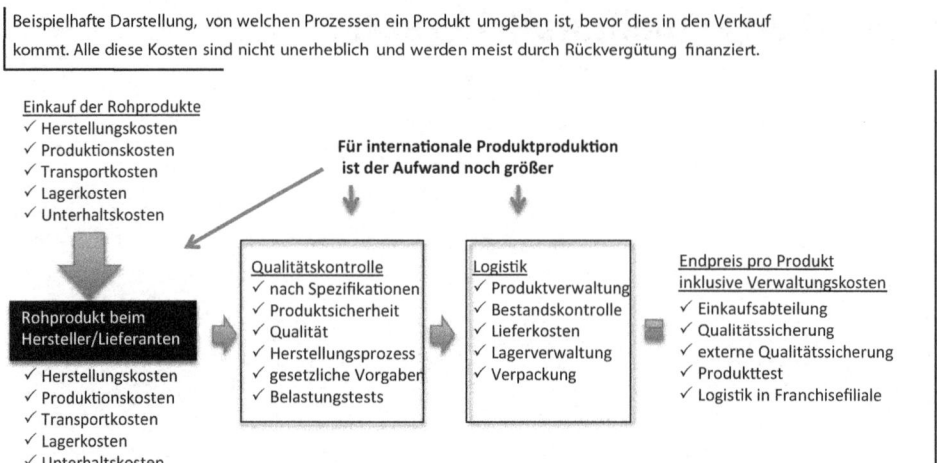

Einkauf der Rohprodukte
✓ Herstellungskosten
✓ Produktionskosten
✓ Transportkosten
✓ Lagerkosten
✓ Unterhaltskosten

**Für internationale Produktproduktion
ist der Aufwand noch größer**

Rohprodukt beim
Hersteller/Lieferanten
✓ Herstellungskosten
✓ Produktionskosten
✓ Transportkosten
✓ Lagerkosten
✓ Unterhaltskosten
✓ Qualitätssicherung
✓ Produkttest

Qualitätskontrolle
✓ nach Spezifikationen
✓ Produktsicherheit
✓ Qualität
✓ Herstellungsprozess
✓ gesetzliche Vorgaben
✓ Belastungstests

Logistik
✓ Produktverwaltung
✓ Bestandskontrolle
✓ Lieferkosten
✓ Lagerverwaltung
✓ Verpackung

Endpreis pro Produkt
inklusive Verwaltungskosten
✓ Einkaufsabteilung
✓ Qualitätssicherung
✓ externe Qualitätssicherung
✓ Produkttest
✓ Logistik in Franchisefiliale

Verwaltungskosten = Mitarbeiter Einkauf

⚠ Die Verantwortung der Qualitätskontrolle sollte zum Schutz des Franchisesystems beim Franchisegeber liegen.

Abb. 9.1 Lieferprozessmanagement eines Produktes

9.1 Einkaufsstrukturen und Prozesse in einem Franchisesystem

Der Franchisegeber baut in seiner Organisation ein Einkaufsteam auf und trägt die Verantwortung bei Produktauswahl, Preisverhandlungen und Logistik. Ein internationales Unternehmen arbeitet meistens in einer „Supply Chain". Diese beinhaltet ein Lieferprozessmanagement, um die größtmögliche Wertschöpfung in der gesamten Lieferkette zu erzielen (vgl.
Abb. 9.1). Logistik, Fertigung, Produktion, Produktentwicklung, betriebswirtschaftliche Organisation und das Fachwissen werden länderübergreifend zusammengelegt und der Einkauf
entsprechend organisiert. Das System profitiert vom Einkaufsvolumen mehrerer Länder. Es
gibt auch Gesellschaften, die sich spezialisiert haben, dieses Prinzip für mehrere Unternehmen anzuwenden, um auf diese Weise enorme Einkaufsvorteile für ihre Kunden zu erzielen.

Ein anderes System des Einkaufes ist eine unabhängige Einkaufsgesellschaft in einem
Franchisesystem, das von Franchisenehmern geführt, aber vom Franchisegeber in seiner Qualität überwacht wird. Die Entscheidung für die Produktauswahl und die Einkaufsstrukturen
liegt bei der Einkaufsgesellschaft, die in direktem Kontakt mit den Lieferanten und Herstellern steht. Die Gesellschaft übernimmt die Verhandlungen und die Kontrolle aller Qualitätsanforderungen und deren Spezifikationen sowie alle anfallenden Kosten im Zusammenhang
mit Produktentwicklung, Produkttests, Verwaltungsgebühren und Qualitätsmanagement.
Steht die Überlegung an, ein Franchisesystem mit relativ kleiner Verwaltung in einem neuen
Markt zu etablieren, kann eine Einkaufskoordination für alle Beteiligten Vorteile bringen.

▶ Die Qualitätssicherung sollte immer beim Franchisegeber bleiben. Dieser bestimmt die Qualitätskriterien und sorgt für deren Einhaltung. Sofern eine Einkaufsgesellschaft gegründet wurde, empfiehlt es sich, externe und unabhängige Qualitätsexperten einzusetzen, die nach den Vorgaben des Franchisegebers die Qualitätskontrollen durchführen. Die Kosten für die Qualitätskontrollen und die Qualitätssicherung sollten der Einkaufsgesellschaft in Rechnung gestellt werden, da sie ein Bestandteil des Endpreises des kalkulierten Produktes sind.

9.2 Qualitätssicherung als wichtiger Bestandteil

Die Qualitätssicherung im Bereich Food sowie Nonfood sollte unter der Kontrolle des Franchisegebers stehen, denn sie dient nicht nur dem eigenen Interesse des Franchisegebers, sondern es ist auch seine Verantwortung, gegenüber seinen Franchisenehmern die Qualität seiner Marke und deren Produkte zu gewährleisten. Eine Marke kann nämlich sehr schnell beschädigt werden, wenn ein Produkt Fehler aufweist oder nicht den Spezifikationen entspricht. Im schlechtesten Falle gelangen solche Missstände an die Öffentlichkeit und die Reaktionen der Kunden lassen in der Regel nicht lange auf sich warten, was einen Umsatzrückgang in jedem einzelnen Franchisebetrieb mit sich bringt.

Jedes Franchisesystem ist hier gut beraten, ein konsequentes Lieferanten- und Zertifizierungsmanagement einzusetzen und dies auch intern mit den Produzenten, Lieferanten und Franchisenehmern umzusetzen.

Der Franchisegeber führt eine detaillierte und dokumentierte Nachverfolgung bezüglich aller Produkte durch und stellt sicher, dass Herstellung, Bauteile und Zutaten den Systemvorgaben und deren Spezifikationen entsprechen. Produktionsstätten der Lieferanten, deren Ausstattung, Richtlinien und die operative Handhabung der Produktion gehören ebenfalls zu den Kontrollpunkten einer Qualitätssicherung eines Franchisesystems. Gerade Lieferanten und Hersteller, die sich nicht an die Vorgaben des Franchisegebers halten, können in einer öffentlichen Diskussion einen sehr negativen Imageschaden für eine Franchisemarke verursachen.

Bauteile oder Produkte, die auf der Basis von Kinderarbeit produziert werden, gefälschte Ware im Handel oder Produkte, die nicht den Spezifikationen des Franchisesystems entsprechen, führen bei einem öffentlichen Interesse zu einem hohen Imageschaden. Die gesamte Franchisenehmerschaft kann dabei durch Umsatzeinbußen in ihrer Existenz gefährdet werden. Nicht selten kommt es bei einer fahrlässigen Handhabung der Qualitätskontrolle durch den Franchisegeber zu gerichtlichen Auseinandersetzungen zwischen Franchisegeber und Franchisenehmer über Entschädigungsforderungen.

Ein Franchisegeber organisiert nicht nur Qualitätsaudits in seinen Franchisefilialen, um die Handhabung und die Qualität des Produktes zu überprüfen, sondern er führt diese ebenfalls bei seinen Lieferanten in deren Produktionsstätten durch.

Je nach Branche und Franchisesystem bedienen sich Unternehmen zur Qualitätssicherung auch externer Dienstleister, die stichprobenartig Untersuchungen oder Testkäufe in den Franchisestandorten durchführen.

9.3   Freier Unternehmer „Franchisenehmer" an Lieferanten gebunden?

Ein Franchisesystem stellt seinen Franchisenehmern alle Produkte zur Verfügung, die benötigt werden, um die Franchisefiliale zu führen. All diese Produkte sind nach den Vorgaben des Franchisegebers erstellt worden und erfüllen die Kriterien einer konsequenten
Qualitätssicherung. Anfallende Kosten, zum Beispiel für Logistik, Produkttests, Verwaltungskosten oder Qualitätssicherung, werden auf den Einkaufspreis umgelegt und mit
dem Endpreis des Produktes verrechnet. Da jeder Franchisenehmer als eigenständiger
Unternehmer größten Wert auf gute Einkaufsbedingungen und gute Produkte legt, könnte
er natürlich auf die Idee kommen, seine Produkte bei neuen Lieferanten selbst einzukau-
fen, um bessere Einkaufsbedingungen zu schaffen, wie zum Beispiel billigere Produkte.
Geht es um die rechtliche Frage, ob der Franchisenehmer da einkaufen darf, wo er gerne
möchte, ist zunächst einmal der allgemeine Grundsatz zu berücksichtigen, dass kein Franchisegeber den Franchisenehmer in seiner unternehmerischen Freiheit einschränken darf.
Dieses rechtliche Prinzip birgt jedoch für beide Partner des Franchisesystems erhebliche
Gefahren. Insbesondere die Produktqualität ist nicht in dem Maß gesichert, wie sich Franchisegeber und die übrigen Franchisenehmer das wünschen.

Verständlicherweise wird der Franchisegeber den Franchisenehmer sowohl im Vertrag
als auch im laufenden Vertragsverhältnis in die Verantwortung nehmen, sollte eine Ware,
die der Franchisenehmer unmittelbar von einem nicht genehmigten Lieferanten besorgt
hat, nicht den verlangten Spezifikationen entsprechen und damit Marke und Wohl aller
Franchisenehmer in Gefahr bringen.

Um eine solche Situation von Anfang an zu unterbinden, sollte ein Franchisegeber seine Franchisenehmer mit einem Zertifizierungssystem zur Qualitätssicherung verpflichten,
das klare Regeln für potenzielle Lieferanten und ihre Produkte enthält.

▶   Jeder Franchisenehmer sollte schriftlich darauf hingewiesen werden, dass kein
     Lieferant ohne festgelegte Zertifizierung im System agieren darf. Sollte ein Fran-
     chisenehmer dennoch von einem nicht-zertifizierten Lieferanten Ware kaufen,
     dann sollte dem Franchisenehmer bewusst sein, dass er die Verantwortung für
     sein Handeln trägt und für die Missachtung der Zertifizierungsrichtlinien in
     die Haftung genommen werden kann. Geht es um etwaige Regressansprüche,
     die der Franchisegeber oder die übrigen Franchisenehmer gegen den falsch
     Handelnden erheben, könnte am Ende sogar die wirtschaftliche Existenz des
     Handelnden auf dem Spiel stehen. Nicht selten geht es hier auch um eine per-
     sönliche Haftung des fehlerhaft agierenden Franchisenehmers gegenüber dem
     Franchisegeber und den übrigen Franchisenehmern.
     Somit sollte sich jeder Franchisenehmer die Frage stellen, ob es ihm wert ist,
     Lieferanten einzusetzen, die nicht den erforderlichen Spezifikationen des
     Franchisegebers entsprechen. Die Regeln des richtigen Einkaufsverhaltens

mit Beachtung aller Zertifizierungsvorschriften in Bezug auf den Lieferanten sind wichtiger Bestandteil eines jeden Administrationsmanuals, und zwar einschließlich der Haftungsfragen.

9.4 Rückvergütungen von Lieferanten im Franchisesystem

Stets führen die Themen Rückvergütungen, insbesondere sog. Kick-backs, zu Diskussionen zwischen den Vertragspartnern eines Franchisevertrages. Jeder Franchisegeber ist gut beraten, die von ihm angestrebten finanziellen Vorteile unmittelbar mit dem Lieferanten zu verhandeln. Der Franchisegeber legt häufig Wert darauf, zusätzliche Vorteile durch den von ihm gesteuerten zentralen Einkauf zu erlangen, auch in finanzieller Hinsicht, um die Kosten der Qualitätssicherung und deren Verwaltungskosten abzudecken.

Diskussionen um externe Lieferanten entstehen in Franchisesystemen meistens dann, wenn kein Lieferanten-Genehmigungsprozess vorliegt oder der Prozessweg und dessen Anforderungen unklar oder schwammig beschrieben sind. Der Franchisegeber sollte aber bei Einsatz von externen Lieferanten, die den Zertifizierungsprozess und alle Anforderungen erfüllen, aber nicht zu den Standardsystemlieferanten gehören, die Kostenpauschale für Qualitätssicherung und die Verwaltungskosten in Rechnung stellen, da diese jeder Franchisenehmer in seinen Einkaufspreisen im System mittragen muss.

▶ Die Bereitstellung der genehmigten Produkte unterliegt dem Franchisegeber. Der Franchisegeber hat das Recht, Einkaufspreise vorzugeben, da in diesen Preisen sowohl Qualitätssicherung, Logistik als auch Verwaltungsaufwand kalkuliert sind.

Marketing einer Franchisemarke

Ein Marketingkonzept für ein Franchisesystem hat mehrere Facetten. Hierzu gehören Aktionen, Logos, Markenauftritt, Kommunikation, Image, Zielgruppen und die Einrichtung beziehungsweise die Möblierung der Systemeinheiten. Ein wichtiger Bestandteil der Arbeit des Marketings ist als Ausgangspunkt die Philosophie des Franchiseunternehmens. Die Kommunikation der Marke gegenüber dem Kunden und das gesamte Erscheinungsbild vom Produkt über die Dienstleistung bis hin zur Darstellung der Marke prägen die Philosophie und auch die Wertigkeit der Marke.

Marketing ist ein sehr komplexes Fachthema, auf das wir in diesem Buch nur kurz eingehen können. Dennoch möchten wir Ihnen einen Überblick über die Wertigkeit von Marketing, sozusagen die Vermarktung einer Franchisemarke durch und mit Franchisenehmer, geben. Welche Möglichkeiten gibt es, ein Franchiseunternehmen mit Kommunikation und Marketing zu steuern und für ein professionelles Erscheinungsbild zu sorgen?

10.1 Das Franchisesystem als Marke und sein Marketing

Herz und Antrieb einer Franchisemarke in jedem Mehrfilialsystem ist das Marketing. Marketing vermittelt Ideen, verpackt die Franchiseidee in Bilder und kommuniziert diese mit der Unterstützung von Vertrieb/Operations und seinen Franchisepartnern an die Kunden.

▶ Marketingaktionen bringen den Kunden an den Standort. Die Dienstleistung und die Präsentation der Produkte bringen den Marketinggedanken zum Kunden und verkaufen das Produkt und die Franchiseidee. Der Kunde erfährt in der Franchisefiliale die Philosophie der Marke im Sinne von Dienstleistung und Produktqualität, die ihm die Markenkommunikation durch Marketing vermittelt.

© Springer Fachmedien Wiesbaden 2015
H. Riedl, C. Schwenken, *Praxisleitfaden Franchising*,
DOI 10.1007/978-3-658-04697-2_10

Der Wert einer Marke wird von Wachstum, Profitabilität und dem Bekanntheitsgrad der Marke bestimmt. Eine Marke, die in einem Filialsystem wächst und deren Leistung und Philosophie kommuniziert werden, wird langfristig erfolgreich sein. Somit ist eine Franchisemarke mehr als ein Bild oder ein Logo, sie ist ein Repräsentant der Franchiseidee, die ihre Zielgruppen anspricht. Die Kommunikation einer Marke kann medial erfolgen, aber auch über das Interieur der Franchisefilialen oder die Dienstleistung zum Kunden. Bei einer Expansion ist das Marketing ein strategisches Kernthema und muss langfristig durchdacht werden. Nicht nur Religionen, Zielgruppen und Absatzmärkte spielen in einem Franchisesystem eine Rolle, sondern auch das Design der Einrichtung oder der Verkaufspunkte, das immer die Franchisemarke und deren Grundidee präsentiert. Gerade ein Mehrfilialsystem, ob Franchise oder Eigenbetrieb, expandiert in der Regel über mehrere Jahre. Design und Ansprüche der Kunden ändern sich, Modeerscheinungen kommen und gehen. Eine Marke über einen längeren Expansionszeitraum immer aktuell zu halten, liegt in der kompetenten Vermarktung und Planung der Franchisemarke, damit sie während der Expansion ihren Wiedererkennungswert nicht verliert und weiterhin die gleiche Ausstrahlung hat und den aktuellen Trend widerspiegelt. Es muss gewährleistet sein, dass die Aussage der Marke, meist hervorgerufen durch das Design oder die Einrichtung, nicht veraltet, sondern durchgehend auf den neuesten Stand gebracht wird, während das System wächst. Allerdings sollten dabei stets der Grundgedanke der Philosophie und der Kern der Marke im Vordergrund stehen und für den Verbraucher immer wieder erkennbar sein (vgl. Abb. 10.1).

Der Grundgedanke eines Franchisegebers, dass jeder Standort des Franchisesystems gleich auszusehen habe, stellt bei einer aktiven Expansion auch ein großes Risiko dar,

---

Als Beispiel wird ein Restaurantkonzept dargestellt, wobei die Einrichtung variabel ist, beziehungsweise auch themenbezogen sein kann. Die Marke wird durch die zehn folgenden Markenpunkte immer wiedererkannt.

		Beschreibung eines Punktes:

1 das Logo, der Schriftzug
2 die Farben der Werbemittel
3 die Uniform
4 das Silberbesteck und einfaches Geschirr
5 die offene Küche mit Gerätschaften und Glasfront
6 die große Parmesanreibe
7 die Reisfässer im Standort
8 die Speisekarte als Schiefertafel
9 der Lavasteingrill in Flammenoptik und Kupferhaube
10 der große Risottotopf

Alle anderen Punkte der Einrichtung können themenbezogen je nach Standort sein

Beschreibung eines Punktes:
Lavasteingrill in Flammenoptik und Kupferhaube
Ein Lavasteingrill ist im Zentrum des Geschehens. Der Kunde verspürt den „erkennbar frischen Duft" des Grillfleischs. Die Flammen während der Produktion unterstützen den Qualitätsaspekt und die Frische der Zubereitung.
Die Kupferhaube vermittelt einen „Home Made Charakter" der Küche und setzt im Gastraum Akzente.
Dieser Charakter wird verstärkt durch das Vermeiden einer gleichmäßigen, optischen Produkterstellung.
Der Grill ist indirekt beleuchtet, um dem Grillfleisch ein attraktives Äußeres zu geben.

 Eine emotionale Beschreibung der zehn Wiedererkennungspunkte hilft Architekten, das Konzept umzusetzen.

Abb. 10.1 Zehn Punkte zur Wiedererkennung einer Franchiseidee

denn ein einmal gewähltes Design kann schnell veralten, und eine Anpassung der bestehenden Franchisefilialen ist während der Expansionsphase oft im Hinblick auf Investitionskosten und steuerliche Abschreibungslaufzeiten sehr schwierig. Marken, die sich nicht kontinuierlich in Design und Trend weiterentwickeln, also über eine veraltete Einrichtung und ein nicht dem Zeitgeist angepasstes Image verfügen, verlieren im Laufe ihrer Zeit ihren Charme und Individualität. Es entsteht sozusagen in der Vielzahl der veralteten Franchiseeinheiten eine negative Kommunikation der Marke. Geschieht das, führt dies häufig zu einem spürbaren Kundenrückgang, einen Umsatzverlust und letztendlich zu einer Unzufriedenheit in der Franchisenehmerschaft.

▶ Somit ist zu beachten, dass Marketing, Design und Ausstattung der Verkaufsflächen sowie die Positionierung der Marke ein stetiger und fordernder Prozess sind. Einrichtungen im Design und Konzeption sollten sich während der Expansion dem Zeitgeist und Trend anpassen. Der Grundgedanke der Marke sollte aber stetig kommuniziert werden und nicht verändert werden. Es gibt aber auch Filialsysteme, die von der Gleichheit eines jeden Standortes profitieren, da die Hauptprodukte Lifestyle und zeitgemäßes Design kommunizieren, wie zum Beispiel in der Telekommunikationsbranche.

10.2 Das Gen einer Franchisemarke

Ein Blick auf die Einrichtung, ein zweiter Blick auf das Logo, und den potenziellen Kunden ist klar: „Das ist eine mir bekannte Marke." Diese Marke erfüllt meine Erwartungen hinsichtlich Dienstleistung und Qualität.

Es gibt Franchisesysteme, die uns vermitteln, dass sie überall auf der Welt gleich sind. Diese Kundenreaktion steht im Fokus eines jeden Franchisesystems. Das Ziel besteht darin, die Marke unabhängig von der jeweiligen Lage des Standortes, der Einrichtung oder dem Land und seiner Kultur wiedererkennbar zu gestalten. Es geht also darum, in einem Mehrfilialsystem an vielen Standorten die entsprechenden Wiedererkennungsmerkmale für den Kunden hervorzuheben und gleichzeitig zeitgemäß im Design zu erscheinen.

Fühlt sich also der Kunde zu einer Marke hingezogen und vermittelt sich ihm das Gefühl, dass seine Marke im Trend ist, liegt dies häufig an einer gelungenen Standortpräsentation und entsprechenden Marketingmaßnahmen.

Dennoch erkennt der Kunde die Marke stets, denn erkennbar ist das sog. „Gen" der Marke. Diese „Gen" kann unterstrichen werden durch eine Farbkombination, eine bestimmte Einrichtung des Ladengeschäftes, ja sogar durch eine bestimmte Duftnote, die wiedererkennbar im Ladengeschäft wahrnehmbar ist.

International agierende Franchiseunternehmen erfahren im Rahmen ihrer Expansion häufig Rückschläge, wenn sie monoton agieren und beispielsweise mit dem gleichen Einrichtungsstil, den gleichen Rezepturen und dem identischen Systemgedanken in jedem Land gleichermaßen hantieren, ohne Rücksicht auf Gesetzgebung, Religion oder Kultur.

Nach dem Motto: *„Was uns in unserem Ursprungsland erfolgreich gemacht hat, funktioniert auch in anderen Ländern!"*

Der Zugang zu den Kunden wird insbesondere dann nicht gefunden, wenn das Franchisesystem sich nicht an die Bedürfnissen der Kunden anpasst, insbesondere wenn die Religion oder Kultur des jeweiligen Landes nicht berücksichtigt wird.

Häufig hört man in Diskussionen, dass Franchisesysteme alle gleich seien. Als Beispiel hierfür wird McDonald's genommen. Wenn man aber darauf hinweist, dass gerade McDonald's nicht überall gleich ist, erzeugt das oft Stirnrunzeln. McDonald's schafft es hervorragend, passend zum Zeitgeist und dem Trend seiner Zielgruppe zu expandieren und seine Standorte und sogar das Angebot länderspezifisch an seine Kunden anzupassen, ohne den eigenen Markenauftritt zu verfälschen. Der Kunde erkennt überall auf der Welt McDonald's, er glaubt, dass alle Restaurants gleich sind, und fühlt sich sicher, obwohl bei genauerer Betrachtung nicht jedes Restaurant gleich gestaltet ist.

Ferner sollte dem Franchisegeber in der Expansionsphase das Gen der Marke, also die Elemente, die die Marke wiedererkennen lassen, am Herzen liegen.

Der Franchisegeber sollte seine Markenmerkmale klar in Bezug auf Form, Inhalt und Aussage definieren, um sicherzustellen, dass alle Standorte genau diese Merkmale aufweisen und trotz etwaiger Abweichungen die Marke nicht verfälscht wird.

Die Kunden werden diese Merkmale bewusst, aber auch unbewusst wiedererkennen und sie direkt mit der Franchisemarke verbinden. Der Franchisegeber bestimmt diese Merkmale (Standardmodule) seiner Marke, die das Gen der Marke widerspiegeln, und setzt diese als Standard für jede Franchisefiliale fest. Somit kann neben den festgelegten Standardmodulen das Design der Einrichtung individuell den örtlichen Gegebenheiten oder dem Trend angepasst werden.

▶   Das Gen einer Marke kann auch als „Corporate Identity", als Persönlichkeitsmerkmale eines Unternehmens, bezeichnet werden. Die operativen Leistungen und Darstellungen wie Einrichtung, Dekorationen und die Philosophie sind aufeinander abgestimmt. Gleichzeitig hat jedes Unternehmen seine eigene Handschrift und bestimmte Erkennungsmerkmale (vgl. Abb. 10.2).

10.3   Die Macht eines Franchisesystems als Marke

Eine Franchisemarke steht und fällt mit dem Management, dessen Führungskompetenzen und dem Engagement seiner Franchisenehmer. Die strategische Ausrichtung und die Positionierung der Marke liegen in der Hand des Franchisegebers, der bei der Umsetzung des Marketings von seinen Franchisenehmern, ggf. zusätzlich von einem Marketinggremium oder externen Agenturen unterstützt wird. Der Franchisegeber ist der Entwickler, der Entscheider und der Steuermann der Franchisemarke, er gibt den Weg vor. Die Franchisenehmer im System präsentieren die Marke und setzen die Philosophie und den Franchisegedanken gegenüber dem Kunden um. Eine Marke mit einem starken „Steuermann" verknüpft den strategischen Gedanken mit Image und Sales-Aktivitäten zu einer Einheit.

Jedes Franchisesystem legt den Standard seiner Einrichtung fest, aufgegliedert in Standardobjekte und variable Modulsysteme.

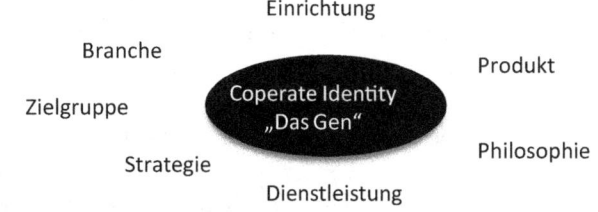

 Hinweisspalte

Das „Gen" einer Marke ist die Basis, um welches das System gebaut wird!

Einrichtungsmodule	Anzahl	Artikel Nummer	Standard „Gen"	Variabel
Empfangsraum:		023656	✓	
Couch- Sitzelement „ Rosi"	1	23568	✓	
Kronleuchter Eingangsbereich	1	612123	✓	
Fußboden Fließen				x
Fußboden Holz				x
Bilder Wand				x
Garderobe Designer – 2 qm	1	121256	✓	
Rednerpult	1	12131	✓	
Schriftzug Logo in Tapete	1	121311	✓	
Tapete				x
weitere Punkte				

 Jeder Standort sollte vom Franchisegeber in Design und Darstellung der Marke zur Freigabe präsentiert werden. Die Variablen der Einrichtung sollten inhaltlich die Philosophie des Systems unterstreichen, gleichzeitig aber auch dem Architekten aufzeigen, in welchem Umfang Gestaltungsspielraum besteht.

Abb. 10.2 Das „Gen" der Marke als Standard

Er sammelt und filtert Informationen seiner Franchisenehmer und Tipps zur Konzeptverbesserung und trifft anhand seiner Markenstrategie Entscheidungen. Die Franchisenehmerschaft tritt geschlossen in der Umsetzung auf und setzt die Ideen des Franchisesystems um. Erst aufgrund dieser gemeinsamen und der akzeptierten Rollenverteilung von Franchisenehmern und Franchisegebern kann das Franchisesystem in der Kommunikation der Marke für beiden Seiten seine volle Stärke entwickeln. Ein Franchisesystem, das die unterschiedlichsten Kommunikationssysteme in der Franchisefiliale nutzt, wird nur dann erfolgreich sein, wenn Ausführung und Umsetzung an den Standorten durchdacht sind und konsequent von jedem Franchisenehmer umgesetzt werden. In einem Filialsystem können sich positive Erfahrungen sehr schnell und weit verbreiten, aber Defizite in der Kundenbetreuung oder in der Produktqualität werden im Filialsystem ebenfalls sehr schnell im ganzen Land gestreut. Eine negative Erfahrung wird sehr schnell mit jeder einzelnen Franchisefiliale und der Franchisemarke in Verbindung gebracht.

▶   Halten Sie sich vor Augen, dass ein einzelner Franchisenehmer zwar nicht viel
    bewegen und kommunizieren kann, die gesamte Franchisenehmerschaft hin-
    gegen förmlich eine Kommunikationsmaschine sein kann.

10.4   Lokales Marketing (LKM)

Lokales Marketing ist jenes Marketing, das der Franchisenehmer persönlich in seiner Franchiseregion ausführt. Der Investitionsanteil für das LKM sollte als Festbetrag oder prozentualer Anteil vom Umsatz in der Gebührenmatrix festgelegt sein. Die Aktionen können monatlich, quartalsweise oder jährlich erfolgen.

Diesen festgelegten Betrag muss der Franchisenehmer in seiner Region investieren. Beispiele sind etwa Marketingaktionen wie Sponsorings für lokale Fußballclubs, Fahrertraining für Führerscheinneulinge oder auch Hinweisschilder, um den Standort in der eigenen Region hervorzuheben. Der Franchisegeber stellt dem Franchisenehmer die benötigten Hilfsmittel wie zum Beispiel ein LKM-Handbuch mit Aktionsvorschlägen und klaren Vorgaben zur Verfügung (vgl. Abb. 10.3).

Das Franchisesystem kann und sollte ferner vorsehen, dass der Franchisenehmer zusätzlich verpflichtet ist, sich in seinem „Umfeld" zu engagieren, also lokales Marketing (LKM) zu betreiben.

Lokales Marketing ist ein wachsender Prozess. Der Franchisegeber sammelt die bereits erfolgreich umgesetzten Aktivitäten seiner Franchisenehmer und bündelt diese in einem LKM-Handbuch, das jedem seiner Franchisenehmer als Beispielmappe für Aktionen zur Verfügung gestellt wird (vgl. Abb. 10.4).

▶   Lokales Marketing ist unabhängig von den Marketingaktionen des Marketing-
    kalenders. LKM-Aktionen können situationsbedingt oder nach Anforderungen
    aus der Region geplant werden. Ein strukturierter Kommunikationsprozess und
    eine Freigabe durch den Franchisegeber sollten bei der Ausführung von LKM-
    Maßnahmen vereinbart werden. Es ist zu vermeiden, dass zu viel „Kreativarbeit"
    vom Franchisenehmer geleistet wird.
    Zum Schutze der Marke sollten nur freigegebene LKM-Maßnahmen umgesetzt
    werden.

Die Inhalte eines LKM-Handbuchs unterliegen einem Entwicklungsprozess. Franchisenehmer bringen Ideen ein. Der Franchisegeber überprüft diese und integriert diese in das LKM-Handbuch

Abbildung im Handbuch
✓ Beispiele der Möglichkeiten
  mit Bildern und Grafiken
✓ Druckvorlage Download
✓ Produktion Stückzahl
✓ Kostenübersicht

Kategorie: Umsatz
Flyerverteilung zur Gewinnung
von Neukunden

Kennzahlen aus Erfahrungswerten
✓ Rücklaufquote von Flyer
✓ Best-Practice-Beispiele
✓ Risiken bei falscher Umsetzung
✓ Auswirkung auf G&V

Prozesse und Handling
✓ Prozessablauf
✓ FAQ
✓ Trainingsunterlagen
✓ Analysetool

Kontaktdaten
✓ für Genehmigungsprozess
✓ Agentur für Mitarbeiter
✓ Ansprechpartner Franchisegeber
✓ Ansprechpartner Franchisenehmer –
  Erfahrungsbericht
✓ Druckerei
✓ Behörden für Genehmigung
✓ Verteilerstellen

Marketing
✓ Zielgruppe
✓ Wann – Wo – Wie
✓ Verteilungsempfehlung
✓ Kassenprogrammierung
✓ Werbeunterstützung
✓ Barter-Kooperationen
✓ Pressemeldung für Regionalzeitung

 Alle Aktionen im LKM-Handbuch sollten so aufgebaut sein, dass der Franchisenehmer bei der Auswahl seiner Aktionen frei ist. Die Aktion enthält alle Informationen bis hin zum Genehmigungsprozess und der Bestellauslösung durch den Franchisenehmer.

Abb. 10.3 Beispiele für Inhalte einer LKM-Maßnahme

Ein LKM-Handbuch besteht aus gesammelten Ideen zur Umsatzverbesserung, Markenkommunikation und Sponsoring, resultierend aus den unterschiedlichsten Aktionen von Franchisenehmern. Diese sind zusammengeführt als Best-Practice-Vorlage in einem LKM-Handbuch für Franchisenehmer.

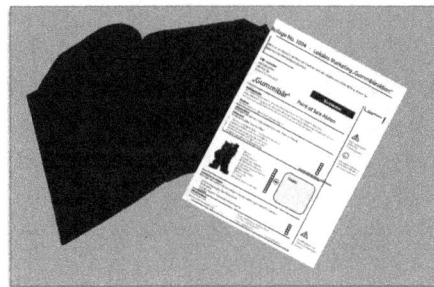

Inhalte: Handbuch LKM – Maßnahmen

✓ Werbeideen und Beispiele
✓ Aktionen für Umsatz
✓ Aktionen Kundengewinnung
✓ Aktionen Zusatzverkauf
✓ Werbemaßnahmen in der Region
✓ Sponsoring
✓ Jubiläum, Eröffnung, Feiern
✓ Sponsorveranstaltungen
✓ Anwohnerdeals
✓ Firmendeals – Kooperationen
✓ Werbeprospekte – Beispiele
✓ Aktionsflyer – Möglichkeiten
✓ Poster in div. Größen, Formen/Design
✓ Zeitungsannoncen, Beispiele, Vorlagen
✓ Bilder und Grafiken als Download
✓ Logos und deren Spezifikationen
✓ Hinweisschilder, Werbeschilder

 ✓ Aktionen werden mit Kennzahlen
  und Umsetzungsprozess beschrieben
✓ Jede Aktion sollte einem Genehmigungsprozess
  unterliegen

Abb. 10.4 Das LKM-Handbuch und seine Inhalte

Das Handbuch für LKM-Aktionen zeigt, wie der Kommunikationsprozess von einer Idee bis hin zur fertigen Marketingaktion aussehen sollte. Der Franchisenehmer handelt selbstständig. Er plant und setzt die Maßnahmen in seiner Region um. Um einen Wildwuchs von Eigenkreationen zu vermeiden, sollte jeder Prozess klar definiert und dargestellt werden. Ein Genehmigungsprozess ist zur Wahrung der Markensicherheit im System notwendig. Dieser kann in Zusammenarbeit mit den Kommunikationsverantwortlichen des Franchisegebers oder direkt über den Franchiseberater erfolgen. Der Franchisenehmer organisiert diesen Prozess anhand des LKM-Handbuches und mit externen Eventagenturen. Dies hat den Vorteil, dass Aktionen professionell mit den richtigen Mitarbeitern umgesetzt werden. Für den Franchisenehmer ist dies ein vereinfachter Prozess, da er lediglich die Aktion auswählt, sie von seinem Franchiseberater genehmigen lässt und dann die Aktion inklusive der Kommunikation gegenüber der Presse von der Eventagentur umsetzen lässt (vgl. Abb. 10.5).

▶ Die LKM sollten Vertragsbestandteil jedes Franchisesystems sein und auch im Jahresendgespräch auf ihre Durchführung und Erfolge überprüft werden. Sehr wichtig dabei ist, dass Franchisenehmer eine klare Vorgabe für die Aktionen bekommen, damit die Marke nicht gefährdet wird. Gerade durch LKM-Marketing wirkt die Macht der Kommunikation eines jeden einzelnen Franchisenehmers auf die Wertigkeit der Franchisemarke.

10.5 Point-of-Sale-Marketing (POS)

Im POS-Marketing werden Methoden und Maßnahmen eingesetzt, die den Verkauf von Produkten fördern sollen. Unterstützende Maßnahmen am POS sind auch Einrichtungsgegenstände, gesonderte Werbetafeln oder die Positionierung von Produkten. Der Point of Sale ist der Punkt, an dem der Verkauf stattfindet. Der Point of Sale ist für ein Mehrfilialsystem immer eine schwierige Herausforderung in Bezug auf die Netzkommunikation, denn es muss sichergestellt sein, dass die Kommunikation gegenüber dem Standort und dessen Mitarbeitern konsequent und erfolgreich umgesetzt wird und die Aktion beziehungsweise der Zusatzverkauf im Sinne des Systems und der Kundenzufriedenheit gehandhabt wird.

▶ Wenn Mitarbeiter nicht richtig auf POS-Aktionen geschult werden, können sie im Verkauf nicht den richtigen Effekt erzielen. Dann werden ggf. falsche Zusatzprodukte oder gar keine Produkte angeboten, und die Margenverteilung der geplanten Aktion wird verfälscht.

Werbung, die Kunden mit speziellen Angeboten oder Preisnachlässen an den Standort lockt, ist für jeden Franchisegeber und Franchisenehmer eine wichtige Strategie. Werbung ist in der Lage, dem Kunden die Qualitäten der Produkte zu präsentieren und eine preisliche Attraktivität zu vermitteln.

Ziel ist es, den Umsatz in der Ferien- und Urlaubszeit durch eine attraktive Point-of-Sale-Aktion zu erhöhen. Die Aktion kann den Abverkauf kurzzeitig steigern, bitte berücksichtigen Sie dies beim Wareneinkauf!

LKM-Gummibär

Standardnummer:
LKM /POS-302
Zeitraum: 01.-10.04.2015

Kurzversion

„Gummibär" Point-of-Sale-Aktion

Arbeitsprozess:
Der „Gummibärchenmann" führt die Eltern zusammen mit ihren Kindern durch den Verkaufsbereich. Er weist den Eltern den Weg vom Tablett bis zur Bezahlung und verteilt zum Schluss noch eine Gummibärchentüte an die Kindern und einen Gutschein an die Eltern.

Position:
Vor dem Standort – Maximal bis zur Ladenfront!

Aktionsablauf:
Dieser befindet sich als Prozessstruktur inklusive aller Detail im Anhang
Zielgruppe:
Kinder (0-10 Jahre) und ihre Eltern

1. Agenturantrag Mitarbeiter "Gumminbärchenmann"
2. Kostüm bestellen: Artikelnr: 156289455
3. Anzahl der Aktionsgeschenke bestimmen
4. Marketingmaterial von Agentur abrufen
5. Gutschein KASSENPROGRAMMIERUNG

Marketingmaterialien und Prozess:

a) Flyer
b) Fotograf
c) Kleidung/Kostüm
d) Werbeinformationen
e) „Aktive Ansprache"-Training
f) Give Aways
g) Terminplanung
h) Druckerei
i) Presse
j) Ansprechpartner Zentrale

Notizen

Rechtliche Gundlagen:
Die folgenden rechtlichen Grundlagen müssen unbedingt eingehalten werden!

a) Führungszeugnis des Mitarbeiters
b) Ausweis
c) Ordnungsamt/Konzessionsbeantragung
d) GEMA

Genehmigung:
Franchiseberater: _____
Kommunikationsabteilung: _____

Agenturbestellung: MediaCoreX
Per Fax: 023XX5678VV
Franchisestandort: _____ Aktionszeitraum: _____

Hinweisspalte

Nicht aufdringlich gegenüber Kindern agieren!

Mitarbeiterbesetzung beachten! Eistheke in den Eingangsbereich.

Nur Mitarbeiter mit Führungszeugnis über Agentur

Abb. 10.5 Beispiel einer Aktion „Lokales Marketing Gummibär"

Aktionen, die den Kunden animieren, den Standort zu betreten, sind in der Regel keine, die Umsatz oder Profit steigern. In vielen Fällen werden die Kunden mit besonders preisgünstigen Angeboten animiert, den Standort zu besuchen. Preisgünstige Angebote reduzieren die Umsätze und schmälern die Gewinne. Aber gerade hier liegt es an der

Umsetzung der Aktion, ob neue Kunden gewonnen werden und zu mehr Käufen animiert werden können.

Mit drastisch gesenkten Preisen für eine limitierte Staubsaugerserie könnte zum Beispiel eine Sonderaktion in einem Elektrofachmarkt Neukunden an den Verkaufsstandort locken. Dort angekommen liegt es am POS-Marketing und am Trainingsstand der Mitarbeiter, die Kunden zu Zusatzkäufen zu verleiten. Im Falle eines Elektromarktes sollten die Verkaufsangestellten versuchen, den Kunden für zusätzliche Produkte zu begeistern, um die kleinere Gewinnmarge aus dem Staubsaugerverkauf auszugleichen. So könnte dem Kunden zum Beispiel ein neuer 3D-Fernseher vorgeführt werden, der durch eine besondere Finanzierung besticht. So wird ein neuer Kunde geworben, ein weiteres Gerät mit einer besseren Marge verkauft und der Kunde wird durch ein Finanzierungssystem an das Elektrogeschäft gebunden. Zusätzlich könnte dem Kunden bei Ablauf der Finanzierung ein Erlass der Restschuld angeboten werden, wenn er nachträglich noch beispielsweise einen Kühlschrank der Firma kauft.

▶   Top preisaggressive Angebote werden in der Werbung und im Außenbereich am Standort angezeigt. Sie führen den Kunden an den POS. Gleichzeitig werden Zusatzprodukte großflächig umworben und weitere Kaufanreize geschaffen, damit der Kunde zwar das preisaggressive Angebot anvisiert, aber Hunger auf weitere Produkte bekommt. Im Mehrfilialsystem hat diese Strategie eine enorme Effizienz in der Neukundengewinnung bewiesen und steigert bei der richtigen Umsetzung Umsatz und Profit.

Gerade um den Systemgedanken eines Franchisesystems zu kommunizieren, sind solche abgestimmten Aktionen für beide Franchisepartner flächendeckend besonders wichtig. Das gezielte Ineinandergreifen von nationalem Marketing, lokalem Marketing sowie angepasstem POS-Marketing zur den regionalen Aktionen hilft bei der Kundenneugewinnung, aber auch in der Meinungsbildung zur Marke. Gestärkt durch eine besondere gute Beratungsqualität können dadurch viele Neukunden gewonnen werden. Schließlich wird jeder Kunde bei einer persönlichen und kompetenten Beratung gerne wiederkommen.

Jedoch muss auch beachtet werden, dass öffentliche und aggressive Marketingaktionen, die den Kunden an den Standort locken, auch schnell zu Kundenrückgang führen können und zu großer Unzufriedenheit führen können, zum Beispiel bei langen Wartezeiten, einer absichtlich geringen Menge des Aktionsproduktes oder wenn der Kunde durch Zusatzverkäufe „über den Tisch gezogen wird". Die operative Umsetzung der Marketingaktionen muss in jedem Fall an die jeweilige Aktion angepasst werden, sodass es bei großem Andrang zu keinem Verkaufs- und Beratungsstau kommt, also Umsatzverluste vermieden werden.

Für diese Umsatzverluste ist in vielen Fällen schlechtes Training der Mitarbeiter verantwortlich, aber auch eine schlechte Personalplanung, aufgrund derer Zusatzverkäufe ausbleiben, den Umsatz schmälern und sogar die Profitsituation des Franchisenehmers verschlechtern, da der ins Auge gefasste zusätzliche Umsatz mit dem geforderten Verhältnis im Produktmix nicht in der gewünschten Form und Höhe umgesetzt werden konnte.

Um zu vermeiden, dass das POS-Marketing an einem Standort misslingt, können vor allem Systemchecks und Mystery Customers die Umsetzung des Marketings überprüfen. So lassen sich Mitarbeiter auf ihren Trainingsstatus hin überprüfen. Auch Incentives für Mitarbeiter und tägliche Verkaufsanteile zum Produktmix unterstützen POS-Aktionen und geben den Mitarbeitern Anreize für mehr Effizienz in ihren Verkaufsaktionen.

▶ Preisaggressives Marketing oder spezielle Produktwerbung bringt mehr Kunden an den Standort! Am POS wird verkauft! Deshalb sind Training und ein koordinierter Informationsfluss zu jeder Werbekampagne am Point of Sale in Abstimmung zur laufenden Werbung sehr wichtig. Jeder „Mehr-Kunde" kann ein neuer Stammkunde werden. Doch bei schlechtem Mitarbeitertraining und Kundenservice können solche Aktionen für das gesamte System langfristig negative Einflüsse haben.

Gibt der Franchisegeber vor, den Kunden Rabattaktionen und Preisnachlässe zu gewähren, reagieren Franchisenehmer aus Erfahrung oft wenig begeistert, da sie Angst um den von ihnen angestrebten und erwarteten Profit haben. In Kenntnis solcher Marketingaktionen der Franchisegeber kommen Franchisenehmer auf die Idee, den Franchisegeber die Mindestmarge jeder einzelnen Marketing- oder Rabattaktion verbindlich festlegen zu lassen. Hierdurch wird das gesamte System in seiner Markenkraft eingeschränkt.

Es ist aber im Sinne beider Vertragspartner, marktgerechte Aktionen anzubieten, um sich im Markt zu positionieren und auf Angebote von Mitbewerbern zu reagieren. Rabattaktionen sind grundsätzlich ein geeignetes und notwendiges Instrument, um Neukunden anzulocken. Lösungsgerechte Antworten für diesen Interessensausgleich könnten darin bestehen, die Verkaufsaktionen an einem zu definierenden Gewinn zu messen und festzuhalten, ob und in welchem Umfang Neukunden animiert worden sind und zu Wiederholungskunden werden.

Auch in der Kalkulation sollte die Aktion nicht allein anhand der Ertragskraft bemessen werden, sondern es sollten Zusatzverkäufe in die Marge und Kundenbindung mit einkalkuliert werden.

Letztlich sollte es in der Hand des Franchisegebers liegen, im Rahmen seiner Verantwortung für die Systemkette die entsprechenden Vorgaben zu machen. Es liegt in seiner Verantwortung, die Verkaufsprozesse mit einem Marketinggremium einer Marketingaktion zu dokumentieren und zusätzliche Ideen zu einem Zusatzverkauf zu erarbeiten.

Letztendlich muss er jeden einzelnen Franchisenehmer überzeugen, dass eine optimale Markenpräsentation auch in seinem Sinne ist. Die Franchisenehmer stehen in der Verantwortung, die mit den Kunden im Gespräch stehenden Mitarbeiter diesbezüglich zu schulen und weiterzubilden.

10.6   Das Franchisesystem im Internet

Wenn man sich Mehrfilialsysteme anschaut, dann ist es vielen Unternehmen unangenehm, wenn das Wort „Internet" fällt und die Rede davon ist, dass jeder Franchisenehmer seine eigene Internetseite betreiben soll. Aussagen wie der „Wildwuchs durch zu viele unterschiedliche Unternehmenswebseiten mit vielen kreativen Franchisenehmern" oder „Wer überwacht die Inhalte und den Markenauftritt" sind nicht selten Argumente, die gegen das Thema standortbezogene Webseiten in einem Franchiseunternehmen vorgebracht werden. Dabei sollte aber berücksichtigt werden, dass das Internet hervorragende Möglichkeiten bietet, lokale Marketingmaßnahmen oder Imagekampagnen zu präsentieren, um Kunden und neue Gäste für die Marke zu begeistern. Aktionen und Berichte von LKM-Maßnahmen können zum Inhalt von Webseiten gemacht werden. Die Marke wird kommuniziert und erhält durch das Internet ein weiteres Kommunikationsmittel, um die Marke und deren Aktivitäten zum Kunden zu transferieren. Der Franchisegeber kann die Internetpräsenz von Franchisenehmerstandorten über eine dafür verantwortliche Agentur sehr gut steuern. Die Agentur hat die Vorlagen aller Spezifikationen und steuert die Webseiten in Bezug auf Layout, Aufbau und Inhalte. Der Franchisenehmer füllt dagegen den Regionalfaktor mit Inhalt. Die vorgegebene Programmierung der Webseite sorgt für eine gleichmäßige, hochwertige Qualität der Webseite.

▶   Standortbezogene Inhalte auf der Webseite des Franchisenehmerstandorts liegen in der Verantwortung des Franchisenehmers, für die Basisinformationen zur Webseite sorgt der Franchisegeber. Nur so ist eine einheitliche Unternehmenskommunikation möglich. Diese Art der Webseitenaufteilung schafft weitaus mehr Präsenz im Internet als eine alleinige Internetpräsenz des Franchiseunternehmens. Der Content jedes einzelnen Franchisenehmers und dessen Standorte erzeugen im Ganzen mehr Indizierungen in den Suchmaschinen, als ein einziges Unternehmen erreichen kann.

10.6.1   LKM und Internet als System

Jeder Franchisenehmer verfügt über eine oder mehrere Standortwebseiten. Diese sind mit Regionalinformationen und Systemvorgaben gefüllt. Es empfiehlt sich, noch ein offenes Managementsystem mit Newsticker einzubauen, in dem der Franchisenehmer seine LKM-Aktionen selbstständig kommunizieren kann. Jeder Bericht und jede Satzstellung sollten im Netz kommuniziert werden und von den Suchmaschinen gelesen werden (diese Funktion der Lesbarkeit ist von der Qualität der Programmierung abhängig). Auch hier wirkt die Macht der Kommunikation im Netz, auch hier können viele Franchisenehmer als Kommunikatoren viel bewegen. Inhalte von landesweiten LKM-Maßnahmen generieren Suchbegriffe, Aktionen werden von den Suchmaschinen als Input-Content gewertet und sind somit auch im Internet präsent. Bei einem Franchisesystem im Food-Bereich bieten sich beispielsweise zusätzlich zu den Marketingaktionen auch Rezepturen als Content an.

Jedoch ist ein wichtiger Aspekt, dass die Texte und Hinweise auch von Suchmaschinen gelesen werden. Marketingaktionen, die lediglich als Werbebanner (JEPG) kommuniziert werden, sprechen oft nur den Bestandskunden an, da diese nicht von den Suchmaschinen gelesen werden. Werden diese Werbebanner dagegen mit Text hinterlegt, werden Suchbegriffe erzeugt und es werden neue Besucher auf die Internetseite geführt.

▶ Wichtig sind die Art der Programmierung und ein Prozessstandard, wie der Franchisenehmer standortbezogene Informationen einpflegen kann, damit eine strukturierte und kontrollierte Kommunikation im Sinne der Marke stattfindet.

10.6.2 Suchmaschinen als Kommunikator

Eine Internetseite als Marketingtool kann nur funktionieren, wenn die Programmierung der Webseite auch die Vorrausetzung dafür schafft (vgl. Abb. 10.6). Eine hochwertige Programmierung sorgt für die Lesbarkeit jedes einzelnen Artikels, generiert Suchbegriffe und indiziert sie für das Web. Hat zum Beispiel eine Website zehn Unterseiten und werden diese zehnmal indiziert, steigt die Anzahl der Suchbegriffe. Internetuser durchsuchen das Netz mit Suchbegriffen. Durch die Indizierung einzelner Artikel entstehen stets neue Suchbegriffe, und das täglich durch die unterschiedlichsten Artikel der Franchisenehmer. Die Marke wird präsentiert, unabhängig davon, ob der Kunde die Firmenwebseite anklickt.

Gelingt es beispielsweise, die Indizierungsanzahl durch LKM-Texte und Aktionen von zehn auf 5.000 wachsen zu lassen, so wird die jeweilige Internetseite für den Kunden viel

Beispielhafte Darstellung der Aufgabenverteilung einer personifizierten Standort-Webseite, die in den Suchmaschinen mit dem Ziel, die Indizierungen in den Suchmaschinen zu steigern, gefunden wird.

Franchisegeber gibt vor:

✓ Imageinformationen
✓ Unternehmensinformationen
✓ Produktedarstellung
✓ Nationales Marketing
✓ Struktur u. Aufbau – Technik
✓ Bilder und Satzstellung
✓ Webseitenstruktur –
   Vorgaben der Sicherheits-
   richtlinien
✓ Design und Inhalt
✓ Freigabeprozess
✓ Qualitätsstandard für Inhalt

Franchisnehmer Aufgaben
✓ Regionsinformationen
✓ LKM-Marketing Informationen
✓ Standortinformationen

Der Erfolg zur Kundengewinnung
✓ Art der Programmierung
✓ konsequente Umsetzung durch FN
✓ jedes Bild ist lesbar und erhält Text
   zur Regeneration von Suchbegriffen

 Testen Sie mit dem Suchbegriff: „**site:www.ihreUnternehmensadresse.de**" Ihre Indizierung und prüfen Sie, ob alle Informationen Ihrer Webseite im Netz auffindbar sind.

Abb. 10.6 Unternehmenswebseite für Franchisestandorte

schneller auffindbar sein und auch besucht werden. Der Kunde enthält somit durch die einzelnen Suchbegriffe mehrere Indizierungen und den umfangreichen Content, der von den Franchisenehmern indiziert wird.

Dies lässt sich gut an folgendem Beispiel darstellen: Starten 200 Franchisenehmer im Monat jeweils drei lokale Marketingaktionen, addieren sich diese Maßnahmen auf 600 Aktionen. Halten die Franchisenehmer diese Quote durch, kommt es binnen eines Jahres zu 7.200 Aktionen. All diese Maßnahmen werden im Netz kommuniziert und werden beispielsweise pro Aktion dreimal indiziert. Betrachtet man das Ergebnis, so wird man feststellen, dass das Franchiseunternehmen dank 21.600 Indizierungen hervorragend im Netz gefunden werden kann.

▶   Testen Sie einfach mal, inwieweit Ihre Aktion in den Suchmaschinen einzeln gelistet ist. Geben Sie in die Suchmaschine den Suchbegriff ein: **Site: www. ihreAdresse.de.** Jetzt sehen Sie, wie Ihre Seite indiziert ist und welche Inhalte die Indizierungen haben!
Haben Sie Ihre Marketingaktionen nach unterschiedlichen Suchbegriffen gefunden?

10.7   Marketingaktionen in einem Franchisesystem

Marketing ist ein Bereich, der weitaus komplexer ist als lediglich das Platzieren von bunten Bildern. Es bedarf sehr viel mehr Verantwortung in einem Franchisesystem, da die Verknüpfung von Image, Umsatz und Kundengewinnung sowie der Einsatz der Werbemittel oder Werbestandorte oft mit großen Diskussionen zwischen Franchisegeber und Franchisenehmer verbunden sind.

Jeder kluge Franchisegeber greift gerne auf das Wissen und die Erfahrungswerte des Franchisenehmers zurück. Dies gilt umso mehr, wenn es sich um Informationen aus Marketingaktionen und Kundenerfahrungen in seinem jeweiligen Franchisegebiet handelt.

Es ist nicht von der Hand zu weisen, dass Marketingaktionen einer Menge Planung und Zeit bedürfen, weil die dazugehörigen Produkte vorerst produziert, Lizenzrechte erworben und Nutzungslizenzen gekauft werden müssen.

Die von einem Franchiseunternehmen durchgeführten nationalen Marketingaktivitäten und Aktionen werden aus dem nationalen Werbetopf bezahlt, in die jeder Franchisenehmer einbezahlt. Die einzuzahlende Summe ist in der Gebührenmatrix als feste Summe oder Anteil vom Umsatz festgelegt und wird monatlich in den Marketingtopf eingezahlt. Damit ist jeder Franchisenehmer zu gleichen Teilen im Verhältnis zu seinem Umsatz an den Aktionen beteiligt. Jedoch können hierdurch auch Nachteile entstehen, wenn z. B. eine Aktion mit einem Radiosender geplant ist und ein Franchisenehmer feststellt, dass in seinem Gebiet dieser Sender nicht empfangen werden kann. Ebenso ist es immer ein rechtliches Problem, eine Aktion mit den gleichen Preisen im gesamten Franchisesystem zu versehen, da damit die Franchisenehmer an Preisvorgaben gebunden sind und ihnen die unternehmerische Freiheit genommen wird.

Dies ist nur ein kleiner Eindruck der Probleme, die während einer Marketingplanung in einem Franchiseunternehmens auftreten können.

In den meisten Franchisesystemen empfiehlt es sich, für die Verwaltung des Marketingfonds und der dafür erforderlichen Entscheidungen eine Marketingverwaltungsgesellschaft zu gründen, die dafür zuständig ist, die Marketinggebühren zu verwalten und im Sinne der Marke nationale Marketingaktionen durch Vertreter der Franchisenehmerschaft beschließt.

10.8 Aufgaben einer Marketingverwaltungsgesellschaft

Eine Marketingverwaltungsgesellschaft setzt sich aus einem Team des Franchisegebers und einem Team der Franchisenehmer zusammen. Das Team der Franchisenehmer sind die Vertreter der gesamten Franchisenehmerschaft; sie werden zur Ausübung ihrer Tätigkeit von diesen gewählt. Die daraus entstehende Arbeitsgruppe plant und erstellt den Marketingplan gemeinsam und verwaltet das Marketingbudget. Jedes Franchiseunternehmen sollte hierzu einen klar definierten Planungs- und Entscheidungsprozess festlegen. Dazu gehören Fragen wie: „Wann startet eine Planung für welches Jahr? Welche Entscheidungsschritte sind eingebaut? Wie läuft das Auswahlverfahren von Aktionen und die Listung der Aktionsideen ab?"

10.8.1 Grundlagen und Beweggründe einer Verwaltungsgesellschaft

Die gewählten Vertreter der Franchisenehmerschaft bringen Ideen ein und diskutieren mit dem Franchisegeber die operative Umsetzung von Marketingaktionen. Die Strategie des Unternehmens und ihre Aktionsplanungen werden berücksichtigt und beide Parteien haben das Ziel, einen nationalen Marketingkalender zu erstellen, der im Sinne des Franchisesystems ist. Die Verwaltungsgesellschaft gibt den Franchisenehmern Rechenschaft über das eingesetzte Kapital und erstellt einen Rechenschaftsbericht. Die Verwaltungsgesellschaft und die Vertreter der Franchisenehmer stimmen im Namen aller Franchisenehmer über den Einsatz des Geldes ab und darüber hinaus auch über Aktionen, Preisgestaltungen, also auch über die Profitabilität einer Aktion. Nach der Abstimmung und Freigabe von Aktionen werden Aktivitäten freigesetzt, die sich auf das Marketingbudget stützen (vgl. Abb. 10.7).

10.8.2 Die Rechtsform einer Marketingverwaltungsgesellschaft und ihre Inhalte

Die geschäftliche Tätigkeit der Verwaltungsgesellschaft ist nicht ohne geschäftliches Risiko. Eine Haftungsbeschränkung bezüglich dieser Maßnahmen erscheint häufig geboten.

Beispielhafte Darstellung der Timeline eines Marketingkalenders für 2015. Dieser enthält den Beschluss der Marketingkampagnen und deren Budget, ebenso die Wahl der Franchisenehmervertreter der Marketingverwaltungsgesellschaft.

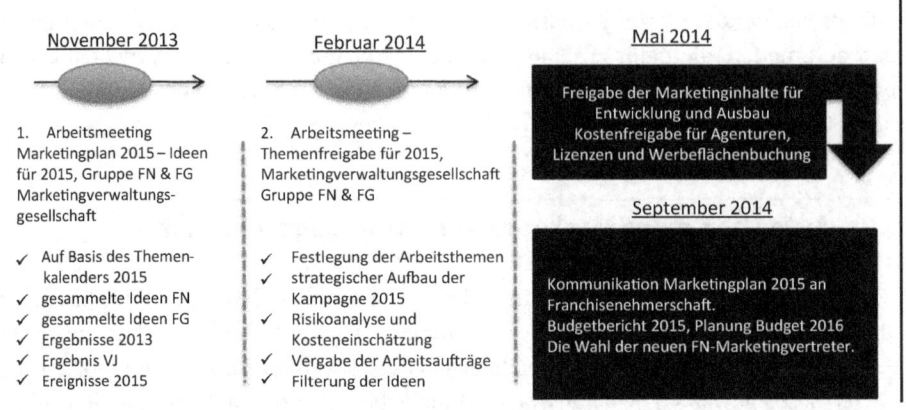

Achtung: <u>Ab der Entscheidung (Februar 2014)</u> kosten Änderungen des Marketingplans Geld. Die Verwaltungsgesellschaft muss hierfür die Verantwortung übernehmen und eventuell Sondereinnahmen aus der Franchisenehmerschaft generieren. Dieser Prozess sollte in der Satzung festgelegt sein.

Abb. 10.7 Planungsbeispiel – Timeline von Marketingaktionen

Das deutsche Recht sieht die Möglichkeit vor, dass die Beteiligten die Gesellschaftsform mit beschränkter Haftung (GmbH) wählen. Im Rahmen einer Satzung definiert die Gesellschaft dann ihre eigenen Spielregeln. Die notarielle Beurkundung ist bei der Gründung einer GmbH vorgeschrieben, und der beurkundende Notar stellt sicher, dass alle gesetzlich verpflichtenden Elemente der Satzung berücksichtigt werden und darüber hinaus dem Willen der vertragsschließenden Parteien entsprochen wird. Grundsätzlich sollte die Satzung einer Marken- und Verwaltungsgesellschaft die in Abb. 10.8 dargestellten Rubriken berücksichtigen.

10.8.3 Wahl und Abstimmungsprozesse

In den meisten Franchisesystemen gibt es am Ende des Geschäftsjahres eine Franchisenehmer-Hauptversammlung. In dieser präsentiert der Franchisegeber den Franchisenehmern meist die Ergebnisse und die Erwartungen für das Folgejahr. Auch der Marketingplan für das Folgejahr wird durch die Franchisenehmervertreter und das Marketingteam des Franchisegebers präsentiert. Die Vertreter der Franchisenehmer präsentieren sich und ihre Leistung auf Basis des neuen Marketingplans und erläutern den Einsatz des Marketingbudgets. Im Nachgang finden meist die Wahlen der neuen Franchisenehmervertreter statt, nachdem die Kandidaten sich und die Beweggründe für ihre Kandidatur vorgestellt haben.

Der Wahl- und Abstimmungsprozess ist in der Satzung festgeschrieben und liegt jedem Franchisenehmer als Informationsblatt zur Wahl vor.

Jede Marketingverwaltungsgesellschaft basiert auf einem Vertrag. Diese Inhalte sollen helfen, Themenbereiche zu fixieren und auszuarbeiten.

Inhalt einer Marketingverwaltungsgesellschaft		Hinweisspalte
1. Gegenstand der Verwaltung		
1.1 Verantwortungsbereich	o	Eine Rechtsberatung
1.2 Haftung	o	im Hinblick auf die
1.3 Geltungsbereich und Werbesparten	o	Wahl des
1.4 Werbesparten, die nicht in die Verwaltungsgesellschaft fallen	o	Gesellschaftsmantels ist zu empfehlen
2.Stimmrecht	o	
2.1 Doppelte Stimme		
2.2 Veto und dessen Vorgehensweise	o	
3.Wahlgang und Abstimmungsrichtlinien für Mitglieder - Franchisenehmer		
3.1 Anzahl der Franchisenehmer	o	
3.2 Gültigkeit der Wahl	o	
3.3 Wahlkoordination	o	
3.4 Wahlhelfer in dessen Funktion	o	
4. Arbeitsgruppen		
4.1 Arbeitsgruppen Definition	o	
4.2 Integration der Arbeitsgruppen	o	
4.3 Entscheidungsmacht der Arbeitsgruppen	o	
4.4 Wahl in die Arbeitsgruppe	o	
4.5 Dauer einer Mitgliedschaft	o	
4.6 Beitragsleistung einer Arbeistsgruppe	o	

Abb. 10.8 Vertragsinhalte einer Marketingverwaltungsgesellschaft

Beachten Sie den Freigabeprozess. Stornierungen und Änderungen im laufenden
Entwicklungsprozess kosten Geld. Wer übernimmt diese Sonderzahlungen?

Hinweisspalte

Inhalt einer Marketingverwaltungsgesellschaft	
5. Marketingplan	
5.1 Festlegung der Markenstrategie	o
5.2 Aktionen – Aufnahme in den Marketingplan	o
5.3 Freigabe des Marketingplans	o
5.3.1 Freigabe durch Franchise- nehmerschaft	o
5.3.2 Produktionsfreigabe/Stornierung	o
5.3.3 Freigabe vom Kauf von Lizenrechten	o
5.3.4 Löschung von Aktion aus dem Marketingkalender	o
5.4 Verwaltung des Marketingplans	o
5.5 Kommunikation des Marketingplans	o
5.6 Rechtliche Wirksamkeit des Franchisevertrags	o
6. Verwaltung des Marketingbudgets	
6.1 Kosten des Verwaltungsaufwands der Gesellschaft	o
6.2 Darstellung und Überwachung des Budgets	o
6.3 Funktion des Schatzmeisters	o
6.4 Kontovollmachten	o
6.6 Gebührenaufzählung und Verwendungszweck	o
6.7 Haftung	o
6.7 Außerplanmäßige Verwendung des Budgets	o
7. Spesen und Ausgaben des Marketingbeirates – Komitee	
7.1 Spesen und Reiskosten	o
7.2 Tagessätze für Arbeitsgremien	o
7.3 Bonussystem/Erfolgsbeteiligung	o
7.4 Bereitstellung von Arbeitsmitteln	o
7.5 Reisekostenrichtlinie	o

Bedenken Sie: Der
Marketingplan ist
abgestimmt, FN
ändern M-Plan.
Wer übernimmt
Kosten der bereits
geleisteten Arbeit?

Trägt die
Verwaltungskosten-
Marketing
die Gesellschaft?

Abb. 10.8 (Fortsetzung)

Die Entscheidungsgewalt sollte letztendlich beim Franchisegeber liegen, denn dieser ist für die gesamte Unternehmensstrategie verantwortlich.

Hinweisspalte

Wichtig ist das außerordentliche Stimmrecht!

Inhalt einer Marketingverwaltungsgesellschaft

8. Der Entscheidungsprozess für Aktionen
    8.2 Grafik des Prozessweges ○
    8.3 Stationen für Vetorecht und dessen Haftung ○
    8.4 Entwicklungsbudget ○
    8.5 Rechenschaftsberichte und Aktionsbeschreibungen ○
    8.6 Außerordentliches Stimmrecht für Franchisegeber ○

9. Abwahl von Mitgliedern
    9.1 Einreichung eines Beschwerdeformulars ○
    9.2 Abwahl eines Beiratsmitglieds ○
    9.3 Austritt eines Beiratsmitglieds ○
    9.4 Vertretungsberechtigung eines Beiratsmitglieds ○

10. Beiratsmitglied einer Verwaltungsgesellschaft
    10.1 Pflichte und Rechte des Mitglieds ○
    10.2 Dauer der Mitgliedschaft ○
    10.3 Teilnahme an Sitzungen ○
    10.4 Stimmrecht ○
    10.5 Verschwiegenheitserklärung ○
    10.6 Haftung ○

Abb. 10.8 (Fortsetzung)

Je nach Branche sind weitere Inhalte für einen Vertrag zu
einer Marketingverwaltungsgesellschaft notwendig!

Hinweisspalte

Inhalt einer Marketingverwaltungsgesellschaft	
11. Franchisegeber in seiner Funktion	
11.1 Stimmrecht	o
11.2 Rechte und Pflichten	o
11.3 Aufgabenstellung und Verantwortungsbereich	o
11.4 Außerordentliches Stimmrecht	o
11.5 Abberufung von Beiratsmitgliedern	o
12. Sonderthemen	
12.1 Franchisenehmer Einzelfall – Aktionen	o
12.2 Preisbindung und Aktionsteilnahme	o
Notizen:	
	o
	o
	o
	o
	o
	o
	o
	o
	o
	o
	o
	o
	o
	o
	o
	o

Abb. 10.8 (Fortsetzung)

▶   Der Franchisegeber sollte sich im Vorfeld mit den Kandidaten über Eignung
     und Leistung gut auseinandersetzen und die Kandidaten in ihrer Kommunika-
     tion unterstützen. Gerade ein guter Mix von Talenten und Erfahrungen aus der
     Franchisenehmerschaft macht ein starkes Marketinggremium aus und fördert
     die Marke.

10.9   Marketingskalender, Timeline und Prozesse

Der Marketingkalender dient als Kommunikator und Planungshilfe im gesamten System.
Fachbereiche planen ihre Aktivitäten ebenso wie Franchisenehmer und deren Mitarbeiter.

Ein Marketingkalender zeigt den Zeitraum auf, in dem Aktionen stattfinden sollen. In
einer erweiterten Darstellungsversion ist der Kalender in Zielgruppen und Verkaufsstand-
orte unterteilt.

Für Aktionen werden der Zeitrahmen und die Art der Werbung festgelegt und entschieden, welches Medium für die Kommunikation zum Kunden eingesetzt wird. Als Pla-
nungsinformationen können Vorjahreszahlen in Prozentwerten, Ferienkalender, Brückentage, der Verkaufsdurchschnitt oder Bon-Zuwachs hinzugezogen werden (vgl. Abb. 10.9).

Der Marketingkalender kann im Intranet hinterlegt werden. Hinzu können Ferienkalender, Infos und
Prozessinformationen zur jeweiligen Aktion verknüpft werden. Terminierte Informationen können
automatisch an die Fachbereich und Franchisenehmer versendet werden.

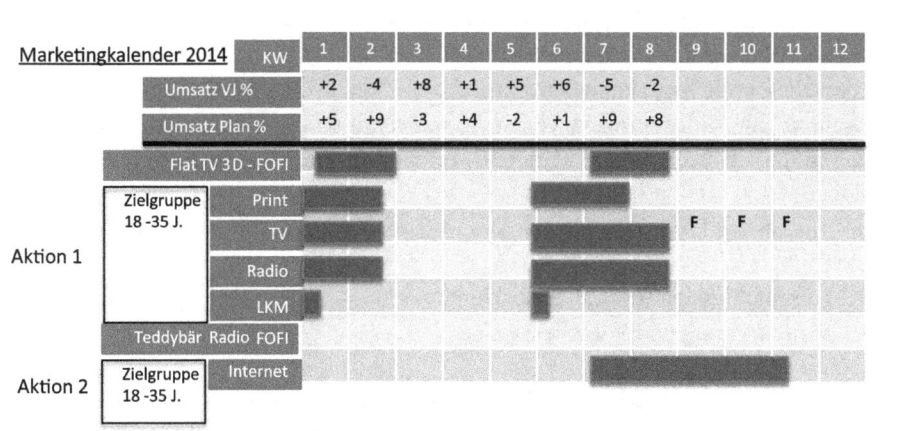

 Ein Marketingkalender sollte informativ sein, damit Fachbereiche ihre Aufgaben planen können und Franchisenehmer
die Operative/Vertrieb auf die Aktion einstellen können. Da viele Informationen einfließen, bietet sich in den meisten
Fällen eine digitale Lösung für einen Marketingplan an.

Abb. 10.9 Aufbau eines Marketingplanes

Im Anhang befinden sich meistens die Inhalte der Aktion, sodass die Fachbereiche ihre Aufgaben wie zum Beispiel Informationen zur Kassenprogrammierung oder Termine für Werbeflächenbuchungen entnehmen können.

Die Erstellung eines Marketingkalenders benötigt einen zeitlichen Vorlauf. Ideen müssen erst gesammelt, sortiert und mit Zeichnungen visualisiert werden und dann den Vertretern der Marketingverwaltungsgesellschaft präsentiert werden. Auf Basis dieser Informationen wird eine grobe Strategie der Marketingaktionen für das ganze Geschäftsjahr verabschiedet. Der Franchisegeber arbeitet mit seiner Arbeitsgruppe, bestehend aus Franchisenehmern und Mitarbeitern der Fachbereiche, alle Informationen zu den bereits sortierten Aktionen aus und stellt den Kosten für Produktion, Lizenzrechte, Agenturkosten die sonstigen Kosten der Aktion gegenüber. Sobald alle Informationen, Leistungen und Kosten zu einer Aktion vorliegen, werden die Aktionen den Monaten zugeordnet und den Vertretern der Franchisenehmerschaft (Marketingverwaltungsgesellschaft) zur Freigabe vorgestellt.

Erst nach dieser Freigabe erfolgt der Produktionsprozess. Gelder werden vom Marketingbudget abgezogen, Werbezeiten gebucht und Agenturen beginnen mit der Ausarbeitung jeder einzelnen Aktion.

In der Ausbreitung von Marketingaktionen empfiehlt es sich, die Prozessstruktur der Systemgrundlagen zu nutzen. Denn diese Prozessstruktur mit ihrem vorgegebenen Raster kann als Arbeitsblatt oder Präsentationsvorlage bis hin zur Prozessbeschreibung als Kommunikationsmittel und als Prozess der Systemgrundlagen dienen.

Beispiel

Beispiel für die Inhalte einer Prozessbeschreibung einer Marketingaktion:
- Standardnummer und Kategorienzuordnung/Kurzbeschreibung – Langversion
- Überschrift der Aktion und Beschreibung
- Prozessbeschreibung, Herstellungsprozess
- Beschreibung Aktionsprozess/Verkaufsprozess mit Hinweis auf Zusatzprodukte
- Ausstattung der Marketingmaterialien, Warenpositionierung, Positionen der Werbemittel
- Kalkulation der Produkte inklusive der Margenverteilung mit und ohne Zusatzprodukte
- LKM-Empfehlungen für Franchisenehmer
- Mitarbeitertraining und Vorgehensweise
- Incentives-Vorschläge
- Kennzahlen vom Vorjahr, Entwicklung und Planung der Aktion
- Termine Fachbereiche, zum Beispiel Kassenprogrammierung, Dekorateur
- Warenbelieferung

- Zeitraum der Aktion, Werbeflächen-Anmietung, Einsatz von Werbemedien
- Risiken und Vorteile
- Mitbewerberanalyse
- Präsentationsbeispiele für die Franchisefilialen in Bildern
- Rezepturen, Produktspezifikationen und Beschreibung
- Zielgruppe und was zu beachten ist
- Benötigte Arbeitsmittel
- Einsatz von Aktionsmessungen

Ein Marketingkalender ist unterteilt in Preisaktionen oder Imagekampagnen. Einzelne Aktionen würden ihre Wirkung verlieren, wenn sie nicht sorgfältig geplant und die Aktionen nicht miteinander verknüpft sind. Auch die Frage, über welches Werbemedium eine Aktion kommuniziert wird, ist oft ein wichtiger Bestandteil einer erfolgreichen Marketingaktion.

Ein Franchisegeber sollte eine klare Struktur für die Vorgehensweise und die Erstellung und Ausarbeitung des Marketingkalenders und seiner Aktionen vorgeben. Eine Timeline ist unbedingt notwendig.

Nicht selten werden durch inkonsequente Planungsstrukturen Marketingaktionen nicht effektiv geplant und miteinander vernetzt, da die Zeiten für den Kauf von Lizenzrechten zu kurz sind oder für einen optimale Ausarbeitung nach Beschluss der Verwaltungsgesellschaft oft die Zeit fehlt, eine Aktion fehlerfrei zu planen. Je nach Größe des Franchisesystems ist die Planung auch für den Einkauf sehr wichtig, denn meist sind die Produkte in Anzahl oder geforderter Qualität nicht vorrätig und nicht selten müssen Produkte erst hergestellt werden.

10.9.1 Die Entstehung von Marketingaktionen

Marketingaktionen benötigen nicht selten einen Vorlauf von bis zu 18 Monaten. Einzelne Arbeitsgruppen der Franchisenehmer überreichen dem Franchisegeber Ideen, Agenturen beschäftigen sich mit dem Markttrend und sprechen Empfehlungen aus, aber auch Lieferanten präsentieren Produkt-Neuheiten und bringen Innovationen. Die Aufgabe der Marketingabteilung des Franchisegebers ist es, diese Informationen zu filtern und sie im Sinne der Unternehmensstrategie zu ordnen und zusammenzuführen, damit eine durchgehende Präsentation der Marke gewährleistet ist. Aktionen werden nach Zielgruppen, Sales, Kundengewinnung und Imagewerbung zusammengeführt. Barter-Verträge (sogenannte Tauschgeschäfte zum Beispiel von Werbeflächen) werden mit Kooperationspartner verhandelt. Wenn alle diese Informationen und Ideen zusammengeführt sind, werden sie der Marketingverwaltungsgesellschaft zur Entscheidung und zur ersten Planungsstufe vorgestellt (vgl. Abb. 10.10).

Alle diese Inhalte sollten bei einer Planung einer Marketingaktion berücksichtigt werden. In unterschiedlichsten Branchen können Inhalte noch hinzukommen. Jedoch ist eines für alle Branchen wichtig, dass eine Aktion von A bis Z durchdacht sein sollte!

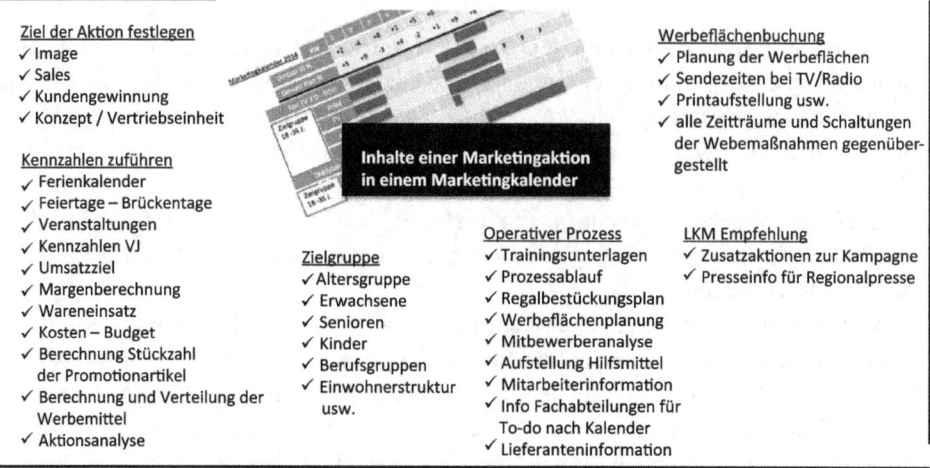

Ziel der Aktion festlegen
✓ Image
✓ Sales
✓ Kundengewinnung
✓ Konzept / Vertriebseinheit

Kennzahlen zuführen
✓ Ferienkalender
✓ Feiertage – Brückentage
✓ Veranstaltungen
✓ Kennzahlen VJ
✓ Umsatzziel
✓ Margenberechnung
✓ Wareneinsatz
✓ Kosten – Budget
✓ Berechnung Stückzahl
  der Promotionartikel
✓ Berechnung und Verteilung der
  Werbemittel
✓ Aktionsanalyse

Inhalte einer Marketingaktion in einem Marketingkalender

Zielgruppe
✓ Altersgruppe
✓ Erwachsene
✓ Senioren
✓ Kinder
✓ Berufsgruppen
✓ Einwohnerstruktur
  usw.

Operativer Prozess
✓ Trainingsunterlagen
✓ Prozessablauf
✓ Regalbestückungsplan
✓ Werbeflächenplanung
✓ Mitbewerberanalyse
✓ Aufstellung Hilfsmittel
✓ Mitarbeiterinformation
✓ Info Fachabteilungen für
  To-do nach Kalender
✓ Lieferanteninformation

Werbeflächenbuchung
✓ Planung der Werbeflächen
✓ Sendezeiten bei TV/Radio
✓ Printaufstellung usw.
✓ alle Zeiträume und Schaltungen
  der Webemaßnahmen gegenübergestellt

LKM Empfehlung
✓ Zusatzaktionen zur Kampagne
✓ Presseinfo für Regionalpresse

 Es empfiehlt sich, zu jeder Aktion einen Checkbogen für die Inhalte aufzubauen. Dieser hilft bei der Überprüfung aller geforderten To-dos. Eine Aktion, die in der Planung Fehler aufweist, kostet nicht nur Umsatz, sondern auch die Glaubwürdigkeit des Franchisegebers bei seinen Franchisenehmern.

Abb. 10.10 To-dos einer Marketingaktion

Jahresendgespräche zwischen Franchisenehmer und Franchisegeber

11

Das Jahresgespräch gehört in jedem Franchiseunternehmen zu den bedeutenden Kommunikationsmitteln. Jahresgespräche mit Mitarbeitern, Führungskräften und ggf. mit Lieferanten und Dienstleistern gibt es fast in allen Branchen und Fachgebieten. Sie beziehen sich in der Regel auf die Zielerreichung der individuellen Vertragspartner. In Franchiseunternehmen haben die Jahresgespräche zwischen Franchisegeber und Franchisenehmer eine besondere Wirkung in der Franchisenehmerschaft, denn konsequent umgesetzt ist dies eines der wichtigsten Führungsinstrumente. Diese Gespräche steuern, positionieren und kontrollieren die Marke.

11.1 Gegenstand des Jahresendgespräches

Bei einem Jahresgespräch in einem Franchiseunternehmen sollte rückblickend auf das Geschäftsjahr geklärt werden, wie sich der Franchisenehmer, seine Mitarbeiter und sein Standort im Allgemeinen entwickelt haben und was der Franchisenehmer für die Marke in seiner Region umgesetzt hat. Im Anschluss daran und in Anlehnung an die Ergebnisse des Franchisenehmers hat der Franchisegeber nun die Möglichkeit, den Franchisenehmer auf Entwicklungsmöglichkeiten hinzuweisen, ihm Perspektiven zu geben oder auch korrigierende Maßnahmen einzuleiten. Der Franchisenehmer sollte in diesem Gespräch seinem Franchisegeber anhand von Kennzahlen die Entwicklung seines Franchisestandortes und der Region aufzeigen. Diese beinhalten die Ziel-Planerreichung, aber auch die Aktivitäten des Franchisenehmers zum Ausbau der Franchisemarke in seiner Region. Auch die Zusammenarbeit, die Abarbeitung der Besuchsberichte und die Loyalität gegenüber dem Franchisesystem werden in diesem Gespräch besprochen. Der Franchisenehmer profitiert vom Feedback des Franchisegebers, und Themen wie Expansion, die persönliche Ent-

© Springer Fachmedien Wiesbaden 2015
H. Riedl, C. Schwenken, *Praxisleitfaden Franchising*,
DOI 10.1007/978-3-658-04697-2_11

wicklung oder auch etwaige Defizite in der Zusammenarbeit können direkt mit dem Franchisegeber besprochen werden.

Im Regelfall werden Jahresgespräche in vielen Unternehmen zwar angestrebt, jedoch fällt bei genauerem Hinsehen auf, dass ihr tatsächliches Potenzial oft nicht im Ansatz ausgenutzt wird. Das liegt an vielen Faktoren, vor allem aber an der fehlenden Konsequenz des Franchisegebers.

Viele Franchisegeber sehen diese Gespräche als unbequeme Pflicht an, sich Aufgaben widmen zu müssen, die unter ihrer Würde oder unter ihrer Position liegen; überdies wird häufig die Meinung vertreten, der Franchisegeber habe wichtigere Dinge für das Unternehmen zu tun. Konfliktgespräche sind meist unangenehm und werden deshalb oft vermieden. Nicht selten geht dadurch der eigentliche Systemgedanke verloren, der zeigen soll, dass der Franchisenehmer als Partner und Vertreter der Marke das wichtigste Element im Franchisesystem ist, da er an vorderster Stelle das Franchisesystem gegenüber den Kunden vertritt. Häufig zeigt sich das Desinteresse des Franchisegebers an einer konstruktiv Diskussion darin, dass der Franchisegeber unzureichend vorbereitet ist und somit eine unproduktive und ziellose Diskussion stattfindet, bei der der eigentliche Sinn des Jahresendgesprächs verloren geht.

Viele Probleme zwischen Franchisenehmern und Franchisegebern können bei optimaler Vorbereitung im Rahmen eines Jahresendgespräches beendet werden. In diesen Gesprächen werden Inhalte auf den Punkt gebracht und beide Parteien, wenn nötig, an den Systemgedanken und dessen Franchisekultur erinnert. Ein gut aufgebautes und wirkungsvolles Jahresgespräch zeigt die Konsequenzen, aber auch die Chancen für die Weiterentwicklung eines jeden Franchisenehmers auf.

Ein Franchisenehmer sollte sich über die Möglichkeit eines konsequent durchgeführten Jahresendgespräches freuen, in dem Defizite und Chancen der Arbeitsleistung angesprochen werden und Vorschläge zur Verbesserung und Weiterentwicklung des Franchisesystems aufgezeigt werden. Dieses stärkt das System und somit auch die Investitionen und die Zukunft jedes einzelnen Franchisenehmers.

Da die Jahresendgespräche eines der wichtigsten Führungselemente eines Franchiseunternehmens darstellen, sollten sie für keinen der Beteiligten unangenehm sein. Ganz im Gegenteil – solange die Spielregeln und Inhalte klar definiert werden, können beide Parteien wesentlich von den Gesprächen profitieren. Beide müssen offen miteinander kommunizieren und konstruktive Gespräche über sich abzeichnende Perspektiven führen. Ebenso können Lösungen für Probleme anhand von Benchmarks und Kennzahlen gefunden und somit neue Entwicklungsmöglichkeiten entdeckt werden.

▶   Das Jahresendgespräch ist auf Fakten, detaillierten Inhalten und nachvollziehbaren Ergebnissen aufzubauen. Franchisenehmer werden an Vertragsinhalten und Vereinbarungen gemessen. Das Jahresendgespräch nutzt faktenunterstützte Tatsachen und analysiert Schwachstellen, um zu nachvollziehbaren und umsetzbaren Ergebnissen zu gelangen.

11.2 Aufbau des Jahresendgespräches und die damit verbundenen Termine

Ein Jahresendgespräch basiert auf zwei Terminen. Der erste Termin ist das Halbjahresgespräch (Review), in dem der aktuelle Status anhand der Zielvorgaben des letzten Jahresgespräches zwischen Franchisegeber und Franchisenehmer besprochen wird. Auf Basis dieser Inhalte wird das Jahresendgespräch aufgebaut, zu dem bereits sechs Monate vor Gesprächsbeginn eingeladen wird. Diese öffentliche Einladungsliste aller Franchisenehmer gibt den Gesprächskreis und dessen Teilnehmer bekannt. Dem Franchisenehmer wird durch eine veröffentlichte Teilnehmerliste und eine möglichst detaillierte Tagesordnung lange vor dem Gespräch indirekt vermittelt, was der Inhalt der Unterhaltung sein wird. Er kann daher mögliche Probleme herausarbeiten und eigeninitiativ bis zum Jahresendgespräch lösen, und zwar bevor das Gespräch stattfindet. Wenn neben dem Franchisenehmer auch die Geschäftsführung und ein Rechtsbeistand geladen werden, kann er davon ausgehen, dass das Gespräch möglicherweise nicht zu seinen Gunsten verlaufen wird. Er wird sich daher stark bemühen, seine Probleme bis zu dem angegebenen Termin zu lösen und seine Zielvorgaben zu erreichen. Diese Teilnehmerliste kann auch motivierend wirken, denn wenn kein Rechtsanwalt, sondern zum Beispiel ein Expansionsleiter geladen wird, kann der Franchisenehmer davon ausgehen, dass er gute Arbeit leistet und sein Franchisenetzwerk weiter ausbauen kann.

Beispiel

An alle Franchisenehmer:

Termine Jahresendgespräch

Beispiel, 15.06.2014

Sehr geehrte Damen und Herren,

nachfolgend erhalten Sie alle Termine zum Jahresendgespräch des Geschäftsjahres 2014 im Zeitraum von 15.01.2015 bis 31.01.2015. Wir bitten Sie, Ihren Termin bis zum 15.07.2014 schriftlich per Mail zu bestätigen.

Die Halbjahresgespräche sind alle mit Ihrem Franchiseberater bis zum 15.07.2014 abgeschlossen

Gegenstand der Gespräche:

- Plan Ziererreichung – Vorgabe Planung 2014
- LKM-Maßnahmen und Aktivitäten in Ihrer Region
- Weiterentwicklung und Perspektiven in 3-Jahres-Planung
- Besuchsberichte und Aktivitäten
- Mystery Customer und Systemchecks – Analyse und Status
- Investitionen, Renovierung
- Personalentwicklung, Training der Systemgrundlagen
- Vertragsinhalte, Verpflichtungen Franchisegeber und Franchisenehmer
- Zusammenarbeit und Feedback 2014

Termine:

Termin: 15.01.2015 Uhrzeit: 15.00 Uhr – 16.30 Uhr

301 Sachsenhausen, 352 Grunzell, 396 Sigmarshausen: Franchisenehmer: Herr Mustermann

- Teilnehmer: Rechtsanwalt: Herr Müllberger, Geschäftsführer Herr Matbei, Franchiseberater: Herr Groß

Termin: 15.01.2015 Uhrzeit: 16.30 Uhr – 18.00 Uhr

256 Röhntal, 278 Grindle, 302 Kalim: Franchisenehmer: Frau Musterfrau

- Teilnehmer: Vertriebsleiter Herr Simel, Expansionsleiterin Frau Grün, Franchiseberater: Herr Groß

▶   Jedes individuelle Unternehmen verfügt über seine eigene Sprache mittels Kennzahlen und Benchmarks, die zur Analyse der Operative und des Vertriebs dienen. Es bietet sich an, diese Informationen und Kennzahlen in einem „Cockpitsystem" zusammenzustellen, um damit die Ergebnisse aus allen Regionen und Gebieten greifbar zu machen. Kennzahlen, Vertragsinhalte, LKM-Marketing und die Systemtreue sowie die Umsetzung der Systemvorgaben sind der Hauptgegenstand und somit auch der eigentliche Inhalt eines Jahresendgesprächs. Diese Dokumente liegen beiden Vertragspartnern vor und haben Einfluss auf die Diskussion (vgl. Abb. 11.1).

11.3   Zwischenbilanz im Halbjahresgespräch zur Systemsteuerung

Nachdem am Ende des Vorjahres der Franchiseberater mit seinen Franchisenehmern die Jahresziele pro Standort festgelegt hatte, findet inmitten des laufenden Geschäftsjahres das Halbjahresgespräch statt. Dieses Gespräch kann auch als Vorab-Review betrachtet werden, da sich bei diesen Gespräch vorerst nur der Franchiseberater mit dem Franchisenehmer trifft, um die momentane Situation zu besprechen.

Ziel des Halbjahresgesprächs ist es herauszufinden, ob der Franchisenehmer in der Lage ist, die abgesteckten Ziele für das laufende Jahr zu erreichen. Stellt sich nun an diesem Punkt heraus, dass es Probleme mit der Zielerreichung geben wird, so ist der Franchiseberater in der Position, den Franchisenehmer mit Lösungsstellungen zu unterstützen. Der Franchiseberater verfügt über „Best Practice"-Erfahrungen aus seinem Gebiet und kann somit dem Franchisenehmer Wege aufweisen, wie er seine Ziele erreichen kann. Der Franchiseberater geht alle Punkte, die im Jahresgespräch begleitend sind, mit dem Franchisenehmer durch. LKM-Maßnahmen und Investitionen werden überprüft und Kennzahlen abgeglichen. Gerade in der Umsatzentwicklung können Maßnahmen in den letzten sechs Monaten gezielt eingesetzt werden, wenn in dessen Zusammensetzung Gefahr droht, die gesteckten Ziele nicht zu erreichen. Der Franchiseberater nutzt dieses Gespräch

Das Jahresendgespräch sollte hinsichtlich der Terminierung und der Ausführung hohe Priorität haben. Insofern ist es erforderlich, die Durchführung exakt zu planen. Hier ein Planungsbeispiel.

Hinweisspalte

Januar bis Februar 2015

Endjahresgespräch

Teilnehmer geben Hinweis auf Gesprächsrichtung.

Gesprächsinhalt
- ✓ Zielerreichung, G&V-Kennzahlen, Entwicklung der Region
- ✓ Kennzahlen Standorte
- ✓ Besuchsberichte Aktionsplan, Checks, Audit
- ✓ LKM und Aktivitäten Franchisenehmer
- ✓ Zielsetzung , Entwicklung Franchisenehmer
- ✓ Zusammenarbeit und Erwartungen

Oktober 2014 Einladung Jahresendgespräch mit Teilnehmer

Juni 2014

Halbjahresgespräch

- ✓ Dieses Gespräch sollte gerade für den Franchisenehmer richtungweisend sein, um ihm die Möglichkeit zu geben, Aktionen zur Planerfüllung mit seinem Franchiseberater zu erarbeiten. Status Zielplanung und Erreichung.

Gespräch korrigiert Richtung, zeigt eventuelle Konsequenzen oder auch Chancen auf.

November 2013

Terminierung der Halbjahresgespräche und Jahresendgespräche

- ✓ Dem Franchisenehmer werden die Termine für das Halbjahresgespräch und Jahresendgespräch 2014 mitgeteilt.
- ✓ Zielplanung 2014 ist abgeschlossen.

Leitfaden zur Durchführung und Vorbereitung

laufendes Geschäftsjahr 2014

Vorjahr 2013

Abb. 11.1 Struktur und Termine des Jahresgesprächs

auch, um den Franchisenehmer in seinen Expansionsgedanken zu unterstützen. Er gibt seinem Franchisenehmer Feedback, wie er sich auf ein positives und gewinnbringendes Jahresendgespräch vorbereiten kann.

▶   Der Franchiseberater sollte angehalten werden, alle Gespräche schriftlich fest-
    zuhalten. Gesprächsprotokolle, Aktennotizen. Aktionsplanungen und Hinweise
    gehören alle in die Franchisenehmerakte, die ein grundlegender Bestandteil
    des Jahresendgesprächs ist (vgl. Abb. 11.2).

▶   Nimmt laut Einladungsliste beispielsweise der Bereichsleiter Franchise und ein
    Bereichsleiter Expansion an einem Jahresgespräch teil, wertet diese Tatsache
    bereits im Vorfeld des Gesprächs den Franchisenehmer auf, der das positive
    Zeichen erkennt, um beispielsweise über eine Expansion zu sprechen. Stimmt
    der Franchisegeber zu, dass zu dem Jahresendgespräch geschäftsführende Mit-
    arbeiter, eventuell sogar anwaltlich unterstützt, anwesend sein werden, deutet
    der Franchisenehmer im Vorfeld dieses Gespräches dieses Signal richtig, dass
    es möglicherweise um die grundsätzliche Frage nach der weiteren Zusammen-
    arbeit gehen könnte. Eine Einladung und ein bestimmtes Gremium können
    gesprächslenkend sein und im System für die nötige Kommunikation sorgen.

Der Aufbau einer Franchisenehmer -Akte sollte auch als Leitfaden zur Gesprächsführung dienen. Somit sind beiden Parteien die Gesprächsinhalte vorher bekannt, und man kann sich auf die Gespräche vorbereiten.

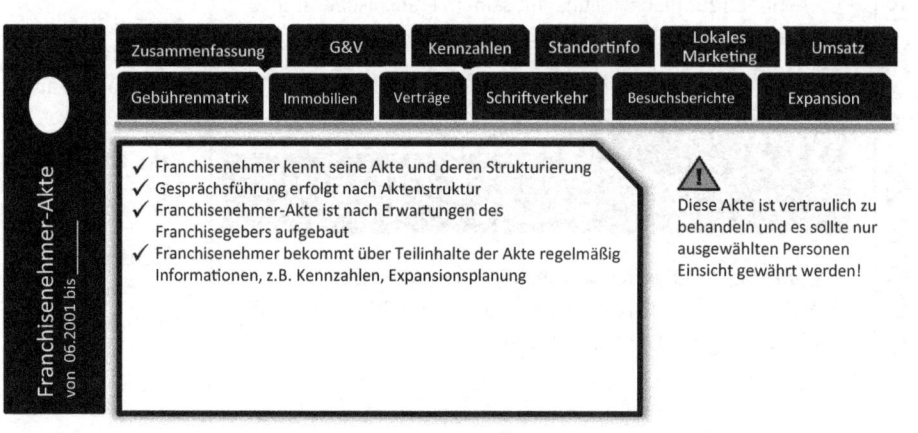

Abb. 11.2 Aufbau einer Franchisenehmer-Akte

Expansionsplanung

Eine Expansion ist immer abhänging von der Unternehmensstrategie oder Fokussierung des Franchisegebers beziehungsweise der Investoren oder Inhaber der Franchisemarke. Im Franchisesystem ist eine Expansion auch von der Rekrutierung von Franchisenehmern abhängig. Eine Rekrutierung wird erfolgreich sein, wenn ein Franchisesystem die geforderten unternehmerischen Parameter erfüllt, damit ein Unternehmer auch investiert. Es gibt viel gute Franchisesysteme, die mit ihren Franchiseideen bei einer Expansion scheitern, weil die Investionen in keinem Verhälnis zum Umsatz stehen oder die geforderten Parameter wie ROI oder Unternehmergewinn nicht erfüllt werden.

Die Expansion einer erfolgreichen Franchisemarke im Mutterland muss nicht unbedingt vergleichbar mit der Expansion in anderen Ländern oder deren Akzeptanz beim Kunden sein. Religiöse oder kultturelle Einflüsse können das Expansionskozept, aber auch die Systemgrundlagen verändern und die geplante Expansionsstrategie verlangsamen oder auch komplett zurückfahren.

Unterschiedliche Länder bringen unterschiedliche Kundenverhalten an den Tag, aber auch andere Regeln bei der Anmietung von Immobilien oder abweichende Regeln für das Baurecht. Investitionen sind hier auf dem Prüfstand zu stellen. Einer Expansionsplanung sollte immer eine Machbarkeitsstudie vorausgehen sowie eine Konzeptanpassung an die jeweilige Kultur und die Anforderungen der Kunden. Erst wenn alle Entwicklungs- und Investionskosten neu berechnet wurden, lässt sich sagen, inwieweit eine Expansion möglich ist. Anschließend kann eine Expansionstrategie stadt-, regions- oder länderbezogen festgelegt werden.

▶ Ein Unternehmen, das im internationalen Umfeld expandieren möchte, ist gut beraten, eine breitere Recherche in den Ländern durchzuführen, in die es expandieren möchte, denn jedes Land bietet andere Möglichkeiten und Hindernisse, die schnell zu erkennen sind. Gerade unterschiedliche Kulturen, Reli-

© Springer Fachmedien Wiesbaden 2015
H. Riedl, C. Schwenken, *Praxisleitfaden Franchising*,
DOI 10.1007/978-3-658-04697-2_12

gionen, aber auch logistische Fragen sind im Rahmen einer Expansion durch Franchising zu berücksichtigen. Auch finanzielle Investitionen oder fremde politische und juristische Gegebenheiten halten viele Unternehmen davon ab, in bestimmte Märkte bzw. Länder vorzudringen. Ein Franchisekonzept, das international erfolgreich sein will, berücksichtigt diese länderspezifischen Besonderheiten und baut sie in ihre strategische Ausrichtung mit ein.

12.1 Nationale und internationale Länderbewertung

Die Entscheidung für eine Franchiseexpansion sollte in keinem Unternehmen eine Bauchentscheidung sein. Zu den Grundlagen für eine erfolgreiche Expansion gehören eine Marktanalyse, eine Machbarkeitsstudie und ein Überblick über die Investitionskosten. Auf Basis dieses Wissens wird eine Franchisenehmer-Bedarfsanalyse erstellt, die darlegt, wie viele Franchisenehmer benötigt werden und welche Franchisestruktur welchem Gebiet zugeordnet werden sollte. Eine Strategie zur Rekrutierung von Franchisenehmern ist in diesem Zusammenhang genauso wichtig wie die grundlegende Entscheidung der Standortbeschaffung. Wer mietet an? Wer ist der Hauptmieter? Wird die Immobilie vom Franchisegeber gekauft? Vor- und Nachteile im Hinblick auf einen Immobilienkauf oder einen Miet-/Pachtvertrag sind ebenfalls abzuwägen. Diese Entscheidungen haben unterschiedliche Auswirkungen auf die Inhalte des Franchisevertrages sowie die strategische Ausrichtung der Expansion.

Grundsätzlich gibt der Franchisegeber vor, wie er sich die strategische Ausrichtung seines Unternehmens gerade im Hinblick auf die Expansion vorstellt (vgl. Abb. 12.1).

Ein Expansionsplan sollte mit einem Drei-Jahres-Ziel aufgebaut werden. Er beinhaltet die geplanten Standorte nach Anzahl, Konzeptgröße und Eröffnungsterminen, die den Regionen zugeordnet werden. Für jeden Standort wird ein Eröffnungstermin festgelegt, die geöffneten Monate werden zum Jahresende gezählt und die neuen Umsätze in die Kalkulation des Franchiseunternehmens mit eingerechnet. Man spricht hier von den Umsatzleistungen der eröffneten Monate pro Standort, auch Opening Months.

Auch eine Auflistung von Standortoptionen und deren Verhandlungs- und Vertragsstatus gehört zu einer Expansionsplanung. Standorte, die zwar geplant sind, über die jedoch noch nicht konkret verhandelt wird, dienen ebenso dazu, den Standort nicht aus den Augen zu verlieren und stetig weiter nach Möglichkeiten zu suchen, um Ansätze zur Verhandlung zu finden (vgl. Abb. 12.2).

Auf der Basis des Expansionsplanes entsteht der Rekrutierungsplan für Franchisenehmer. Anhand der Eröffnungstermine werden rückrechnend Franchisenehmer nach Regionen, Gebieten, Befähigung und Kapitalanforderung gesucht und rekrutiert. Mitarbeiter werden zum richtigen Zeitpunkt eingestellt, damit Training und Ausbildung entsprechend den Systemanforderungen umgesetzt werden können.

Eine Expanionsplanung ist eine Entscheidungsvorlage und eine Richtungsanzeige, wie die Unternehmensstrategie aufgebaut wird. Ziel ist es , wie in einem Trichter, alle Informationen einzusammeln und diese zu filtern, um eine bestmögliche Entscheidungshilfe zu erarbeiten.

Expansionsplan

✓ Regionen/Gebiete
✓ Standorte nach Konzept
✓ Eröffnungen in Monaten
   und 1-bis-3-Jahresplanung
✓ Immobilienvorlauf 1 bis 3 Jahre
✓ Verträge unterschrieben Ranking
✓ Verträge in Verhandlung Ranking
✓ Öffnungsmonate zum Umsatz

**Bedarfsplanung
FN-Mitarbeiter**

✓ Franchisenehmer nach Struktur
✓ Franchisenehmer nach Regionen
   - Management-Bedarf
   - Rekrutierungszeitraum
   - Eröffnungsplanung
   - Trainings-Bedarf/Zeitraum

Hinweisspalte

Rekrutierungsstrategie
beeinflusst die
Expansion

Rechtliche Vorgaben
beachten!

➢ Produktsicherheit
➢ Vertragsrecht
➢ Umweltschutz
➢ Baurecht
➢ Lebensmittelrecht
➢ Arbeitssicherheit
➢ Arbeitsrecht
➢ Religion - Kultur
➢ Mietrecht
➢ Franchiserecht
➢ Steuerrecht
➢ Recht im Allgemeinen

Rekrutierungsstrategie
✓ Standorte
✓ Franchisenehmer

Entscheidungsvorlage

Machbarkeitsanalyse

Das Baurecht
variiert auch in
den Bundesländern

✓ Potenzial an Standorten
✓ Mitbewerberanalyse
✓ Umsatzplanung
✓ Investitionsplanung
✓ Entwicklungskosten

✓ Risikoanalyse
✓ Lieferanten-Analyse
✓ rechtliche Grundlagen
✓ polit. Ausgangslage
✓ Landesentwicklung

✓ außerordentliche
   Gegebenheiten
✓ Zielgruppen
✓ Kennzahlen des Landes

Abb. 12.1 Nationale und internationale Expansion

▶   Bei einer internationalen Expansion ist es wichtig, dass Franchiseverträge von international versierten Franchise-Rechtsanwälten mit entsprechenden juristischen Kenntnissen des Ziellandes und Erfahrungen in diesen Märkten durchgeführt werden. Handbücher und Prozessinformationen müssen den arbeitsrechtlichen und allgemeinen Gesetzen, Sicherheitsvorschriften, Kul-

Im Zuge einer Expansion ist eine standardisierte Standortplanung von Vorteil. Eine Kennzahlenmatrix gibt die Erhebungsdaten vor und ein Raster zeigt dem Nutzer die Vorgehensweise. Gerade zur Analyse entsteht somit eine einheitliche Vorgehensweise für eine optimierte Entscheidungsvorlage.

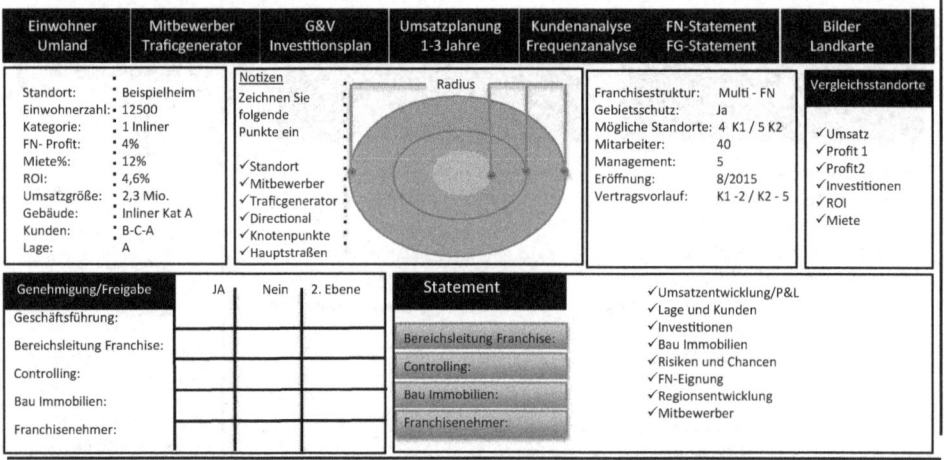

Abb. 12.2 Eine standardisierte Standortplanung

turen, Religionen und den Kunden angepasst werden. Franchiserechtliche Besonderheiten im zukünftigen Expansionsland werden oft anders ausgelegt als im Ursprungsland. Themen wie vorvertragliche Aufklärung, Haftung gegenüber Aussagen und Kennzahlen, Zoll-Einfuhrbestimmungen, Lebensmittelgesetze sowie steuerrechtliche Aspekte sind zu beachten und sind nur ein kleiner Teil der zu beachtenden Fallstricke. Zahlreiche Länder haben unterschiedliche gesetzliche Regelungen, die bei der Expansion unbedingt zu beachten sind. Auch operativ sollte in Betracht gezogen werden, eine im Expansionsland integrierte Beratungsgesellschaft zur Systemanpassung mit einzubinden. Die Systemanpassung beinhaltet: Produktanpassung, Anpassung der Prozessabläufe an die dortigen Anforderungen sowie das Finden von Lieferanten, Produzenten und Dienstleistern im jeweiligen Expansionsland.

12.1.1 Kriterien zur Risikobewertung von Franchisestandorten

Ein strategisch ausgerichteter Expansionsplan sieht eine Standardisierung bei der Wahl der Immobilien vor und regelt damit auch die Kriterien für die Bewertung des Standorts und der Lage der infrage kommenden Immobilie. Franchisegeber greifen gerne mittels Geomarketing und einer Städteanalyse bereits im Vorfeld ihrer Entscheidung auf wichtige Kriterien zurück. So bieten detaillierte Darstellungen der Straßenzüge mit Informationen über Mitbewerber, Kaufkraft und „Traffic" die dringend benötigte Informationsfülle.

Kennzahlenunterstützt können sich so die Vertragsparteien für eine Idealkonstellation eines Standortes entscheiden und das Potenzial und die Risiken eines jeden Standortes objektiv einschätzen. Ein Expansions- und Standortplan gibt damit Auskunft über die Kriterien für den Standort, dessen Lage, die Franchisenehmerauswahl, die Investitionsstrategie und die Höhe des Mitarbeiterbedarfs.

Bei unterschiedlichen Standortmodulen sollte die Konzeptgröße entsprechend dem regionalen Bedarf gewählt werden. Eine Marktübersättigung kann vermieden werden, eine fehlerhafte Standortwahl bedeutet trotz größter Vorsicht ein Restrisiko. Gerade deshalb sollte der Franchisegeber eine Standort- und Ergebniskalkulation immer spiegeln. Beide Vertragspartner, also der Franchisegeber und der Franchisenehmer, sollten unabhängig voneinander und aus der jeweiligen Perspektive eine Standortkalkulation nach Umsatz und Kennzahlen erstellen und diese nach einen vorgegebenen Raster mit bereits bestehenden Standorten des Franchisegebers ausarbeiten und vergleichbar machen (vgl. Abb. 12.3). Der Franchisegeber seinerseits sollte Vergleichswerte und *nachweisliche Kennzahlen* aus Vergleichsstandorten bereithalten und diese dem Franchisenehmer *unverbindlich* zur Verfügung stellen. Diese Vergleichswerte und Kalkulationen sollten transparent sein, damit gewonnene Erkenntnisse und Ergebnisse hinterfragt werden können. Die Umsatzerwartung des Franchisenehmers kann unter- oder übertroffen werden. Aufgrund der Vergleichbarkeit kann eine detaillierte Analyse zu den Abweichungen erfolgen und Korrekturen durchgeführt werden. Ein Franchisegeber sollte zum Vertragsabschluss darauf hinweisen, dass die Standortkalkulation des Franchisenehmers ohne Einfluss des Franchisegebers erfolgt ist und die Kennzahlen des Franchisegebers lediglich als Richtwerte gelten, die an

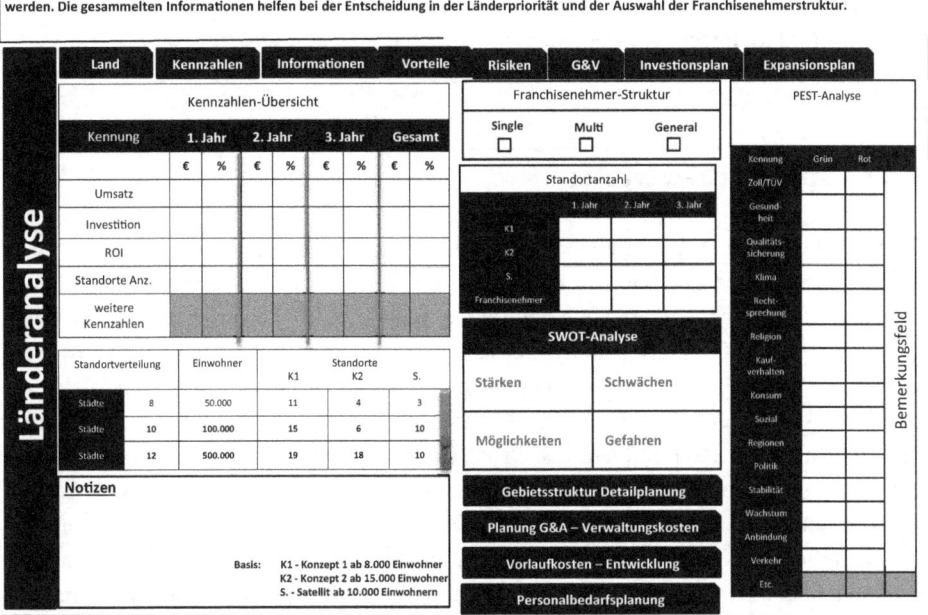

Abb. 12.3 Länderanalyse für Expansionsplanung

den Vergleichsstandorten erwirtschaftet wurden. Der Franchisegeber entzieht sich damit einer eventuellen Haftung.

▶   Einzelfälle von Franchiseunternehmen neigen bei der Gewinnung von neuen Franchisenehmern dazu, Kennzahlen zu optimieren und fantasievoll zu kommunizieren. Kennzahlen werden an den Franchisenehmer weitergegeben ohne Nachweis auf deren Richtigkeit. Hinter diesem Vorgehen verbirgt sich die Gefahr, dass der Franchisegeber anhand falscher Vorgaben vom Franchisenehmer in Haftung genommen wird! Daher ist es von großer Wichtigkeit, dass der Franchisenehmer die Standortbewertungen sowie Machbarkeitsstudien eigenständig anfertigt. Der Franchisegeber stellt hierzu nachvollziehbare und unverbindliche Kennzahlen und ein Analyseraster zur Verfügung. Eine Rentabilitätsberechnung für den Standort wird *ausschließlich vom Franchisenehmer* erstellt. Zur Vergleichbarkeit kann ein Franchisegeber dem Franchisenehmer eine unverbindliche Berechnungsmatrix zur Verfügung stellen. Im Nachhinein steht es dem Franchisegeber immer frei, Stellung zu den Abweichungen und Differenzen beider Analysen zu nehmen und anhand der Zahlen den Standort als Franchisestandort abzulehnen oder zu genehmigen.
Wichtig: Der Franchisegeber gibt nur *nachvollziehbare Kennzahlen* heraus. Umsatzerwartungen zum neuen Standort werden vom Franchisegeber nicht weitergegeben, lediglich Vergleichsstandorte mit Daten zu Lage, Größe und Einwohnerzahl, die vergleichbare Umsätze erzielen. Der Franchisegeber stellt im Vertrag sicher, dass die Kalkulation-G&V vom Franchisenehmer erstellt wurde und lediglich vom Franchisegeber erwirtschaftete Vergleichswerte zur Verfügung gestellt wurden. So entzieht sich der Franchisegeber einer Haftung bezüglich der Umsatzerwartungen.

12.2 Standortbewertung

Gleichwohl hat der Franchisegeber aufgrund seiner Ergebniserfassung in seiner Kennzahlenmatrix an den Vergleichsstandorten häufig eine exakte Vorstellung, wie der Umsatz des neuen Franchisenehmers ausfallen dürfte. Standorte können nach Lage, Einwohnerzahl, frei stehende Standorte, auch „Freestander" oder Innenstadtlagen genannt, geclustert werden. Je nach Branche gibt es hier mehrere Eckpunkte, die in eine Vergleichbarkeit einfließen können. Aus Kundenlauf und Traffic können Besucherzahlen errechnet werden, und die Kaufkraft zeigt auf, wie die Produkte an Akzeptanz gewinnen. Auch operative Erkenntnisse fließen in eine Standortbewertung mit ein. Es nützt nichts, wenn für einen Standort um 12.00 Uhr eine Anzahl von 100 Kunden errechnet wird, wenn Sie um diese Zeit lediglich 30 Kunden mit Ihrem Service in den Ihnen vorliegenden Räumlichkeiten bedienen können. Umsatzerwartungen anhand von Kundenzahlen auf Stunden umgerechnet zeigen die Auslastung des geplanten Franchisestandortes. Umsatzschwache Zeiten sind Kostenfresser, auch sie gehören in der Standortplanung berücksichtigt. Parkplätze,

Fensterfront oder Werbegenehmigungen können umsatzentscheidend sein und beeinflussen den Kundenstrom enorm. Egal, welche Branche eine Standortbewertung vornimmt, es sollte immer die Kundengewinnung im Vordergrund stehen. Kennzahlen sollten in einer G&V festgehalten werden und für den Franchisestandort mindestens ein Drei-Jahres-Plan erstellt werden. Informationen zur Städteentwicklung und Nachbarschaftsanalyse sind ein Muss in jeder Kalkulation.

▶   Eine standardisierte Standortbewertung hilft dem Franchisegeber, eine Vorentscheidung zu treffen. Eine Detailanalyse kann nicht hundertprozentig standardisiert sein, da Einflüsse variabel sind und auch operative Gegebenheiten ausschlaggebend für eine ergebnisorientierte Standortplanung sind. Eine Spiegelung von Standortanalysen ist immer von Vorteil, da mehrere Ergebnisse verglichen werden und Abweichungen im Detail bearbeitet werden.

12.3 Anmietung oder Kauf von Standorten/Immobilien

Der Abschluss eines Mietvertrages reduziert das Risiko für den Franchisegeber oder den Franchisenehmer und stellt im Gegensatz zu einer teuren Kauf-Immobilienfinanzierung eine kapitalschonende Strategie dar. Bei der Wahl, ob der Franchisenehmer oder der Franchisegeber Partei des Mietvertrages werden soll, erscheint es dem Franchisegeber häufig logisch und klug, den Franchisenehmer als Mieter zu bestimmen. Dieser Weg ist jedoch nicht risikolos.

Ist der Franchisenehmer der Hauptmieter der Immobilie, möchten wir Ihnen anhand eines Beispiels das Risiko aufzeigen, das bei einer solchen strategischen Ausrichtung entstehen kann.

Beispiel

Das Franchiseunternehmen ist in der Modebranche tätig. Der Franchisebetrieb, eine Modeboutique, ist der einzige Standort des Franchiseunternehmens in der Region. Die Marke ist im Markt bereits positioniert, die Außenwerbung ist nicht zuletzt aufgrund der optischen Gestaltung der Marke im Kundenkreis eingeführt und bekannt. In unserem Beispielfall handelt es sich um den Namen Roselina, dargestellt in blauen und orangefarbenen Lettern. Die Inneneinrichtung ist ebenfalls in den gewählten Farben der Marke gestaltet.

Zwischen den Vertragsparteien kommt es zu Streitigkeiten, etwa weil die vorgegebenen Standards nicht vertragskonform umgesetzt werden. Der Franchisegeber greift zu Abmahnungen und möchte sich zuletzt von seinem Franchisenehmer trennen. In der Konsequenz kündigt der Franchisegeber dem Franchisenehmer die Franchiselizenz.

Vom Franchisevertrag gekündigt darf der Franchisenehmer die Marke nun nicht mehr vertreiben und zahlt folglich auch keine Franchisegebühren mehr, allerdings kann er die Immobilie seines ehemaligen Standortes behalten, da er Hauptmieter ist.

Nach Vertragsende mit dem Franchisegeber kreiert der ehemalige Franchisenehmer seine eigene „Marke". Die neue Marke wird von „Roselina" in „Rosina" umgetauft, während er die eingeführte Farbgestaltung in Blau und Orange belässt und lediglich auf dem „i" der neuen Marke „Rosina" eine stilisierte Sonne platziert.

Der neuen Markeninhaber bezweckt damit, dass die Kundschaft die Veränderungen möglicherweise gar nicht bemerkt. Ferner hofft er, auch künftig von der Markenpräsenz seines ehemaligen Franchisegebers, also von der Marke „Roselina", zu profitieren.

Für den ehemaligen Franchisegeber ergibt sich ein erheblicher Nachteil, da er seine, von ihm für gut befundene Lage, in der Region an seinen neuen Mitstreiter, seinem ehemaligen Franchisenehmer, verloren hat und keine Möglichkeit hat, sie sich zurückzuholen.

Fällt dann der ehemalige Mitstreiter noch durch einen schlechten Service im Kundenkreis auf, stellt sich bei den Kunden häufig die Vorstellung ein, die eingeführte Franchisemarke habe an Leistungskraft eingebüßt, und irrtümlicherweise wird dies dem ehemaligen Franchisegeber negativ angerechnet. So kann sich eine neue Marke an einem ehemaligen Franchisesystem bereichern und es gleichzeitig schädigen.

▶   Oft ist es besser, Immobilien als Franchisegeber selbst anzumieten und die Mietdauer mit der Laufzeit des Franchisevertrages zu verknüpfen. Auch die Risiken der dadurch entstehenden Haftung bei Anmietung und der Folgekosten durch möglichen Leerstand sollten abgewogen werden, wobei sich gute Standorte oft weiter vermieten lassen, womit finanzielle Mietverluste abgewendet werden können.

Im letzten Beispiel kann der Franchisegeber als Mieter der Immobilie seinem Franchisenehmer den Franchisevertrag kündigen, ohne Angst haben zu müssen, seinen Standort an den Franchisenehmer zu verlieren, da zur gleichen Zeit auch der Untermietvertrag für den Standort des betroffenen Franchisenehmers gekündigt wird.

Regelt der Franchisevertrag eine für diesen Fall vorgesehene Ablöseregelung, geht das Eigentum an dem Inventar an den Franchisegeber über. Der Franchisegeber hat nunmehr die Hoheit über seinen Standort und kann auf die Suche nach einem neuen Franchisenehmer gehen, um den Standort unter einer neuen Führung neu zu besetzen. Unbeschadet dessen ist eine gute Immobilie in einer Top-Lage stets untervermietbar. Die Vorteile für den Franchisegeber liegen damit auf der Hand, sodass ihm stets anzuraten ist, als Franchisegeber die Immobilie selbst anzumieten.

Der Kauf eines Grundstückes oder einer Immobilie ist im Franchisegeschäft eine hochinteressante Lösung, jedoch von Konzept, Branche und Strategie der Investoren her unterschiedlich zu handhaben und mit Risiken behaftet. Ein Standort in der Innenstadtlage ist häufig besser im Rahmen einer Anmietung zu nutzen, da bei einem Kauf die Investitionskosten und die Umbauten den Investitionsrahmen sprengen könnten. Bei einem Konzept für Randlagen oder Ausfallstraßen sollte eher ein Kauf erwogen werden, da es sicherlich interessant ist, Immobilien zu kaufen, zu bauen und diese an die Franchisenehmer zu vermieten. Dies ist aber eine Grundsatzentscheidung, je nachdem, wie Franchisegeber oder Investoren ihr Kapital investieren möchten.

Zu beachten sind aber die Chancen einer Weitervermietung eines Standortes, die oft an Randgebieten nicht gegeben sind. Somit besteht die Gefahr besteht, dass der Franchisegeber sich mit einer unbenutzten Immobilie belastet. Bei einem jungen, wachsenden Franchisesystem, das in seinen Umsätzen stark schwankt, sollte man einen Kauf wohl

Eine Immobiliencheckliste und ein Bewertungsmodul sollten auf das
jeweilige Franchisesystem abgestimmt und standardisiert sein.

Inhalte einer Immobiliencheckliste		Hinweisspalte
Standorte		
Freeständer/Einzelstandorte – Filialgrößen	o	Die Checkliste ist für:
Innenstadtlage – Bezeichnung für Kategorisierung	o	- Franchisenehmer
Satelliteneinheit – kleine Module	o	- Immobilien-Makler
Bahnhöfe	o	- intern
Einkaufszentren	o	
Fußgängerzonen	o	
Randgebiete	o	
Stadtkern	o	
Hauptverkehrsstraßen	o	
Industriegebiete	o	
Bau – Immobilie		
Rückbauverpflichtung	o	
Investition Hausherr, Franchisegeber und Franchisenehmer	o	
Konzession in welchen Umfang, Produktangebot, Öffnungszeiten, Einschränkungen	o	
Vetragslaufzeit und Optionen für Verlängerung	o	
Abschlagszahlung -Ablöse	o	
Grundstück – Kontamination	o	
Standort-Gegebenheiten		
Parkplätze vorhanden, Anzahl, Erreichbarkeit	o	Es gibt fertige
Bahn und Busstation, öffentliche Verkehrsmittel	o	Kartenmaterialien
Fensterfront: Breite, Sichtbarkeit	o	mit den Haupt-
Terrasse vorhanden, Sichtbarkeit	o	verkehrsstraßen
Fußgängerweg: Breite, Trafficgenerator	o	und deren ansässigen
Parkplätze – Ablöse, Anzahl, Sichtbarkeit	o	Betrieben; unterteilt in
Nebenräume und Nutzungsmöglichkeit	o	Handelsflächen,
Bauverordnung und deren Anforderung z.B. Toiletten, Notausgang, Werbegenehmigung	o	Büroflächen inkl. Trafficgeneratoren und Kennzahlen.

Abb. 12.4 Immobiliencheckliste

Gestalten Sie Vorlagen zur einheitlichen Berechnung von Kennzahlen.

Standort Gegebenheiten
Sicherheit und Instandhaltungsmaßnahmen   o
Vorschriften/Auflagen Gemeinde – Stadt   o
Denkmalschutz   o
Lüftungsanlagenbau – Kosten und Möglichkeiten   o
Personalräume nach gesetzlichen Vorschriften   o
Lokale Infrastruktur   o

Werbeflächen
Fassadenwerbung   o
Werbereiter – Ausleger   o
Gehweg-Aufsteller, Dekormittel   o
Denkmalschutz   o
Eingangstüre/Glasfront   o
Werbeflächen – Möglichkeiten im Umfeld   o
Direction – Wegweiser im Radius möglich   o
Abwasserverordnung (Gastronomie , Eisproduktion usw.)   o
Hebeanlage Heizung – Unterhaltskosten   o
Markise möglich?   o
Fahnen oder Pylon genehmigungsfähig   o

Technik
Abwasserverordnung   o
Müllentsorgung   o
Heizung   o
Lüftungsanlagen   o
Elektroversorgung   o

Notizen:
                                                           o
                                                           o

 Hinweisspalte

Immer die zuständige
Bauordnung erfragen.
Gerade die
Überprüfung
der Werbevorschriften
ist notwendig,
da Werbung umsatz-
relevante Bedeutung
hat.

Abwasser und Energie:
Je nach Branche und
Region können
unterschiedliche
Sondergebühren
Anfallen.

Abb. 12.4 (Fortsetzung)

Kennzahlen zur Standortbemessung und Kalkulation	
Fußgänger, im Lauf nach Stunden	o
PKW pro Straßenseite	o
Abschöpfung pro Kunde/PKW pro Stunden	o
Mitbewerber im Umkreis	o
Kundenanzahl von Mitbewerber pro Stunde	o
Warenbestückung bei Mitbewerber	o
Hochwertigkeit der Warenbestückung von Mitbewerber	o
Wie viele Kassen werden benötigt, um Kunden pro Stunde zu bedienen?	o
Parkplätze in Reichweite – Parkhaus	o
Kaufkraft im Umfeld und Umland	
Pro-Kopf-Einkommen in Umfeld und Umland	o
Industrie, Großunternehmen, Einzelhandel im Umfeld	o
Wachstum in der Region	o
Immobilienentwicklung der letzten 3 Jahre	o
Flächenumsatz bei Mitbewerber u. Plan	o
Flächenproduktivität bei Mitbewerber u. Plan	o
Durchschnittliche Standortgröße	o
Vergleichsstandorte	o
Arbeitslosigkeit	o
Durchschnittslohn pro Kopf	o
Stundenlohn pro Mitarbeiter	o
Produktivität pro Mitarbeiter	o
Auslastung der Mieteinheit Stunden zum Umsatz	o
Umsatz pro Kunde/pro Stunde	o
Anzahl der Belege/Transaktionen pro Stunde	o
Prozentuale Miete zum Umsatz	o

Hinweisspalte

Es gibt fertige
Kartenmaterialien
mit den Haupt-
Verkehrsstraßen
und deren ansässigen
Betrieben; unterteilt in
Handelsflächen,
Büroflächen inkl.
Trafficgeneratoren
und Kennzahlen.

Abb. 12.4 (Fortsetzung)

überdenken, da hier die Rentabilität und somit die Wirtschaftlichkeit des Franchisestandortes in Frage steht (vgl. Abb. 12.4).

Gelingen kann die wirtschaftliche Strategie, eine Immobilie zu erwerben, insbesondere
dann, wenn dem Kauf eine detaillierte Investitionsrechnung und eine Risikoanalyse voran-
gehen. Es sollte auch nicht unerwähnt bleiben, dass der Franchisegeber aus den Gewinnen
aus der Untervermietung eine „Hilfsrückstellung" für seine Franchisenehmer bilden kann.

Kommt beispielsweise dann ein Franchisenehmer unverschuldet in finanzielle Be-
drängnis, kann der Franchisegeber auf diesem „Topf" zurückgreifen und Mietnachlässe
bzw. Mieterlasse gewähren.

▶   Die Voraussetzung für den Kauf einer Immobilie ist ein sicheres und kalkulier-
     bares Franchisesystem, in dem der Mietzins im Vorfeld festgelegt werden kann
     und die Investitionskosten für den Kauf gesichert sind. Es hat schon mehrere
     Franchisesysteme gegeben, die lediglich das Ziel hatten, Immobilien zu erwer-
     ben, und die am Ende ihre Betreiber, die als Franchisenehmer agierten, zu
     erfolgreichen Unternehmern machten. Das Ziel war hier, die Betreiber erfolg-
     reich an das System zu binden, damit sich der Franchisegeber auf eine rasante
     und erfolgreiche Expansion fokussieren kann.

Was braucht man für ein Franchisesystem? 13

Junge Unternehmer oder Unternehmen mit einem Mehrfilialsystem, die in Eigenregie ein erfolgreiches Konzept betreiben, erwägen, ihr Konzept zu multiplizieren. Nicht selten denkt man dann bei einer Expansion über ein Franchisemodell nach.

Da ein Franchisesystem sich in Bezug auf seine Struktur und Führung von einem klassischen Unternehmen, das seinen Standort in Eigenregie führt, unterscheidet, müssen das Führungsverhalten und die Unternehmensphilosophie sowie die Organisation der Fachbereiche den Anforderungen eines Franchisesystems angepasst werden.

Eine solche Umstellung im Führungsverhalten zur Zentrale eines Franchisegebers birgt oft die größte Veränderung, denn man verliert die direkte Weisungsbefugnis auf die Mitarbeiter: Sie sind nun dem Franchisenehmer zugeordnet und man hat somit keine direkte Handhabung auf die operative Umsetzung in den Franchisefilialen. Zu diesen Themen empfiehlt es sich, externe Trainer oder Berater, die Spezialisten für das Thema „Franchise Start-up" sind, hinzuzuziehen und begleitend als Coach für die Mitarbeiter in der Systemzentrale einzusetzen.

> ▶ In einem Unternehmen, das in der Umstellungsphase zum Aufbau einer Franchisezentrale ist, treten meist Fehler im Führungsverhalten zwischen Franchisegeber (auch dessen Mitarbeiter) und Franchisenehmer auf. Diese Fehler beziehen sich auf die Kommunikation, den Umgang miteinander und die fehlende Einsicht, dass man zukünftig mit selbstständigen Unternehmern und nicht mehr mit den eigenen Mitarbeitern kommuniziert.

Wer diesen Schritt zur Expansion wagen möchte, sollte sich vorab mit dem Thema Franchise Start-up intensiv beschäftigen, Erfahrungen von jungen Franchiseunternehmen einholen und auf Basis der eingeholten Informationen sein eigenes Bild der Expansion und Konzeptentwicklung aufbauen. Des Weiteren sollte man den Ist-Zustand der eigenen

© Springer Fachmedien Wiesbaden 2015
H. Riedl, C. Schwenken, *Praxisleitfaden Franchising*,
DOI 10.1007/978-3-658-04697-2_13

Sofern ein Gespräch mit einem externen Franchiseberater ansteht, sollte man sich über das Thema
Franchise informieren und die eigenen Ziele berücksichtigen. Eine gute Vorbereitung spart nicht nur
Geld, sondern leitet die Gespräche zielgerichtet. So erhält man die geforderten Antworten.

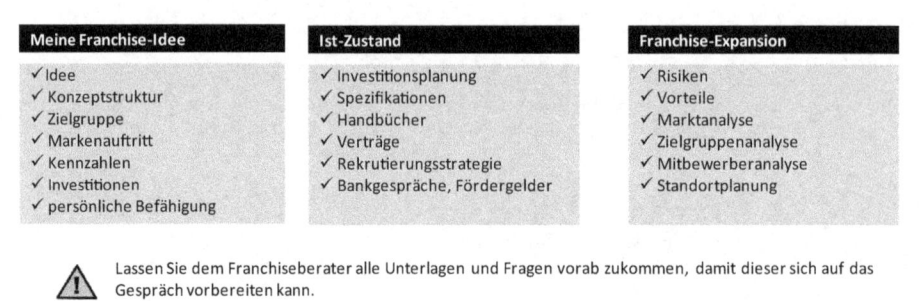

Meine Franchise-Idee	Ist-Zustand	Franchise-Expansion
✓ Idee	✓ Investitionsplanung	✓ Risiken
✓ Konzeptstruktur	✓ Spezifikationen	✓ Vorteile
✓ Zielgruppe	✓ Handbücher	✓ Marktanalyse
✓ Markenauftritt	✓ Verträge	✓ Zielgruppenanalyse
✓ Kennzahlen	✓ Rekrutierungsstrategie	✓ Mitbewerberanalyse
✓ Investitionen	✓ Bankgespräche, Fördergelder	✓ Standortplanung
✓ persönliche Befähigung		

⚠ Lassen Sie dem Franchiseberater alle Unterlagen und Fragen vorab zukommen, damit dieser sich auf das
Gespräch vorbereiten kann.

Abb. 13.1 Vorbereitung zu einem Beratergespräch zum Thema „Vom Unternehmer zum Franchisegeber"

Franchiseidee ermitteln und die dazugehörigen Komponenten, die ein Franchisesystem
fordert, dem Ist-Zustand gegenüberstellen. Auf Basis dieses Wissens geht der junge Unternehmer gestärkt in das Beratergespräch.

Der Vorteil an der beschriebenen Vorgehensweise ist, dass man sich selbst ein Bild des
Ist-Zustands gemacht und eine To-do-Liste aus den gesammelten Erfahrungen und Informationen erstellt hat und dieses Wissen mit den Empfehlungen des Beraters vergleichen
kann.

▶ Ein solches Beratergespräch sollte man nicht unvorbereitet führen. Eine Aufstellung der eigenen Anforderungen und Ideen bringt das Gespräch direkt
auf den Punkt, Defizite im Wissen können erkannt und Lösungen samt Umset-
zungsstrategien können direkt bearbeitet werden. Eine gute Vorbereitung
spart nicht nur Geld, sondern zeigt jedem Berater Ihre Professionalität in der
Herangehensweise, was das Ergebnis einer Beratung positiv beeinflussen kann
(vgl. Abb. 13.1).

Auch muss man unterscheiden, inwieweit ein Berater mit eingebunden wird. Soll er die
Expansion vorantreiben oder nur die Inhalte eines Franchisesystems und die Anforderungen anhand des Ist-Zustandes mit Ihnen besprechen?

13.1   Vom Einzelunternehmer zum Franchisegeber

Ein erfolgreiches Konzept und ein Markenauftritt sind ausschlaggebend, um ersten Franchisenehmer zu finden. Das ist oft eine große Herausforderung, denn vielfach fehlen die
geforderten Kennzahlen oder die Franchiseidee ist im Markt noch nicht stark und ver-
trauenswürdig etabliert. Deswegen ist es wichtig, dass Produktspezifikationen und de-

Zum Franchisestart sollte man sich einen Überblick verschaffen, inwieweit die Franchise-Idee ausgebaut ist, und anhand dieser Informationen einen Entwicklungsplan festlegen. Das Ziel im Ausbau der Franchise-Idee sollte definiert werden, damit die Entwicklung und deren Strategie von Anfang an darauf aufgebaut werden können.

Basis	Franchise GO	Thema
X	XE	Arbeitsprozesse
X	E	Werkzeuge
X	XE	Richtlinien
X	XE	Systemgrundlagen
X	M	FR-Vertrag
X	ME	Admin.-Handbuch
-	E	LKM-Handbuch
X	M	Markendefinition
X	M	Gen der Marke
X	M	Philosophie
X	XE	Einrichtungskonzept
X	XE	Produktspezifikation
-	E	Qualitätsmanagement
-	E	Standortcontrolling
-	E	Intranet
-	E	Cockpitsystem
X	XE	Kennzahlen
x	M	Unternehmenspräsentation

Franchise GO	Thema
E	Expansionsplan
E	Mystery Customer Systemcheck
E	Qualitätscheck Lieferanten
E	Marketinggremium
E	Arbeitsgruppen
M	Besuchsbericht
M	Aktionsplan

Je nach Branche und Konzept kommen noch Inhalte hinzu!

E = Entwicklung   Basis = Vor Franchisestart gegeben
X = Vorhanden   Franchise GO = Franchisestart   ⚠ Tabelle ist für Jungunternehmen zum „Franchise Start"
M = 100% fertig   FR-Vertrag = Franchisevertrag

Abb. 13.2 Prioritäten bei der Entwicklung eines Franchisesystems

ren Dokumentation professionell erstellt werden, aber auch Präsentationsunterlagen zur Darstellung der Franchiseidee, Franchiseverträge und der Aufbau von Prozessstrukturen bereitstehen. Die Entwicklung eines Franchisesystems kann sehr kostspielig sein. Deshalb sollte sich jeder Unternehmer einen Entwicklungsplan erstellen, welche Unterlagen er bis wann und in welcher Qualität und Ausführlichkeit benötigt. Handbücher mit den Prozessinhalten zur Franchiseidee sind zum Beispiel wachsende Instrumente und werden im Laufe der Expansion stetig weiterentwickelt.

Ein Einzelunternehmen, das den Schritt in das Franchising startet, wird nicht exakt alle von einem Franchisesystem geforderten Inhalte sofort zu Beginn umsetzen können, dies wäre auch unternehmerisch und finanziell unklug. Hier ist es ratsam, zum Markteintritt das Notwendigste professionell umzusetzen und dann gemeinsam mit dem ersten Franchisenehmer das Konzept weiter auszubauen (vgl. Abb. 13.2).

In der Vertragsgestaltung und den Franchisegebühren kann sich der junge Franchisegeber an seinem ersten Franchisestandort seinem Franchisenehmer entgegenkommend zeigen, da dieser bei der Konzeptentwicklung mitwirken und wichtigen Input zum Systemausbau geben kann. Dies könnte zum Beispiel Prozessentwicklungen, Darstellung und Ausbau der Systemgrundlagen sowie interne Prozesse des Administrationshandbuches betreffen. Nicht nur, dass der Franchisegeber so erheblich Kosten in der Konzeptentwicklung einsparen kann, auch das System wird praxisorientiert gemeinsam mit dem Franchisenehmer entwickelt (vgl. Abb. 13.3).

Mit der Aussage, es müssten nicht alle geforderten Komponenten eines Franchisesystems zum Start-up vorhanden sein, ist aber nicht gemeint, dass im System eine Handschlagkultur mit dem Franchisepartner entstehen sollte. Auch einem jungen Start-up-Franchisesystem ist anzuraten, einen juristisch geprüften Franchisevertrag ausarbeiten zu

Zum Franchisestart sollte die Entwicklungsphase inklusive dem Idealbild festgelegt werden. Dies hilft bei der Grundplanung und dem Gerüst von Software, Systemstrukturen und der Prozessstruktur.

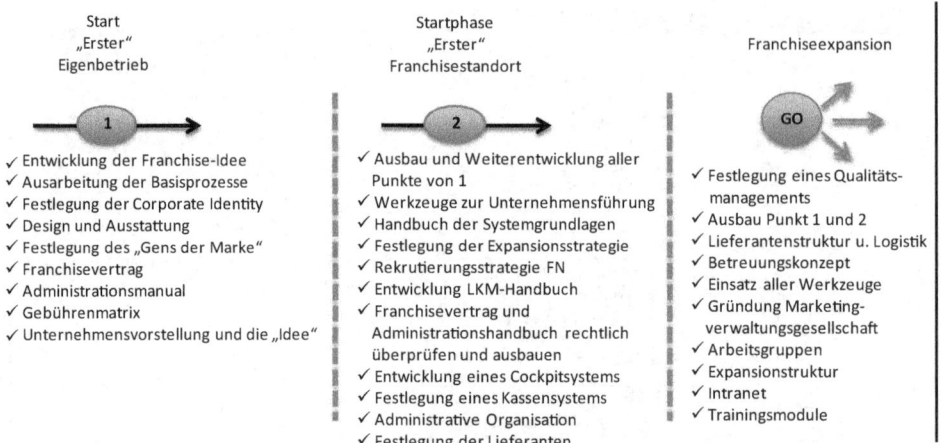

Start „Erster" Eigenbetrieb	Startphase „Erster" Franchisestandort	Franchiseexpansion

✓ Entwicklung der Franchise-Idee
✓ Ausarbeitung der Basisprozesse
✓ Festlegung der Corporate Identity
✓ Design und Ausstattung
✓ Festlegung des „Gens der Marke"
✓ Franchisevertrag
✓ Administrationsmanual
✓ Gebührenmatrix
✓ Unternehmensvorstellung und die „Idee"

✓ Ausbau und Weiterentwicklung aller Punkte von 1
✓ Werkzeuge zur Unternehmensführung
✓ Handbuch der Systemgrundlagen
✓ Festlegung der Expansionsstrategie
✓ Rekrutierungsstrategie FN
✓ Entwicklung LKM-Handbuch
✓ Franchisevertrag und Administrationshandbuch rechtlich überprüfen und ausbauen
✓ Entwicklung eines Cockpitsystems
✓ Festlegung eines Kassensystems
✓ Administrative Organisation
✓ Festlegung der Lieferanten

✓ Festlegung eines Qualitäts-managements
✓ Ausbau Punkt 1 und 2
✓ Lieferantenstruktur u. Logistik
✓ Betreuungskonzept
✓ Einsatz aller Werkzeuge
✓ Gründung Marketing-verwaltungsgesellschaft
✓ Arbeitsgruppen
✓ Expansionstruktur
✓ Intranet
✓ Trainingsmodule

Der strategische Plan sollte für eine Expansion beim „ersten Franchisestandort" stehen. Mit dieser Strategie sollte die Entwicklung aller Module stattfinden. Jeder zukünftige Franchisegeber sollte seine eigene Strategie zu seinem Konzept aufbauen und seinen eigenen Entwicklungskalender erstellen!

Abb. 13.3 Entwicklungsphase zum Markteintritt

lassen, in dem alle Rechte und Pflichten nach den Anforderungen des Franchisesystems aufgeführt sind.

Zusätzlich kann zum Beispiel eine Zusatzvereinbarung getroffen werden, worin dem ersten Franchisenehmer eine Freistellung der Franchisegebühr bis zu einem Umsatz von XY zugesichert wird. Diese beinhaltet auch eine Aufstellung der dafür geforderten Leistungen, wie zum Beispiel die Durchführung von Produkttests und das Festhalten von Prozessen.

Im Bereich der Produktherstellung und Konzeptführung sollten die Informationen dem neuen Franchisenehmer so weit zur Verfügung stehen, dass er das Konzept erfolgreich und im Interesse des Franchisegebers umsetzen kann.

▶   Wenn der Franchisevertrag gestaltet wird, sollte mitaufgenommen werden, dass es sich um ein „Pilot-Franchiseprojekt" handelt, da es sich um kein fertiges Franchisesystem handelt und beide Vertragspartner sich einig sind, dass das Konzept weiter ausgebaut wird. Der Franchisegeber sollte aber bei allen seinen Entscheidungen und Priorisierungen seine Franchiseidee im Auge behalten und bedenken, dass der Franchisenehmer ein operativer Partner ist, um die Franchiseidee voranzutreiben. Je besser die Zusammenarbeit mit dem ersten Franchisepartner ist und je weiter das System optimiert wird, desto leichter wird es sein, weitere Franchisenehmer zu finden.

13.2   Ein etabliertes Unternehmen entscheidet sich für Franchising

Ein Unternehmen, das bereits mehrere Einheiten als betriebseigene Standorte führt und sich für eine aggressive Franchiseexpansion entscheidet, unterscheidet sich in der Ausarbeitung und Bereitstellung von Franchisekomponenten deutlich vom jungen Franchiseunternehmer mit einem Pilotstandort. Einem etablierten Unternehmen wird empfohlen, in der Vorbereitungsphase und in der Startphase einer Franchiseexpansion Experten hinzuzuziehen, die es bei der Ausarbeitung des Expansionsplanes und der Umstellung auf ein Franchisesystem unterstützen.

Nicht nur in der Führungsphilosophie, auch in Bezug auf das Wirken der Mitarbeiter im Unternehmen ist ein Umdenken im Umgang mit Franchisenehmern erforderlich. Externe Trainer helfen bei der Umstellung und sind hervorragende Feedbackgeber und Controller in der Umsetzungsphase. Führungsinstrumente wie Intranet, Personal-Controllinginstrumente und Kennzahlensysteme sind ein wichtiger Bestandteil der Umgestaltungsphase. Nicht selten muss auch die Technik – Server, Kassensysteme und Datenbanken – den Anforderungen des Franchisesystems angepasst werden. Eine grundlegende Analyse der Expansionsmöglichkeiten und der Gebietsbesetzung durch Franchisenehmer ist erforderlich.

Was passiert mit den bestehenden betriebseigenen Standorten? Wie wird zukünftig das Verhältnis zwischen betriebseigenen Standorten und Franchisestandorten sein und wie sieht das Anforderungsprofil des zukünftigen Franchisenehmers aus? Dies sind nur einige Fragen, die vor einer aggressiven Franchiseexpansion geklärt sein sollten.

In einem expansiven Start-up-Franchisesystem ohne vorheriger Ausarbeitung und Ausführung aller Komponenten treten in der Expansionsphase häufig erhebliche Fehler in der zwischenmenschlichen Beziehung zwischen Franchisegeber und Franchisenehmer zutage, die meist kurzfristig nicht mehr reparabel sind. Gelder werden in Gerichtsstreitigkeiten „verbrannt" und die Marke gerät in der Öffentlichkeit in ein schlechtes Licht.

Bei einer zu schnellen oder nicht koordinierten Franchiseexpansion können folgende Probleme auftreten:

Mögliche Probleme bei einer Franchiseexpansion
- Franchisenehmer werden unruhig und gründen Interessengemeinschaften gegen den Franchisegeber. Hierdurch verliert der Franchisegeber Entscheidungsmacht und möglicherweise sogar die Kontrolle über das System.
- Standorte werden unkoordiniert vergeben. Unter den Franchisenehmern entsteht Konkurrenz. Der Franchisegeber verliert Standorte, da diese mit neuen Franchisenehmern nicht umsetzbar sind. Franchisenehmer wehren sich gegen die Expansion durch neue Franchisenehmer in ihrem Randgebiet.
- Prozesse in den Systemgrundlagen oder Administrationsmanual werden nicht klar erklärt und dargestellt. Franchisenehmer gehen ihre eigenen Wege. Das System ist unkoordiniert und unterscheidet sich von Standort zu Standort im Markenauftritt.

- Prozessvorlagen/Systemgrundlagen werden nicht nach System erstellt, unterschiedliche, nicht verknüpfbare Systeme und in Folge dessen besondere personelle Anforderung auf Seiten des Franchisegebers, die mit hohen Kosten verbunden sind.
- Ein Trainingssystem ist nicht fertiggestellt und kann daher nicht umgesetzt werden oder Trainingsunterlagen sind in der Praxis nicht handelbar. Messinstrumente zur Leistungsbemessung fehlen. Systemgedanke und Philosophie der Marke werden wenig bis gar nicht im System umgesetzt.
- Franchisenehmer agieren im System oft kreativ und helfen sich selbst. Nachträglich Disziplin einzufordern und den Systemgedanken einzuführen, kostet den Franchisegeber Geld und Zugeständnisse in der Entscheidungskraft.
- Auslandexpansionen scheitern, weil lediglich die rechtlichen Belange der Verträge bedacht wurden, aber nicht die Gesetze, Vorschriften und Kulturen vor Ort.
- Franchisenehmer verweigern die weitere Expansion und der Franchisegeber kann laut Vertrag keine weiteren Franchisenehmer einsetzen. Es liegt kein Expansionsplan mit Vertragsstrafe vor.
- Umsätze werden nicht wie erwartet erwirtschaftet, das System stagniert, Franchisenehmer sind unzufrieden und bangen um ihre Existenz. Der Franchisegeber expandiert nicht, sondern beschäftigt sich lediglich mit der Lösung von Problemen. Er verliert die Manpower, um das System voranzubringen und die Marke wachsen zu lassen.

Wie Sie sehen, gibt es genug Gründe, in der Expansionsphase auf Qualität zu setzen. Die Beispiele geben nur einen kleinen Eindruck, wie negativ sich ein erfolgreiches Unternehmen im Franchise entwickeln kann, wenn es seine Franchisekomponenten nicht richtig durchdacht, ausgearbeitet oder falsch umgesetzt hat.

13.3   Checkliste für Franchise-Start-ups

Anhand dieser Checkliste erhält ein Jungunternehmer einen Überblick, wo die Prioritäten für ein Start-up-Franchiseunternehmen liegen sollten, um nicht unnötig Kapital zu verlieren. Wir unterscheiden anhand von Beispielen in dieser Liste, welche Komponenten für den Anfang wichtig sind und welche im Wachstum hinzukommen, sich gegebenenfalls weiterentwickeln und professionalisieren lassen. Wir haben nicht alle Inhalte aufgezählt, da es in den einzelnen Branchen Unterschiede gibt und man diese Aufzählung nicht pauschalisieren kann. Sie hilft jedoch dem Einzelunternehmer, sich ein Bild zu machen und seine Prioritäten gemeinsam mit einem Start-up-Franchiseberater festzulegen (vgl. Abb. 13.4).

▶   In einem Franchise-Start-up-Unternehmen ist es zum Beispiel nicht notwendig, ein professionelles und ausgebautes Kassensystem einzusetzen, denn dieses kann im Laufe der nächsten Franchisefilialen den Anforderungen gemäß entwickelt werden. Jedoch sollte das Kassensystem die Möglichkeit bieten, die Daten in einer Datenbank des Franchisegebers zu filtern, damit eine spätere Verwendbarkeit der Daten mit anderen Kassensystemen gegeben ist. Umsatzmeldungen und Kennzahlen können zum Beispiel in der Entwicklungsphase auch per Mail ausgetauscht und vom Franchisegeber händisch aufgearbeitet werden. Für alle rechtlichen Inhalte und den Markenauftritt sind Professionalität und Schlüssigkeit in den Prozesswegen beim Pilotstandort ein Muss.

> Bei der Umstellung vom Eigenbetrieb zu einem Franchisesystem sind viele zusätzliche Themen zu beachten. Die Inhalte der Tabelle zeigen eine Vielzahl von Themen auf, die für ein Franchisesystem von Bedeutung sind.

Das Logo		Hinweisspalte
Festlegung des Logos und der RAL-Farben	o	
Design für Werbeanlage, eventuell zusätzlich kurzer Schriftzug	o	
Markenrechte überprüfen und sichern	o	
Wortlaut, Name Design für div. Länder überprüfen	o	
Wirkung des Logos in den unterschiedlichsten Varianten testen (Licht, Dunkelheit, Fernwirkung, Werbesituationen)	o	Machen Sie sich in Ihrer
Gibt das Logo die Werbeaussage wieder?	o	Entwicklungs-
Akzeptiert es die Zielgruppe?	o	tabelle eine
Hoher Wiedererkennungswert, Nah- und Fernsicht?	o	Prioritätenspalte,
Nicht verwechselbar mit anderen Marken, Alleinstellungsmerkmal	o	um die Entwicklung
Druckfähig und bautechnisch – kostengünstig, handelbar	o	bezüglich einzelner Punkte anzustreben.
Das Gen der Marke		
Was sind die 10 oder mehr Icons, wodurch die Marke in allen Ländern oder im änderbaren Design wiedererkannt wird?	o	
Wie ist die Philosophie meiner Marke im Bereich: zu FN, zu Mitarbeiter, zum Kunden, Qualität, Markenpräsentation, Umwelt, Nachhaltigkeit, Kindern bzw. Zielgruppen, Service, Dienstleistung, Produkt, Design, Öffentlichkeit …?	o	
Spiegelt sich das Gen der Marke im Konzept wider?	o	
Sind alle Corporate-Identity-Informationen im Handbuch im Detail beschrieben?	o	
Notizen:		
	o	
	o	
	o	
	o	
	o	
	o	
	o	

Abb. 13.4 Vom Eigenbetrieb zum Franchisesystem

Handbücher sind ein wachsender Prozess. Das Administrationsmanual sollte aber in der Startphase fertiggestellt sein und rechtlich mit dem Franchisevertrag überprüft werden.

	Hinweisspalte
Handbücher	
Handbuch der Systemgrundlagen	
Layout und Vervielfältigungsstrategie ist festgelegt? (Digitalisierung, Druck, Integration Intranet, verknüpft mit Trainingssystem, Kommunikationsmittel)	o
Spechart und Trainingsvideo vorhanden?	o
Prozesse niedergeschrieben in Kurz-/Langversion?	o
Sicherheitsrichtlinien, Werkzeuge sind integriert?	o
Inhalt ist auf Philosophie und Franchise-Idee abgestimmt?	o
Inhalt ist der Corporate Identity angepasst?	o
Register und Zuordnung wurden angelegt?	o
Administrationsmanual	
Inhalte-Agenda ist definiert?	o
Inhalt ist mit dem Franchisevertrag abgestimmt?	o
Inhalt ist auf Philosophie und Franchise-Idee abgestimmt?	o
Inhalt ist der Corporate Identity angepasst?	o
Inhalt wurde rechtlich überprüft?	o
LKM-Handbuch	
Kategorien wurden festgelegt?	o
Freigabeprozess ist installiert?	o
Einreichungsprozess für Aktionsideen ist definiert?	o
Event-Agenturen wurden unter Vertrag genommen?	o
Aktionen sind eingefügt mit allen Beschreibungen?	o
Franchisevertrag	
Inhalte alle rechtlich abgeklärt?	o
Gebührenmatrix festgelegt?	o
Vertrag ist auf Handbücher abgestimmt?	o
Gesellschaftsform und weitere Gesellschaften festgelegt?	o

Bedenken Sie: Handbücher unterliegen einem wachsenden Prozess, jedoch empfiehlt es sich, die Wachstumsstrategie zu berücksichtigen.

Abb. 13.4 (Fortsetzung)

Ein Franchiseprodukt sollte in seiner Verarbeitung und in der Kundenpräsentation so geeignet und stabil wie möglich sein. Im System sollte das Produkt in der Herstellung, Verarbeitung und im Vertrieb keine Fachkräfte benötigen, sondern von einer Vielzahl von Mitarbeitern handelbar sein.

Das Produkt

Ist das Produkt in der Verarbeitung und im Prozess sicher?	○
Unter welcher Belastung wurde das Produkt getestet?	○
Sind alle Produktspezifikationen vorhanden (Zutaten, Hersteller, Baukomponenten, Herstellernachweise, Spezifikation)?	○
Gibt es zum Produkt eine Qualitätssicherung?	○
Ist das Produkt mit seinen Prozessen im Handbuch der Systemgrundlagen beschrieben?	○
Haltbarkeits-Spezifikationen sind vorhanden und getestet?	○
Qualitätsdokumentation ist vorhanden?	○
Risikoanalyse wurde erstellt?	○

Weitere Punkte zu Ihrem Produkt:

Hinweisspalte

Bedenken Sie: Je stabiler das Produkt, desto erfolgreicher die Qualität!

Je weniger Fachpersonal benötigt wird, desto einfacher die Expansion!

Abb. 13.4 (Fortsetzung)

Die Qualitätssicherung dient zum Schutz der Marke und ist somit ein wichtiger Bestandteil in der Verantwortung eines jeden Franchisegebers.

Qualitätssicherung		Hinweisspalte
Lieferanten-Zertifizierungsprozess ist vorhanden?	o	
Dokumentation der Zutaten, der Herstellung vorhanden?	o	
Zutaten, Inhaltsstoffe frei von öffentlichen Angriffen? (Kinderarbeit, Ausnutzung von Armut etc.)	o	
Herstellungs- und Lieferantenprozesse und deren Anforderungen festgelegt?	o	
Geprüftes Produkt, zum Beispiel TÜV oder Qualitätssiegel?	o	
Inhaltsstoffe gekennzeichnet?	o	
Risikoanalyse über Produkt und Konzept vorhanden?	o	
Gesetzliche Anforderungen „Produkt" erfüllt?	o	
Verwaltung – Krisenplan und Krisenmanagement vorhanden?	o	
Krisenprozess für Franchisefilialen festgelegt?	o	
Qualitätskontrollen – Ablauf festgelegt?	o	
Messbare Qualitätskriterien festgelegt?	o	
Lieferantenaudits definiert?	o	
Externe Dienstleister zur Qualitätssicherung vorhanden?	o	
Food- und Nonfoodartikel im Qualitäts- und Risikofokus?	o	
Für Food- und Nonfoodartikel liegen Herstellerspezifikationen vor?	o	
Marketing		
Eröffnungskonzepte sind ausgearbeitet?	o	
Kunden-Wegweiser sind im Design erstellt?	o	
Werbematerialien sind für Neueröffnung vorhanden?	o	
Anzeigenbeispiele für Neueröffnung vorhanden?	o	
Standardwerbemittel sind im LKM-Handbuch hinterlegt?	o	
Raster für Marketinplan ist entwickelt?	o	
Werbemittel für Image, Sales und Kundengewinnung sind vorhanden?	o	
Werbemittel Zielgruppen sind definiert?	o	
Zielgruppendefinition ist vorhanden	o	
Für LKM-Werbemittel sind Einsatz, Handling und Auswirkung im Handbuch beschrieben?	o	

Abb. 13.4 (Fortsetzung)

Hinweisspalte

Bewertungs-Analysemodule zum Franchisesystem

Machbarkeitsanalyse: Städte, Gebiete, Regionen, Länder   ○

Risikoeinschätzung: Städte, Gebiete, Regionen, Länder   ○

Immobilien-Genehmigungsprozess   ○

Standortbewertung und Berechnungsmodul   ○

Kennziffern – Messgrößen zur Standortkalkulation bestimmen   ○

Zielgruppen-Kundenanalyse   ○

Mitbewerberanalyse   ○

Preis – Angebotsanalyse Mitbewerber   ○

Einkauf und Logistik

Stammlieferanten festgelegt, „Genehmigte Lieferanten"?   ○

Lieferantenzertifizierung festgelegt?   ○

Genehmigungsprozess von nicht gelisteten Lieferanten erstellt?   ○

Logistiker unter Vertrag?   ○

Bestellmodule integrieren, eventuell von Logistiker?   ○

Reklamations-Beschwerdetool Lieferanten festgelegt?   ○

Retourprozess Produkte festgelegt?   ○

Abtretungserklärung des FN bei Nutzung nicht genehmigter
Lieferanten festgelegt?   ○

Beachten Sie die
Lieferanten-
Zertifizierung
und Nutzung
von Fremd-
Lieferanten!

Öffentlichkeitsarbeit

Pressemappe Franchise-Idee, Expansion und
Unternehmensinformation professionell erstellt?   ○

Unternehmensinformation für Franchisebewerber vorhanden?   ○

Kommunikationsstrategie festgelegt?   ○

Kommunikationsrichtlinien für Franchisenehmer festgelegt?   ○

Krisenmanagement
und das Verhalten
bei Öffentlichkeits-
anfragen sind ein
sensibler Punkt.

Abb. 13.4 (Fortsetzung)

Bei einer internationalen Expansion empfiehlt es sich, eine fachliche
Unterstützung einzubinden.

Strategische Fragen zur Expansion „Franchise"			Hinweisspalte
Welche Länder in Anzahl und deren Strategie?	o		
Welche Franchisenehmermodelle?	o		
Welche Unternehmensform und Gerichtsstand der Franchisemodelle?	o		
Welche Modulgrößen-Konzepte werden angeboten?	o		
Wer sind die Expansionspartner – Anforderungsprofil?	o		Alle Inhalte
Kapitalbedarf pro FN und Franchisenehmermodell?	o		sollten mit dem
Finanzierungstrategie und Zeitrahmen?	o		Franchisevertrag
Region-Gebiete-Besetzungsmodell?	o		abgestimmt
Strategie des Rekrutierungsmodells Franchisenehmer?	o		Sein.
Wie wird das Franchisenehmermodell kommuniziert?	o		
Wie wird der Einkauf koordiniert?	o		
Wie wird die Marketinggesellschaft koordiniert?	o		
Wie sehen die zukünftigen Arbeitsgruppen aus?	o		
Wie groß im Headcount soll die Franchisezentrale sein?	o		
Wie wird die FN-Betreuung koordiniert?	o		
Welche Aufgaben sollen externe Dienstleister überprüfen?	o		Kulturen und
Sind alle Geräte, Produkte, Regelwerke und Systeme in allen Ländern einsetzbar?	o		Religionen verändern das
Wie wird die Expansion mit Partnern abgesichert? Kaution pro Standort? Bürgschaften?	o		Kaufverhalten und die Dienstleistungs-
Welche Kassensysteme werden eingesetzt?	o		Ansicht.
Welche Datenbanken – Officesysteme werden genutzt?	o		
Wie und wann wird Intranet positioniert?	o		
Welche Module werden in das Intranet integriert? Bis wann?	o		
Welche System werden für Handbücher eingesetzt? Sind diese Systeme ausbaufähig und verknüpfbar mit den vorhandenen Datenbanken?	o		
Wie ist der Timeplan und die Investition in die Systemmodule während der Expansion?	o		
Wie sind die Ausbildungspläne (Franchisenehmer, Führungskräfte und Mitarbeiter)?	o		
ROI-Zielsetzung auf Basis von Investitionen und Kapitalbedarf	o		

Abb. 13.4 (Fortsetzung)

Strategische Fragen zur Expansion „Franchise"	
Wie wird die Werbestrategie sein (Guerillamarketing, Barterverträge, LKM-Marketing)?	o
Unternehmensform und Aufbau der Marketing-verwaltungsgesellschaft/Übergangsgesellschaft bei Expansionsstart?	o
Wer rekrutiert Immobilien – Standorte?	o
Genehmigungsprozess und Kennzahlen für Standortfreigabe	o
Immobilien kaufen, anmieten? Wer ist Mieter?	o
Welches Verhältnis von Eigenbetrieben – Franchisebetrieben?	o
In welche Städte, wie viele Standorte? Planübersicht erstellt?	o
Ab welcher Einwohnerzahl wird eine Stadt besetzt?	o
Wie ist der Wirkungsradius einer Franchisefiliale?	o
Fragen zur Auslandsexpansion: Gesetze, Religionen, Kulturen, Zollbestimmungen, Bauvorschriften, länderspezifische Anforderungen, Bedarf an externen Dienstleistern	o
Notizen:	
	o
	o
	o
	o
	o
Finanzierung und Standortplanung	
Finanzierungshandbuch für Franchisenehmer vorhanden?	o
Finazierungsstrategie für Franchisenehmer erstellt?	o
Finanzierungsmodell ausgearbeitet?	o
Finanzierungsmodul für Bewerber erstellt?	o
Banken als Finanzierungspartner in der Kooperation?	o
Kennzahlenmatrix zur G&V-Planung erstellt?	o
Standortplanungsmodul – Umsatz, Kunden und G&V – mit Buchungskonten erstellt?	o
Unternehmens-Imagedaten für Finanzierung erstellt?	o

Hinweisspalte

Je nach Branche kommen Inhalte bei einer Expansion hinzu!

Abb. 13.4 (Fortsetzung)

Im Einsatz von Werkzeugen sollte man stets die Listen-Überfrachtung vermeiden
und auf das System angestimmte Module einsetzen.

Hinweisspalte

Werkzeuge eines Franchisesystems	
Jahresgespräche/Halbjahresgespräche	
Vorgehensweise	o
Inhalte/Themen	o
Aufbau der Gesprächsthemen	o
Warenbestückungsplanung	
Regalsysteme in deren Anordnung	o
Produkte im Lager	o
Marketingmaterialien – Belegungsplan	o
Lager – Bestandslisten	o
Verkaufseinheiten – Regalbestückung	o
Werkzeuge der Operative/Vertrieb	
Aktionsplan allgemein	o
Besuchsberichte standardisiert	o
Standortplanung und Genehmigungsprozess	o
Administrationsmanual für Franchisenehmer	o
Umsatz – Kennzahlenreport der Filialzahlen	o
Systemgrundlagen des Franchisesystems	o
Trainingspläne für Mitarbeiter standardisiert	o
Mitbewerberanalyse, Pricing und Angebot	o
Standortorganisation – Organisationsorganigramm	o
Kassenrichtlinie für Franchisefiliale	o
Soll-Bestandslisten für Verkaufseinheiten	o
Ertragsberechnung für Aktionen, Rezepturen	o
Pricebarometer und Pricing	o
Dienstplan – Stationsplan für Mitarbeiter	o
Spechart am Arbeitsplatz	o
Memorandum – Prozesskommunikation	o
Incentivprogramme für Mitarbeiter	o
LKM-Handbuch mit Beispielen	o
Umsatzgewinningsprogramme	o
Kundengewinnungsprogramme	o

Alle Inhalte von
Werkzeugen und
deren Nutzung
sowie Termine der
Abarbeitung
sollten mit dem
Administrations-
manual
abgestimmt sein!

Abb. 13.4 (Fortsetzung)

Im Einsatz von Werkzeugen sollte man stets die Überfrachtung vermeiden und auf das System angestimmte Module einsetzen.

Werkzeuge eines Franchisesystems		Hinweisspalte
Inventuren		
Tägliche Inventur	o	
Wöchentliche Inventur	o	
Monatliche Inventur	o	
Diebstahl-Präventionsmaßnahmen	o	
Leistungsübersicht		
Anforderungsprofil Mitarbeiter, Management und Franchisenehmer	o	
Positions-/Stellenbeschreibungen	o	
Mitarbeiterbedarfsplanung		
Mindestbesetzung	o	
Besetzung zum Umsatz	o	
Besetzung zum Kunden/Ticket/Bon	o	
Kennzahlen-Kostenanalysetool		
Operative P&L	o	
Kennzahlenanalyse	o	
Kennzahlenmatrix zum Umsatz aus Best Practice	o	
Standort-Clusterung	o	
Buchungsmatrix der Buchungskonten	o	
Matrix der „Operativen Kennzahlen" zu Vergleichsstandorten	o	
Tagesreporting „Penner und Renner"	o	
Berechnungshilfen von Kennzahlen	o	
Standortanalyse/Immobilien Kalkulation		
Berechnungstool, Kunden, operative Kosten und Rentabilitätsberechnung	o	
Standortanalysetool	o	
Mitbewerberanalyse	o	
Kundenanalyse, Trafficanalyse	o	
Genehmigungsprozess	o	

Abb. 13.4 (Fortsetzung)

Kennzahlen und ihre Mechanik in einem Franchisesystem

Kennzahlen und Richtwerte sind unentbehrliche Bestandteile eines funktionierenden Franchisesystems. Der Franchisegeber sowie der Franchisenehmer können von der Nutzung der Kennzahlen profitieren. Dem Franchisegeber eröffnet sich die Möglichkeit, sein Franchisesystem im Detail zu analysieren und seine Standorte untereinander zu vergleichen. Die Rentabilität für den Franchisenehmer und das System wird kalkulierbar, Aktivitäten und Aktionen können anhand von Kennzahlen gesteuert werden. Natürlich ist hierbei zu beachten, dass sich Konzeptinhalte, Vertriebsanforderungen und Kommunikationswege je nach Branche in der Kennzahlenanalyse und in deren Rechenmechanik unterscheiden können. Somit hat jede Branche und jedes Franchisesystem seine eigenen Analysepunkte, zum Beispiel im Hinblick auf interne Bezeichnungen der Kennzahlen.

Im Franchising werden Kennzahlen natürlich auch im klassischen Sinne zur Bewertung der Unternehmenssituation genutzt, wie zum Beispiel der Erfolg einer Marketingaktion oder auch die Margenverteilung nach einer Werbeaktion. Kennzahlen greifen ineinander und sind verknüpfbar. Somit können durch Prozessvorgaben und deren Dienstleistungszeiten Umsätze berechnet und analysiert werden. Dieses Ergebnis beeinflusst den operativen Profit und somit auch die Wirtschaftlichkeit des Franchisestandortes.

Als Beispiel kann man hier eine Kassenstation nehmen. Ein Mitarbeiter kann an einer Kasse nur eine bestimmte Anzahl von Kunden in einer Stunde bedienen. Um mehr Umsatz zu erzielen, werden weitere Kassenplätze benötigt. Die Frage ist hierfür, wie viele Kunden ich zu einer festgelegten Uhrzeit habe und wie viele Kassen benötigt werden, um alle Kunden zu bedienen. Hierdurch ergeben sich Rückschlüsse über mögliche weitere Umsätze, über den Mitarbeiterbedarf und die Personaleinsatzkosten.

© Springer Fachmedien Wiesbaden 2015
H. Riedl, C. Schwenken, *Praxisleitfaden Franchising,*
DOI 10.1007/978-3-658-04697-2_14

Fragen hierzu in Kennzahlen:

- Wie viele Kunden zu welcher Uhrzeit?
- Wie ist meine Bedienzeit?
- Wie viele Kunden könnte ich mit einer weiteren Kasse schaffen?
- Wie hoch ist mein Bon/Durchschnitt pro Kunde in Euro?
- Wie schnell ist meine Bedienzeit durch einen weiteren Mitarbeiter?
- Wie viele Kassen werden für einen optimalen Abverkauf benötigt?
- Wie viele Kunden verliere ich durch eine zu lange Warteschlange an der Kasse?

Oft wird argumentiert, dass sich aufgrund der höheren Personalkosten ein Mehrumsatz durch eine weitere Kasse nicht rechnet. Der Ansatz ist falsch, denn jeder Kunde möchte zügig bedient werden, er behält den Staufaktor in Erinnerung und wird bei seiner nächsten Kaufentscheidung zum Mitbewerber gehen, da dieser möglicherweise einen effizienteren Service bietet. Bei einem Franchisesystem ohne Kassenfokus und Serviceeffizienz ist dies merkbar im Umsatz erkennbar.

In einem Franchiseunternehmen ist es wichtig, dass die Unternehmenszahlen zwischen den vielen verschiedenen Standorten und Regionen vergleichbar sind, um eine Analyse durchzuführen und um Benchmarks zu setzen. Die Vergleichbarkeit der Kennzahlen zeigt nicht nur die Entwicklung eines Franchisestandortes oder einer Region, sondern ist auch ein Führungswerkzeug zur Messbarkeit der Franchisenehmerleistung. Bei einer Expansion des Franchiseunternehmens sind Vergleichszahlen unabdingbar, da sie es ermöglichen, einen Standort auf seine Umsatzgrößen oder Rentabilität zu planen. Quadratmeterzahlen, Beschaffenheit des Standortes und Einwohnerzahlen geben Informationen über die mögliche Umsatzgröße.

Von großer Wichtigkeit ist, dass jeder Abteilungs- oder Fachbereich eigene Kennzahlen zur Unterstützung seiner Arbeit besitzt. Das ermöglicht es, Unternehmensziele genau zu planen und zu analysieren.

Aktionen werden so nicht nur auf Erfahrungswerte aufgesetzt, sondern auf Basis unterschiedlichster Wahrnehmungen geplant. Kennzahlen, ob aus dem Bereich der internen oder externen Recherche, sind grundlegend für eine auf Fakten basierte Entscheidung.

Kassensysteme liefern heute detaillierte Kennzahlen, die je nach Branche in einer Kennzahlenübersicht, auch Cockpitsystem genannt, zusammengeführt werden. Darüber hinaus kann ein Cockpitsystem in verschiedene Hierarchiestufen eingeteilt sein, die es ermöglichen, ausgewählte Kennzahlen nur den berechtigten Personen oder Abteilungen zur Verfügung zu stellen (vgl. Abb. 14.1).

Beispiel für ein Buchungskonto „Personaldaten" in einem Kassensystem, das die Personaldaten zusätzlich zum Umsatz und weiteren Kasseninformationen erfasst und diese dem Franchisegeber automatisch meldet. Der Franchisegeber importiert die gemeldeten Zahlen in sein internes Cockpitsystem zur Standortanalyse.

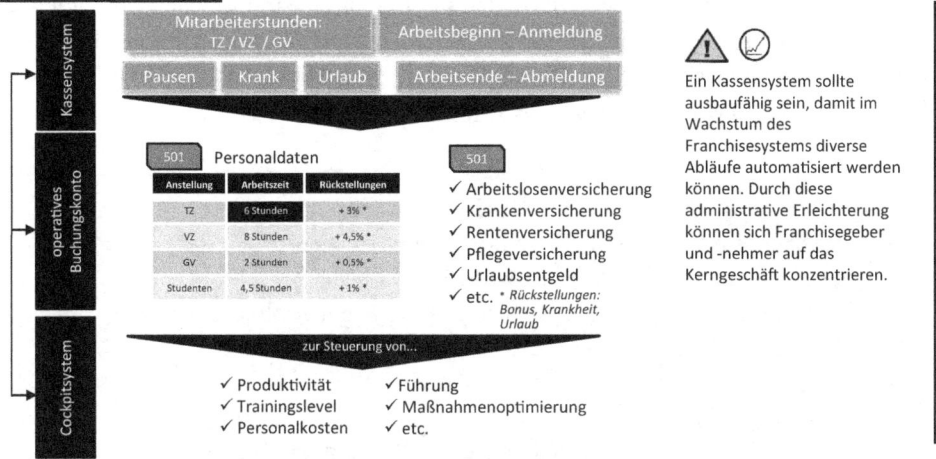

Abb. 14.1 Buchungskonten in einem automatisierten Kassensystem

14.1 Unternehmenszahlen von Franchisestandorten als Führungstools

Aus datenschutzrechtlichen Gründen ist es einem Franchisegeber grundsätzlich nicht gestattet, Zahlen und Betriebsergebnisse von Franchisestandorten der Franchisenehmerschaft zu kommunizieren. Trotz Kommunikationsfreigabe an einzelne Franchisenehmer sollte das Kommunizieren von reellen Zahlen an die Franchisenehmerschaft unbedingt vermieden werden, da eine unbeabsichtigte Streuung der Kennzahlen unerwünscht sein dürfte.

Auf das Kommunizieren von Kennzahlen muss trotzdem nicht verzichtet werden, sofern der Franchisegeber keine personifizierten oder standortbezogenen Kennzahlen als Vertriebssteuerung oder Entwicklungsinformation veröffentlicht. Um eine Darstellung reeller Unternehmenszahlen zu vermeiden, können Benchmarks in der Landeswährung kommuniziert werden oder Prozentwerte als Richtwerte eingesetzt werden. So kann man zum Beispiel das Wachstum regionalbezogen oder einzelnen Bundesländern zugeordnet in Prozent zum Vorjahr aufzeigen. Aus Ergebnissen von Aktionen kann der Verkaufsdurchschnitt in der Landeswährung oder der Anteil im Verkaufsmix in Prozent kommuniziert werden.

Das Ziel einer Kommunikation von Vertriebskennzahlen an Franchisenehmer ist, dass Vergleichswerte geschaffen werden, die der Franchisenehmer mit seinen eigenen persönlichen Unternehmenskennzahlen vergleichen kann, um seine Leistungen an seinem Standort messbar zu machen. Kennzahlen in der Kommunikation können täglich oder kumuliert erfolgen, jedoch ist es bei solch einer Kommunikation auch wichtig, Lösungsansätze zu kommunizieren.

In der Kommunikation von Kennzahlen als Führungsinstrument nützt die alleinige Kommunikation zur Steigerung der Kennzahlen nicht viel! Wichtig ist immer, die Benchmark mit Lösungsansätzen zu verknüpfen, die dem Franchisenehmer helfen, und seine Kennzahlen aufgrund der Lösungsvorschläge verbessern.

Fragen für den umsatzfördernden Einsatz von Kennzahlen
- Wird das beste Ergebnis von Standorten kommuniziert und ausgezeichnet?
- Gibt es Anreizsysteme wie Incentives für Mitarbeiter?
- Sind Kennzahlen ein Bestandteil meiner Unternehmensphilosophie?
- Gibt es „Best Practice"-Vorschläge zur Kennzahlenverbesserung?
- Gibt es Werkzeuge zur Kennzahlenkommunikation?
- Gibt es Tageschichtpläne mit Kennzahlen und Zielanalysen?
- Gibt es Forecast-Modelle beziehungsweise Planungswerkzeuge?
- Ist ein Intranet mit integrierten Cockpitsystemen vorhanden?
- Wird ein Rankingsystem von Standorten, Franchisenehmern oder Mitarbeitern mit „Verkaufshits" eingesetzt?
- Sind meine Franchiseberater in Kennzahlenanalyse ausgebildet?

Die Befriedigung von Eitelkeit, der Ehrgeiz, Ziele zu erreichen, und ein Belohnungssystem sind nicht nur bei der Führung von Mitarbeitern anspornende Mittel. Auch Franchisenehmer sind über Incentives und Auszeichnungen für Top-Leistungen motivierbar. Keiner möchte der Letzte im System sein.

Wird ein Tagesziel formuliert, das eine Trendanalyse aus Vergleichsstandorten oder Regionen berücksichtigt, könte dieses auf die Mitarbeiter eines Franchisenehmers anspornend wirken. Für Mehrfilialsysteme gilt, dass die Kommunikation von Kennzahlen Leistungssteigerungen nach sich ziehen kann. Die Franchisenehmer und ihre Mitarbeiter messen sich und ihre Leistungen an den Vergleichsmesswerten und versuchen, sie durch eigene Leistungen und Aktionen zu übertreffen. Lagerbestände, Produktivität, Umsatzwachstum im Vergleich zum Vorjahr, Umsatz pro Verkaufsfläche, Trainingslevel, Ergebnisse aus Systemcheck sowie Mitarbeiterfluktuation geben in Kombination mit einem Ranking eine hervorragende Auskunft über die operative und vertriebliche Führung eines Franchisebetriebes.

Franchisesysteme, die ihre Kennzahlen als Planungs- und Motivationsinstrumente nutzen, sind gegenüber Unternehmen, welche rein den Umsatz fokussieren, im Vorteil. Der Grund liegt auf der Hand: Die Kennzahlen fließen in die Tagesplanungen (Planungscharts) ein, sodass das Tagesziele gegenüber den Mitarbeitern kommuniziert werden können und die Mitarbeiter dadurch wettbewerbsorientiert und bemüht sind, den Anforderungen gerecht zu werden oder sie sogar zu übertreffen.

Der Franchisenehmer selbst kann auf der Basis von Kennzahlen die Konkurrenz unter seinen Mitarbeitern fördern, um bessere Leistung zu erzielen. So wird nicht nur der Arbeitstag des Mitarbeiters spannender, sondern die Zielerreichung wird stets mit einer Top-Leistung bewertet und kann somit auch zur einen intensiveren Bindung der Mitarbeiter an das Franchisesystem führen.

► Der Mitarbeiter ist in den meisten Fällen das ausführende Dienstleistungsorgan am Kunden. Kennzahlen-Incentives können ein hervorragender Ansporn für mehr Umsatzleistung sein. Jedem Franchisegeber ist hier zu raten, die Zielsetzungen von Incentives so festzusetzen, dass Mehrverkäufe nicht zum Nachteil des Kunden geschehen. Eine Kombination eines Mitarbeiter-Incentives für Mehrverkauf und Kundenzufriedenheit ist hierbei besonders wichtig. Ein Beispiel könnte sein, dass der Bonus für den Mehrumsatz nur ausbezahlt wird, wenn der Kundencheck mit einer hundertprozentigen Zufriedenheit ausfällt. Somit stellt der Franchisegeber sicher, dass der Systemgedanke in der Kombination von Umsatz und Kundenzufriedenheit zum Vorteil des Kunden umgesetzt wird.

14.2   Gewinn-und-Verlust-Rechnung

Das Franchise-Administrationsmanual ist neben den Systemgrundlagen eines der Kernstücke eines jeden Franchiseunternehmens und regelt neben vielen anderen Dingen auch die Handhabung von Kennzahlen. Ein Franchisenehmer ist verpflichtet, seine steuerrechtlichen Anforderungen gegenüber seinem Finanzamt selbstständig und in der vorgegebenen Struktur zu erfüllen. Der Franchisenehmer arbeitet im Regelfall mit einem externen Steuerbüro seiner Wahl zusammen.

Der Franchisenehmer hat seine Umsatzsteuervoranmeldung monatlich an das zuständige Finanzamt zu melden und ein Exemplar zur Systemsicherung an den Franchisegeber zu senden. Viele Unternehmen fordern zu der Unternehmensbilanz „G&V" eine Buchung der Kosten und Umsätze in einem internen Kontenrahmen. Diese Darstellung erlaubt es dem Franchisenehmer, Ergebnisse und Kostenbuchungen des Franchisenehmers mit anderen Standorten gleichzusetzen, Analysen schnell und effizient umzusetzen und Werte mit den Soll- oder Idealwerten in einer G&V zu bewerten.

Die vom Franchisenehmer vermittelten Zahlen sagen nicht nur etwas über die allgemeine Wirtschaftlichkeit seines Franchisestandortes aus, sondern geben auch Auskunft darüber, wie die operativen Systemleistungen den Gewinn beeinflussen.

Jedes Unternehmen und Franchisesystem verfügen über eigene interne Kontenrahmen, die auf eine optimale Analyse der operativen Leistung abgestimmt sind. Man spricht hier auch von einem operativen Profit. Der operative Profit ist das Ergebnis, das durch Mitarbeiter in der operativen Ausführung positiv oder negativ beeinflusst werden kann. Mithilfe der Kennzahlen aus der operativen G&V und der Betriebsanalyse kann der Franchisegeber Defizite in der Betriebsführung erkennen und ggf. zusammen mit dem Franchisenehmer Maßnahmen zur Lösung einleiten.

14.3   Gewinn und Umsatz in der Verantwortung des Franchisegebers

In der Zielsetzung des Franchisegebers steht die Umsatzerwirtschaftung an erster Stelle; deshalb pocht er auf die hundertprozentige Umsetzung seiner Systemvorgaben durch den Franchisenehmer. Etwas übertrieben ausgedrückt: „Der Gewinn des Franchisenehmers ist für den Franchisegeber nur von untergeordneter Bedeutung!" Der Franchisenehmer ist ein selbstständiger Unternehmer und für seine Gewinne selbst verantwortlich (vgl. Abb. 14.2).

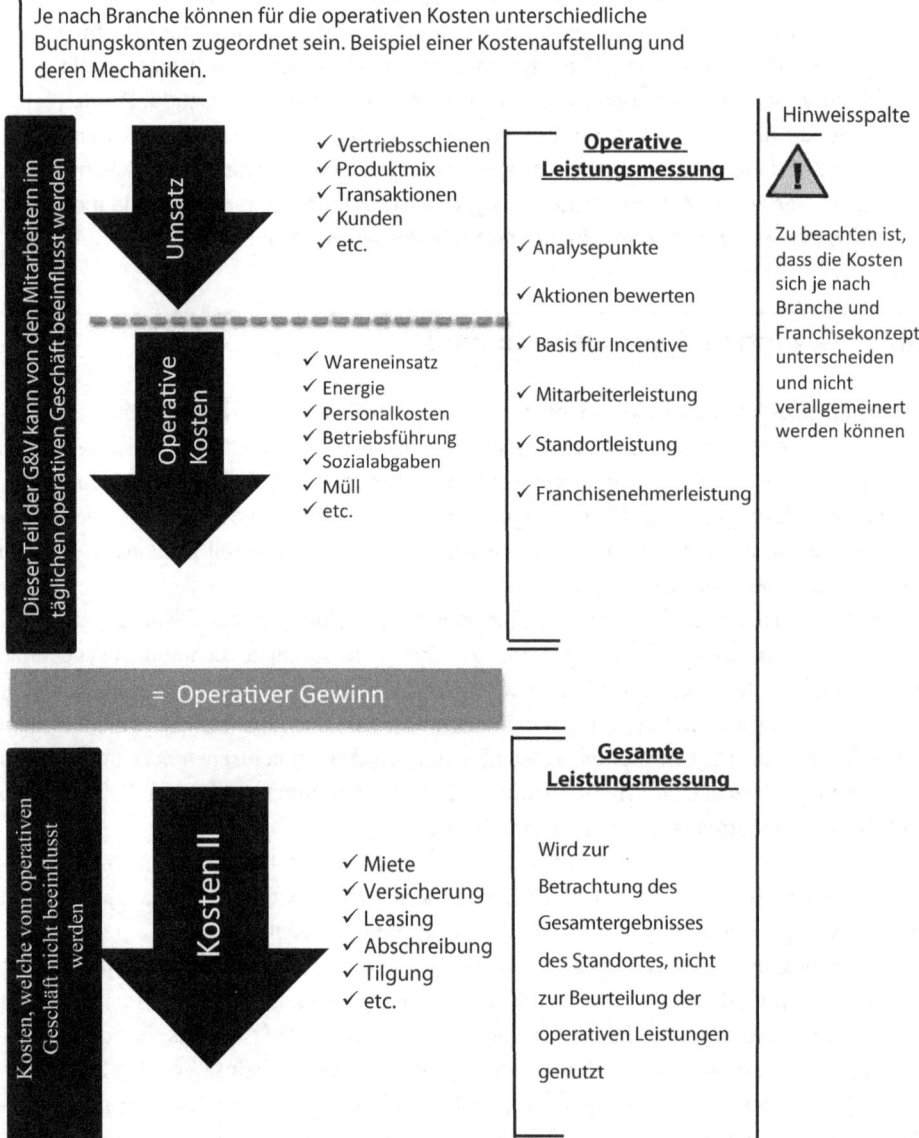

Abb. 14.2 Operative G&V

Natürlich muss der Franchisegeber sicherstellen, dass der Franchisenehmer die höchst-möglichste Rendite erzielt und einen guten Return on Investment (ROI) erwirtschaftet. Die Expansion und die Findung neuer Franchisenehmer wären sonst in Gefahr, da kein Unternehmer sein Geld in ein Unternehmen investiert, das eine schlechte Rendite abwirft. Somit ist die finanzielle Situation des Franchisenehmers für den Franchisegeber dennoch von großem Interesse, da sie ein Bestandteil eines guten Franchisesystems ist. Franchisegeber, die ihren Franchisenehmer bei der Gewinnerwirtschaftung tatkräftig unterstützen und weiter ausbauen, werden für diese Leistung mit verstärkter Systemloyalität seitens ihrer Franchisenehmer belohnt!

Im Franchising sind die Investoren des Franchisesystems die Franchisenehmer, die in die Marke investieren. Diese Unternehmer suchen nach Möglichkeiten für eine gute Verzinsung ihres Kapitals. Es ist sicherlich auch im Interesse des Franchisegebers und zum Schutze der Marke, die G&V des Franchisenehmers zu begleiten, um sicherzustellen, dass der Franchisenehmer keine wirtschaftlichen Engpässe zu befürchten hat. Ein Franchisesystem, in dem wirtschaftliche Engpässe der Franchisenehmer zum Verlust der Lizenz führen, ist keine gute Voraussetzung für eine erfolgreiche Vermarktung der Marke.

▶　Ein Franchisesystem kann noch so gut organisiert sein und noch so gute Perspektiven aufweisen, gleichwohl kann das System Schwierigkeiten haben, geeignete Franchisenehmer oder Investoren zu finden, wenn der Ertrag bzw. die Kapitalverzinsung unter dem Marktdurchschnitt liegt.

14.4　Die Wertung von Kennzahlen in einem Franchisesystem

Ein Franchisegeber sollte auf keinen Fall einem Franchise-Anwärter geschönte Unternehmenszahlen unterbreiten, sozusagen versuchen, sein Franchiseunternehmen mit geschönten Kennzahlen zu präsentieren. Ein Franchisegeber kann Beispielwerte aufzeigen und dem Franchiseanwärter Hinweise geben, dass die Profitmarge derzeit bei einer Umsatzsumme X bei einem Profit von XY in Prozent liegen wird. Ebenso kann er Kosten aufzählen, die bei der Umsatzsumme von X in Prozent anfallen. Der Return on Investment ist für die Beteiligten errechenbar. Alle diese Zahlen müssen nachvollziehbar, beweisbar sein. Jeder Franchisegeber sollte den Franchise-Anwärter auch schriftlich darauf hinweisen, dass die Zahlen und die Ergebnisse aus bestehenden Betrieben stammen, aber kein Bestandteil des Franchisevertrages sind. Diese Kennzahlen zeigen die Rentabilität von bestehenden Standorten auf, sind aber keine Garantie für die Erreichung derselben Werte an zukünftigen Standorten.

Der Franchisegeber sollte Wert dem Franchisenehmer bereits im Rahmen der vertraglichen Vorinformation deutlich machen, dass die dem Franchiseanwärter zur Verfügung gestellten Referenzzahlen keine rechtlich verbindliche Dokumentation darstellen, sondern dass es sich lediglich um verbindliche Beispiele handelt.

Mit einer Ergebnis-Kostenschablone zum Umsatz können nicht nur potenzielle neue Franchisenehmer mit den Unternehmenszahlen vertraut gemacht werden, sondern die Schablone kann auch für bestehende Franchisenehmer genutzt werden. Da der Franchisegeber klare Vorgaben in der Buchung von Kosten in den dafür vorgegebenen Konten macht und eine interne G&V nach der operativen Leistung führt, können diese Zahlen nach Konten, Vertriebsschienen und Umsatzgrößen mit den Idealwerten verglichen werden. Soll-Vorgaben und Idealwerte von Kosten zum Umsatz sind nicht nur Bestandteil einer Analyse eines bestehenden Franchisestandortes, sondern sie helfen auch bei der Berechnung des Kapitalbedarfs eines neuen Standortes (vgl. Abb. 14.3).

Eine Umsatzkostenmatrix dient als Benchmark-Vorlage. Diese kann je nach Branche und System nach Bedarf auf- und ausgebaut werden.

Kennzahleninformation

Standort: Freeständer
Vertriebschiene: Drive, Fenster, Inliner
Kategorie: A

Region : 12T Einwohner
Art: Einkaufstandort
Vergleich : 12 Standorte

	Umsatz in Mio.	*>4*	*4*	*3,5*	*3*	*2,5*	*2*
Operative Kosten	***Foodkosten***	19%	19%	19%	19%	23%	22%
	Transport	2%	2%	2%	2%	2%	2%
	Verpackung	2,75%	2,75%	2,75	2,75%	2,75%	3%
	Personalkosten	21,5%	21,5%	21.5%	22,5%	23%	24%
	Betriebsleitung	15.000€	15.000	15.000	13.000	13.000	11.5000
	Trainingskosten	5,4%	5,4%	4%	4%	4%	
	Müllkosten	0,6%	0,5 %	0,5%	0,4%	0,2%	0,2%
	Stromkosten						
	etc.						
Fixkosten	***Miete***						
	Tilgungen						
	Abschreibungen						
	Sonstige						

Diese Kennzahlen dienen lediglich als Beispiel und als Informationsmaterial und stehen nicht im Zusammenhang des zu kalkulierenden Standortes.
Diese Kenzahlen wurden an Vergleichsstandorten erwirtschaftet.
Die Einteilung der Kategorien wurde nach vorgegebenen Parametern bestimmt. Für die Richtigkeit entzieht sich der Franchisegeber aus jeglicher Verantwortung.

Hinweisspalte

Umsätze sind keine Bestandteile des Franchisevertrags!

Es können auch Kennzahlen wie:
- Produktivität
- Bondurchschnitt
- Umsatz qm
- Trainingslevel
- etc.

mit aufgenommen werden!

Richtlinie zur Festlegung der Standortkategorie

Hinweissatz wichtig!

Abb. 14.3 Umsatz- und Kostenmatrix

▶ Der Franchisegeber muss klare Richtlinien im Hinblick auf die Profitabilität und ihre Kommunikation vorgeben. Er muss bestimmen, ob und in welcher Höhe, in Abhängigkeit vom Umsatz, Leistungen gebucht werden. Dies soll verhindern, dass ein negatives Bild einer Fehlfinanzierung oder Misswirtschaft auf das System zurückzuführen ist. Kennzahlen, die an Franchisenehmer kommuniziert werden, müssen nachvollziehbar sein und dürfen keine „Scheinzahlen" sein!

14.5 Operative Kennzahlen in einer Gewinn-und-Verlust-Rechnung nach Systemvorgaben

Operative Kennzahlen in einer internen G&V sind Kennzahlen, die sich aus dem operativen Geschäft zusammensetzen. Hierzu gehören zum Beispiel Umsatz, Personal-, Energie- und Wareneinsatzkosten.

Franchisenehmer und ihre Mitarbeiter nehmen sowohl in positiver als auch in negativer Hinsicht mit ihren Umsatzzahlen, geordnet nach unterschiedlichen Vertriebsschienen und Mehrwertsteuersätzen, sowie beeinflusst durch den Personalbedarf und die Personalkosten unmittelbaren Einfluss auf die Ergebnisse der Gewinn-und-Verlustrechnung. In der Analyse ist daher ausschlaggebend, dass zum Beispiel Mitarbeiterkosten in allen Standorten gleich gebucht werden und in der G&V in der dafür vorgesehenen Position ausgewiesen werden. Personalkosten können trotz gleichbleibender Produktivität variieren. Der Franchisenehmer kann bei Zeitverträgen auf die Anzahl und Verfügbarkeit von Geringverdienern achten, um nicht unnötig Mitarbeiter in den umsatzschwachen Zeiten zu beschäftigen und in den umsatzstarken Zeiten den Bedarf an Mitarbeitern entsprechend anzupassen, damit Umsatzspitzen abgefangen werden. Darüber hinaus kann er Dienstleistungen an externe Dienstleister vergeben, um die Personalkosten und eventuell die Sozialabgaben zu senken. Der Franchisegeber gibt im Bereich Systemführung und Kosten-Zielerreichung „Best Practices" an seine Franchisenehmer weiter. Der Franchiseberater sollte in regelmäßigen Abständen die operativen Konten mit seinem Franchisenehmer analysieren und Verbesserungsvorschläge zur Systemprofitabilität unterbreiten.

Bonussysteme für Betriebsleiter sind meist an den Umsatz sowie an den operativen Profit gebunden. Denn gerade der Umsatzzuwachs sollte auch einen erheblichen Teil in den operativen Profit einspielen, denn meist sind zum Beispiel die Energiekosten oder der Personaleinsatz von der Erhöhung des Durchschnittsverkaufs/Mehrverkäufe prozentual zum Umsatz deutlich positiv abhängig. Deshalb wirkt sich der Mehrumsatz meist positiv auf die meisten operativen Kosten aus. Gerade hier kann und sollte der Franchisegeber seine Franchisenehmer unterstützen, damit die operativen Kosten auch im richtigen Verhältnis zum Umsatz stehen (vgl. Abb. 14.4).

Beispielhafte Darstellung von zwei operativen Buchungskonten mit einer Übersicht der Auswirkung fehlerhafter Prozessumsetzung.

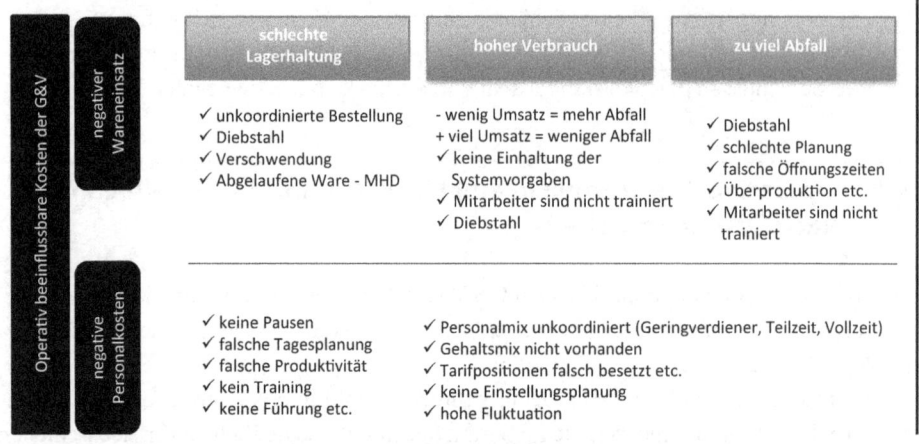

	schlechte Lagerhaltung	hoher Verbrauch	zu viel Abfall
negativer Wareneinsatz	✓ unkoordinierte Bestellung ✓ Diebstahl ✓ Verschwendung ✓ Abgelaufene Ware - MHD	- wenig Umsatz = mehr Abfall + viel Umsatz = weniger Abfall ✓ keine Einhaltung der Systemvorgaben ✓ Mitarbeiter sind nicht trainiert ✓ Diebstahl	✓ Diebstahl ✓ schlechte Planung ✓ falsche Öffnungszeiten ✓ Überproduktion etc. ✓ Mitarbeiter sind nicht trainiert
negative Personalkosten	✓ keine Pausen ✓ falsche Tagesplanung ✓ falsche Produktivität ✓ kein Training ✓ keine Führung etc.	✓ Personalmix unkoordiniert (Geringverdiener, Teilzeit, Vollzeit) ✓ Gehaltsmix nicht vorhanden ✓ Tarifpositionen falsch besetzt etc. ✓ keine Einstellungsplanung ✓ hohe Fluktuation	

(linke Spalte senkrecht: Operativ beeinflussbare Kosten der G&V)

Analysetools sollten in jedem Handbuch der Systemgrundlagen vorhanden sein, ebenso Lösungsansätze der Punkte mit Kontrollpunkt. Gute Unterstützung bei der Problemlösung bietet der Franchiseberater.

Abb. 14.4 Faktoren zur Beeinflussung der operativen Kosten

14.6   Finanzierungsstrategie und Investment

Das Ziel eines Unternehmers ist es, sein investiertes Kapital zu marktüblichen und sogar besseren Konditionen zu verzinsen. Ein Franchisesystem mit einem zu hohen Investitionsbedarf wirkt sich nachteilig auf den wirtschaftlichen Ertrag des Franchisenehmers aus und somit auch für den Franchisegeber zur Findung neuer Franchisenehmer.

Bei Nichterreichung der gewünschten Kapitalverzinsung hat der Franchisegeber die Möglichkeit, einige Änderungen am System vorzunehmen beziehungsweise den Investitionsbedarf zu reduzieren oder Prozesse und die daraus resultierenden operativen Kosten zu überdenken, um den nötigen ROI zu erzielen. Den ROI über den Weg, den Umsatz höherzusetzen, nach oben anzupassen, ist in den meisten Fällen sehr riskant, denn allein durch eine Veränderung der Umsatzzahl werden nicht unbedingt mehr Kunden kommen. Ein Weg kann sein, den Umsatz über die Erarbeitung neuer Vertriebswege an einem Standort zu erhöhen oder durch eine Preiserhöhung der Produkte. Letzteres sollte nur im äußersten Fall in Betracht gezogen werden, da der Endkunde stets ein Produkt unter dem Gesichtspunkt des Preis-Leistungs-Verhältnisses beurteilt. Die Berechnung einer Finanzierung hat sehr viel mit der Wirtschaftlichkeit eines Standortes zu tun. Wir sprechen hier über die gesunde Finanzierung eines Franchisestandortes.

▶   Um eine Überfinanzierung zu vermeiden, sollte jeder Franchisegeber klare Vorgaben machen, in welchem Verhältnis Eigenkapital und Fremdkapital eingesetzt werden sollten, um die Rentabilität zu schützen.
Finanzierungsprozess und Richtlinien sollten im Administrationsmanual festgelegt sein. Finanzierungsart und Kennzahlen sollten in der Gebührenmatrix
vermerkt werden.

Ein Franchisegeber sollte in einer G&V-Berechnung abzüglich aller Kosten festlegen, wie
der Unternehmergewinn an einem Franchisestandort aussehen sollte. Ein Unternehmensprofit kann in einem gesunden Franchisesystem durch eine zu hohe Finanzierung negativ beeinflusst werden. Der Ruf eines Franchisesystems kann negativ beeinflusst werden,
wenn eine zu hohe Finanzierung den Franchisestandort in seiner Wirtschaftlichkeit gefährdet. Daher berechnet der Franchisegeber den Anteil des Eigenkapitals des Franchisenehmers im Verhältnis zur Finanzierung, die als Tilgung die Profitsituation des Franchisenehmers beeinflusst (vgl. Abb. 14.5).

Ein Franchisenehmer möchte aus gesundheitlichen Gründen seinen Standort verkaufen
und bietet seinen Standort bestehenden Franchisenehmern an. Der Franchisegeber kann
den Franchisenehmer bei seinen Verhandlungen unterstützen, hat aber keinen Einfluss auf
den Verkaufserlös.

Da ein Franchisegeber auch davon abhängig ist, inwieweit seine Franchisestandorte
und Franchisenehmer zukünftig profitabel arbeiten, kann er Richtlinien zum Eigenkapital-
anteil aufstellen, damit der verkaufte Standort nicht überfinanziert ist.

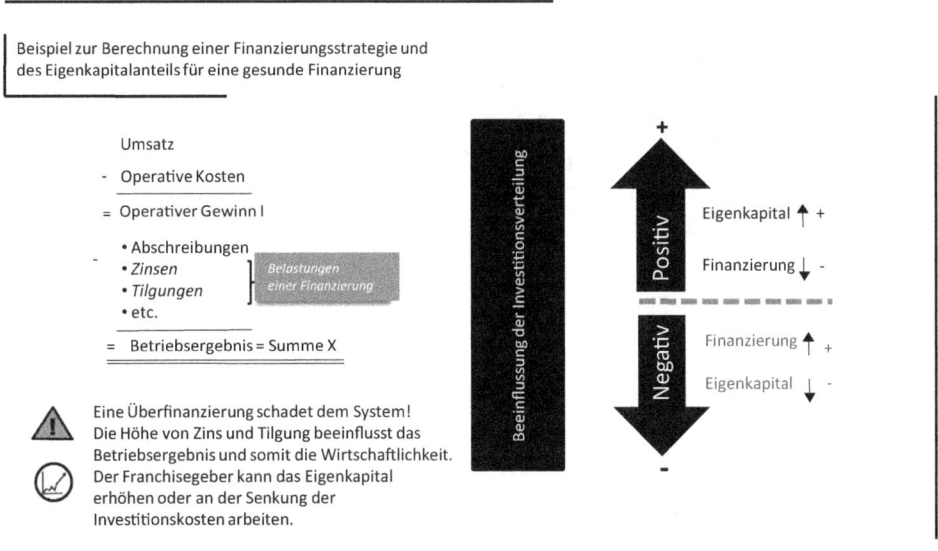

Abb. 14.5 Berechnung der Investitionsverteilung

Um Risiken der Überschuldung zu vermeiden, ist eine Finanzierungstabelle
für jedes System eine Grundlage zur Berechnung der Investionen und deren Verteilung
von Eigenkapital und Fremdfinanzierung.

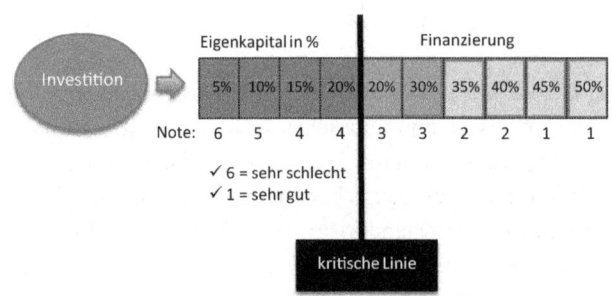

Die Investitionskosten im Zusammenhang des Finanzierungssystems sind für den Franchisegeber im Genehmigungsverfahren von Standorten ein wichtiger Bestandteil. Standorte, die überfinanziert sind, weisen meist eine negative Rentabilität auf.

Abb. 14.6 Eine gesunde Finanzierung

Der Franchisegeber unterstützt den Verkauf des Franchisestandortes, hat aber keine rechtliche Möglichkeit, den Verkaufspreis zu bestimmen. Dies liegt in der Verantwortung des Franchisenehmers.

Der Franchisegeber muss dem Übertrag des Franchisevertrages an den Kaufinteressenten nicht zustimmen, da er als Lizenzgeber bestimmen kann, mit welchem Lizenznehmer er zukünftig zusammenarbeiten möchte. Der Verkaufspreis ist für den Franchisegeber nicht von großem Interesse, sofern die Finanzierung die Profitvorgaben durch Tilgung nicht negativ beeinflusst. Ein solches Defizit von Kaufsumme und Finanzierung muss der Käufer mit seinem Eigenkapital ausgleichen (vgl. Abb. 14.6).

Verkaufsprozess und Finanzierung sollten in jedem Franchisekonzept im Franchise-Administrationsmanual festgelegt sein. Hierbei müssen folgende Punkte berücksichtigt werden:

- Berechnungsmethode des Verkaufspreises
- Finanzierungsrichtlinie
- Übertrag eines Franchisevertrages an den Franchisestandort
- Voraussetzungen des Bewerbungsverfahrens für Käufer von Franchisestandorten

Kauf und Verkauf einer Franchisefiliale

In jedem Franchisesystem kann es aus den unterschiedlichsten Gründen zum Verkauf einer Franchisefiliale kommen. In diesem Fall ist der Franchisegeber gut beraten, wenn er die Verhandlungen begleitet und diesbezüglich klare Prozesse beziehungsweise Richtlinien in seinem Administrationsmanual festgelegt hat.

Kauf und Verkauf eines Pachtmodells oder Franchisebetriebes sollten in jedem Franchisesystem definiert sein. Auch wenn der Franchisegeber dies in seinen Pacht- oder Franchisemodellen nicht vorsieht, kann eine Strategieänderung im Franchiseunternehmen dies einfordern. Die Prozessbeschreibung der Abwicklung kann kein Garant sein, dass Franchisebetriebe verkauft werden, sondern sie kann lediglich die Richtlinien aufzeigen, wie hier Rechte und Pflichten verteilt sind und wer welche Aufgaben zu erfüllen hat.

Obwohl der Franchisegeber in der Regel keinen Einfluss auf die vertragsprägenden Elemente des Verkaufs einer Franchisefiliale hat, insbesondere nicht auf den Verkaufspreis, steht und fällt der Verkauf an einen potenziellen Franchisenehmer mit der Entscheidung des Franchisegebers, ob er den Interessenten als neuen Franchisenehmer akzeptieren möchte. Auch andere wichtige Gegebenheiten sind seitens des Interessenten zu beachten, wie beispielsweise die Finanzierungsrichtlinie des Franchisegebers. Der Franchisegeber sollte diesen Prozess detailliert in seinem Administrationsmanual festhalten.

> ▶ Im Administrationsmanual sollte hervorgehoben werden, dass durch die unverbindlich beratende Tätigkeit des Franchisegebers in den Verkaufsverhandlungen keine Zusagen oder Rechte zur Erteilung eines Franchisevertrages für den Kaufinteressenten entstehen. Ein Betriebsübergang beziehungsweise der Verkauf des Standortes berechtigt den Verkäufer nicht, die Franchiselizenz weiterzuführten, auch wenn alle Parameter der Finanzrichtlinie erfüllt sind. Mietvertrag und Franchiselizenz sollten mit dem Verkauf erlöschen.

© Springer Fachmedien Wiesbaden 2015
H. Riedl, C. Schwenken, *Praxisleitfaden Franchising*,
DOI 10.1007/978-3-658-04697-2_15

15.1   Key Points für den Verkauf einer Franchisefiliale

Ein wichtiger Punkt für den Verkauf einer Franchisefiliale ist die Finanzierungsrichtlinie. Der Franchisegeber stellt damit sicher, dass der Kauf nicht überfinanziert wird und der Käufer durch eine zu hohe Belastung im Hinblick auf Zins und Tilgung die Wirtschaftlichkeit des Standortes nicht negativ belastet. Der Franchisegeber unterstützt den Verkäufer unverbindlich in der Kaufpreisberechnung, er sollte aber nicht den Kaufpreis festlegen.

Der Franchisegeber gibt keinerlei Gewähr für übermittelte Kennzahlen, Informationen zum Standort oder etwaige Zusagen zu Umsatz oder Profiterwartungen des Standortes. Beim Verkauf eines Standortes sollten der Franchisevertrag und der Mietvertrag durch eine gemeinsame Erklärung aufgehoben werden. Der Franchisegeber ist dann in der Lage, mit dem neuen Franchisenehmer die Gebührenordnung und die Mietzinsen festzulegen.

Zur Kaufpreisermittlung sollte der Franchisegeber mithilfe eines Berechnungstools den Verkäufer in die Lage versetzen, dem Käufer relevante Daten zur Verfügung zu stellen. Diese Unterstützung setzt den Verkäufer insbesondere in die Lage, Standortdaten zur Berechnung des Verkaufes einzugeben und diese Daten übersichtlich darzustellen. Zukünftige Umsatzerwartungen und Projektionen liegen jedoch im Risikobereich der Verkaufsparteien. Der Franchisegeber trägt dafür keine Verantwortung.

Anhand einer Kostenschablone können die Kosten in ihrer historischen Entwicklung dargestellt werden. Zusätzlich sollten negative und positive Faktoren der einzelnen Kosten erwähnt werden, die eventuell durch bauliche oder örtliche Gegebenheiten hervorgerufen werden können. Der Franchisegeber stellt durch ein standardisiertes Verkaufsformular sicher, dass dem zukünftigen Käufer alle Informationen strukturiert vorliegen und keine wichtigen Punkte und Eckdaten vergessen werden, die den Franchisestandort negativ beeinflussen.

Ein besonderer Punkt ist der Personalübergang. Für die Kaufvertragsparteien gestaltet sich der Personalübergang häufig kompliziert, zumal dann, wenn beide Parteien möglicherweise nicht genügend Erfahrung auf diesem Gebiet haben. Der Verkäufer hat die Personalhoheit und ist verantwortlich für einen reibungslosen und rechtlich abgesicherten Personalübergang. Der Franchisegeber sollte dies mit seinen Personalexperten überprüfen und begleiten, denn bei Nicht-Einhaltung der gesetzlichen Vorgaben kann es zu Rechtsstreitigkeiten zwischen Verkäufer und ehemaligen Mitarbeitern kommen, was der Franchisemarke auch keinen Dienst erweist.

▶   Unabhängig davon, welche Methoden zur Kaufpreisermittlung vom Käufer und Verkäufer angewendet werden, entzieht sich der Franchisegeber jeglicher Verantwortung und ist lediglich in beratender Funktion tätig. Für den Verkauf sind ausschließlich Verkäufer und Käufer verantwortlich.

Der Franchisegeber tut gut daran, einen Verkaufsprozessverlauf und dessen Struktur bereitzustellen, denn es ist in seinem Interesse, dass der Verkauf im Interesse beider Seiten abgewickelt wird. Der Franchisegeber entscheidet, mit welchem Franchisenehmer er zukünftig zusammenarbeiten möchte. Ein Kauf eines Franchisestandortes beinhaltet nicht die Erlangung einer Lizenz. Der Franchisegeber steht zwar nicht in der Verantwortung des Filialverkaufes, jedoch sind seine Franchisemarke, ihre Rentabilität sowie der Ruf seines Franchisesystems und die Investitionen der Franchisepartner in Gefahr, falls ein zu hoher Kaufpreis den neuen Franchisenehmer finanziell schädigt.

15.2 Der Generationswechsel in einem Franchisesystem

In jungen, expansiven Franchiseunternehmen wird oft die Vertragszeit unterschätzt, und eine Verlängerung eines Franchisevertrages steht an. Nicht selten kommt es vor, dass bestehende Franchisenehmer aus dem System aussteigen möchten. Das System verliert eventuell einen treuen, loyalen Franchisenehmer und hat in der Folge das typische Risiko von Umsatzverlust und erhöhten Betreuungsaufwand bei neu eingesetzten Franchisenehmern zu tragen. Nicht selten gibt es Familienmitglieder als Nachfolgeinteressenten, die den Standort gerne übernehmen möchten. Deshalb sollten im Administrationsmanual auch hierfür detaillierte Regelungen festgehalten werden.

Familienmitglieder sind häufig in das Franchisegeschehen eingebunden und kennen die Systemvorgaben aus dem Effeff. Wird in der Familie des Franchisenehmers das System gelebt, sind Übernahmen häufig ohne Umsatzverluste und unternehmerisches Risiko möglich. Für jeden Franchisegeber ist eine solche Situation ein hervorragender Ausgangspunkt für eine Vertragsverlängerung.

Zur Lizenzübertragung an Familienmitglieder sollte jeder Franchisegeber einen Genehmigungsprozess erstellen. Empfehlenswert ist es, denselben Prozess wie bei neuen Franchisenehmern einzusetzen. Dies beinhaltet die Prüfung im Hinblick auf die fachliche und persönliche Eignung, berücksichtigt die Einhaltung der erforderlichen Trainingsschritte und ermöglicht eine Probephase. Eine klare Kommunikation und ein Anforderungskatalog sorgen für eine Routine, die jeder Franchisenehmer bei einem Vertragsübergang zu schätzen weiß.

▶ Die erforderlichen fachlichen und persönlichen Kompetenzen sollten aufgeführt werden, ebenso die Trainingsschritte zur Eignung als neuer Franchisenehmer. Bei der Übernahme von Familienmitgliedern muss nicht unbedingt gewährleistet sein, dass sie alle Prozesse und Systemanforderungen kennen. Der Franchisegeber hat somit die Möglichkeit, seinen neuen Franchisenehmer vom ersten Tag an in das System zu integrieren. Eine klare Kommunikation und ein Anforderungskatalog klären die Spielregeln und der Franchisegeber vermeidet jegliche Diskussion um Benachteiligung oder Vorteilsnahme.

15.3   Filialwechsel in eine andere Region

Ein Umzug in eine andere Region oder Stadt ist oft für einen angestellten Mitarbeiter eine große Herausforderung. Bei einem Unternehmer und seiner Familie ist es nicht nur die örtliche Veränderung, sondern auch die Verschiebung seines unternehmerischen Ausübungsortes. Dennoch ist dies in einem Franchisesystem kein seltener Fall.

Franchisenehmer beginnen häufig als sog. Single-Franchisenehmer und entwickeln in Laufe der Zeit ihr Organisationstalent und werden zu einem wichtigen Kommunikator im Franchisesystem.

Die Jahresgespräche des Franchisenehmers sind tadellos, die Kennzahlen sind vorbildlich und alle Standortparameter stehen auf „Grün". Warum sollte ein Franchisegeber einem solchen vorbildlichen Franchisenehmer nicht die Möglichkeit geben, sich zu entwickeln, größere Aufgaben zu übernehmen und mehr unternehmerische Aufgaben zu übernehmen?

Eine Gebietsoptimierung kann für den Franchisegeber einen enormen Vorteil bringen, Standorte werden zusammengeführt und schaffen in der Zusammenführung eine bessere Wirtschaftlichkeit. Der Betreuungsfokus wird geändert und die Effizienz in der Franchisebetreuung steigt.

Der Franchisegeber sollte den Ablauf eines Filialwechsels in seinem Administrationsmanual beschreiben. Hier könnten folgende Kriterien von Bedeutung sein:

- Standortbewertung, Vorgehensweise und Übergabe
- Übergabeprozess der Standorte
- Bewertung der Standorte
- Unterstützende Maßnahmen seitens des Franchisegebers
- Zielvereinbarung für den neuen Standort
- Überbrückungsmaßnahmen: Gelder, Marketingaktionen, Trainingskosten
- Information zu Standort/Kennzahlen, operative Eckpunkte, Problemfelder
- Dauer der Übergabe
- Inhalte Franchisevertrag, Vertragsverlängerung
- Gebührenmatrix
- Trainingsinhalte in der Übergangsphase

▶   Ein Filialwechsel kann für eine positive Ausstrahlung im System sorgen, sofern der Franchisenehmer für sich Vorteile sieht. Eine Umbesetzung sollte auf jeden Fall nicht die Regel sein. Erfolgt eine Umbesetzung aufgrund einer fehlerhaften Expansionsplanung, sollte der Franchisegeber die Planung sehr schnell überarbeiten, da es sonst im System nicht kalkulierbare Unruhen zwischen den Franchisenehmern geben kann. Andererseits stagniert ein System in seiner Entwicklung, das starr seine Regionen besetzt und es nicht den Marktanforderungen anpasst. Ein Filialwechsel kann auch die Qualität im System fördern, denn der Franchisenehmer erweitert sein Tätigkeitsfeld. Jahresgespräche und ihre Zielvorgaben erhalten eine andere Bedeutung und ein findiger Unternehmer wird bestrebt sein, seine Ziele und Anforderungen zu erreichen, um zu expandieren.

Werkzeuge und Tools

16

Jedes Unternehmen hat seine individuellen Analysepunkte, Kennzahlen, Kommunikations- und Führungsmethoden, die helfen sollen, die täglichen Geschäfte zu vereinfachen. Um den Franchisegedanken weiter auszubauen und zu optimieren, haben wir eine kurze Liste der Werkzeuge eines Franchisesystems zusammengestellt.

Es gibt für alle Informationen Listen und Abfragesysteme. Generell sollte jedes Unternehmen seine Listenführung selten, aber so effektiv wie möglich einsetzen.

Bei einer Listeneinführung sollte immer hinterfragt werden, ob sie im täglichen Geschäft überhaupt nötig ist. Fachbereiche sollten ihre Abfragen filtern und als Einheit abfragen, denn häufig wird der Franchisenehmer mit Abfragen und Listen überhäuft. Diese Überflutung kann durch Filtern, koordiniertes Handeln und Hinterfragen der Informationen erheblich eingedämmt werden.

Häufig ist ein Franchisegeber so organisiert, dass verschiedene Abteilungen in seinem Unternehmen zur selben Zeit gleiche oder ähnliche Abfragen an den Franchisenehmer richten, um ihn zu den vertraglich geschuldeten Meldungen anzuhalten. Jeder Fachbereich ermahnt zur Dringlichkeit und der Franchisenehmer wird mit einer Flut von Anfragen überhäuft. Deshalb empfiehlt es sich, abzufragende Informationen zu bündeln und zu automatisieren.

16.1 Managementorganisation

In einem Franchisesystem, in dem die Filiale durch die Führungskräfte beziehungsweise durch eine Managementstruktur geführt wird, bietet sich eine Übersicht in Form eines Diagramms der Managementbesetzung und seiner Aufgaben an. Das Management ist in seiner Funktion ausgebildet, erhält aber je nach Standort von seinem Vorgesetzten, dem

© Springer Fachmedien Wiesbaden 2015
H. Riedl, C. Schwenken, *Praxisleitfaden Franchising,*
DOI 10.1007/978-3-658-04697-2_16

Beispiel einer Management-Organisation, in der Aufgaben organisiert und miteinander verknüpft sind.

Abb. 16.1 Managementorganisation

Franchisenehmer, zusätzliche individuelle Aufgaben zugewiesen. Dies könnte z. B. die Aufgabe „Inventur" sein. Weitere Aufgaben wären etwa Warenannahme, die Verbuchung der Rechnungen und die Einkaufsplanung sowie die Kostenpunkte in der operativen G&V. Der Franchisenehmer ordnet dieses Aufgabenpaket einem seiner Manager zu und hält diese Aufgaben in der Managementorganisation fest. Der Manager ist zum Beispiel für die Wareneinsatzkosten in der G&V zuständig. Um kein aggressives Kostenmanagement zu betreiben, sollte der Franchisenehmer diesem Manager auch die Ermittlung der Kundenzufriedenheit anhand der Qualitätschecks zuordnen. Der Manager des Franchisenehmers arbeitet nicht nur intensiv an der Optimierung der operativen Kosten, sondern trainiert seine Mitarbeiter nach Systemvorgaben, um das vorgegebene Ziel des Wareneinsatzes bei optimalem Qualitätsfokus zu erzielen (vgl. Abb. 16.1).

Dieses Beispiel ist ebenso umsetzbar im Bereich Service. Hier werden ebenfalls Qualitätsziele festgelegt, aber in Kombination mit einer festen Zielsetzung der Personalkosten laut G&V. Die Personalkosten können optimiert werden, aber das Serviceziel muss erreicht werden. Der Franchisegeber nutzt dieses Tool, um die Aufgaben festzuschreiben und Ziele festzulegen, damit jedem seiner Führungskräfte seine Aufgaben und die Anforderungen seines Verantwortungsbereichs bewusst sind.

16.2 Organisationsorganigramm/Tagesplanung

Die Tagesplanung beinhaltet den Tag in einer Franchisefiliale mit allen seinen Inhalten für Mitarbeiter, Führungskräfte, Franchisenehmer und Franchisegeber im Überblick. Eine Tagesplanung kann folgende Inhalte darstellen:

Inhalte einer Tagesplanung
- **Positionsplan:** Er beinhaltet die Mitarbeitereinteilung mit Übersicht der Arbeitszeiten, der zu besetzenden Positionen und Pausen oder Trainingseinheiten.
- **Umsatzplanung – Tagesziel:** Hierzu können Kennzahlen genutzt werden, um Tagesziele nach Vertriebsschienen festzulegen. Incentives können zugewiesen werden oder Verkaufsaktionen hervorgehoben werden.
- **Tägliche Aufgaben:** Hier können tägliche Sonderaufgaben den Verantwortlichen und Mitarbeitern zugewiesen und später kontrolliert werden.
- **Gesetzliche Vorgaben:** Hierzu zählen zum Beispiel in der Gastronomie die HACCPKontrollpunkte für das Hygienemanagement. Werden diese hier festgehalten, so wird dadurch die Tagesplanung zum Dokument, das aufbewahrt werden muss und jederzeit vom Franchisnehmer oder Franchisegeber abgerufen werden kann.
- **Tagesinformationen:** Dies sind wichtige Informationen vom Betriebsleiter, Franchisenehmer oder Franchisegeber an die Mitarbeiter. Da die Tagesplanung auch den Stationsplan beziehungsweise die Arbeitszuteilung der Mitarbeiter anzeigt, kommt jeder Mitarbeiter an diesen Informationspunkt vorbei.
- **Aktionsinformationen:** Sie beinhalten alle Informationen zu Aktionsprodukten, zusätzliche Verkaufstipps etc.

Für Franchisenehmer mit mehreren Filialen bietet eine solche Tagesplanung eine optimale Führungsunterstützung. Ein Franchisenehmer mit mehreren Filialen kann nicht täglich am Standort anwesend sein, die Tagesplanung hilft, Aufgaben und Ziele zu kontrollieren, und gibt dem Franchisenehmer Informationen über die täglichen Abläufe in seinen Standorten (vgl. Abb. 16.2).

Außerdem wird für den Franchisenehmer erkennbar, ob der Betriebs- oder Standortleiter mit den angegebenen Umsätzen und den dazugehörigen Kennzahlen arbeitet, ob die Personalplanung effektiv ist und ob die gesteckten Ziele erreicht werden. Am Beispiel von HACCP ist etwa erkennbar, ob bestimmte gesetzliche Anforderungen eingehalten oder tägliche Inventuren durchgeführt wurden. Die Tagesorganisation kann auch als Dokument dienen und sollte zur Beweisführung auch ggf. gegenüber Behörden aufbewahrt werden. Eine zusätzliche Basis einer jeden Tagesplanung ist die Tagesdienstplanung, die Aufschluss darüber gibt, welche Mitarbeiter an welchen Positionen eingeteilt sind, wie viel Produktivstunden im Verhältnis zum Umsatz verbraucht werden und wie viele Kunden pro wie viel Mitarbeiter pro Station zugeteilt sind. Diese Angaben können dann mit Zielvorgaben von Franchisenehmer und Franchisegeber verglichen werden.

Für den Franchisegeber ist dies darüber hinaus ein Tool, um die Kommunikation zwischen Franchisenehmer und Mitarbeitern zu verfolgen oder unterstützend in der Operative indirekt einzugreifen beziehungsweise einen Kommunikationsweg vorzugeben.

Die Tagesplanung sollte mit branchenspezifischen Punkten aufgebaut sein. Dies bietet eine Möglichkeit, die Franchisefiliale in ihrer Organisation vorab zu planen und diese organisiert zu steuern.

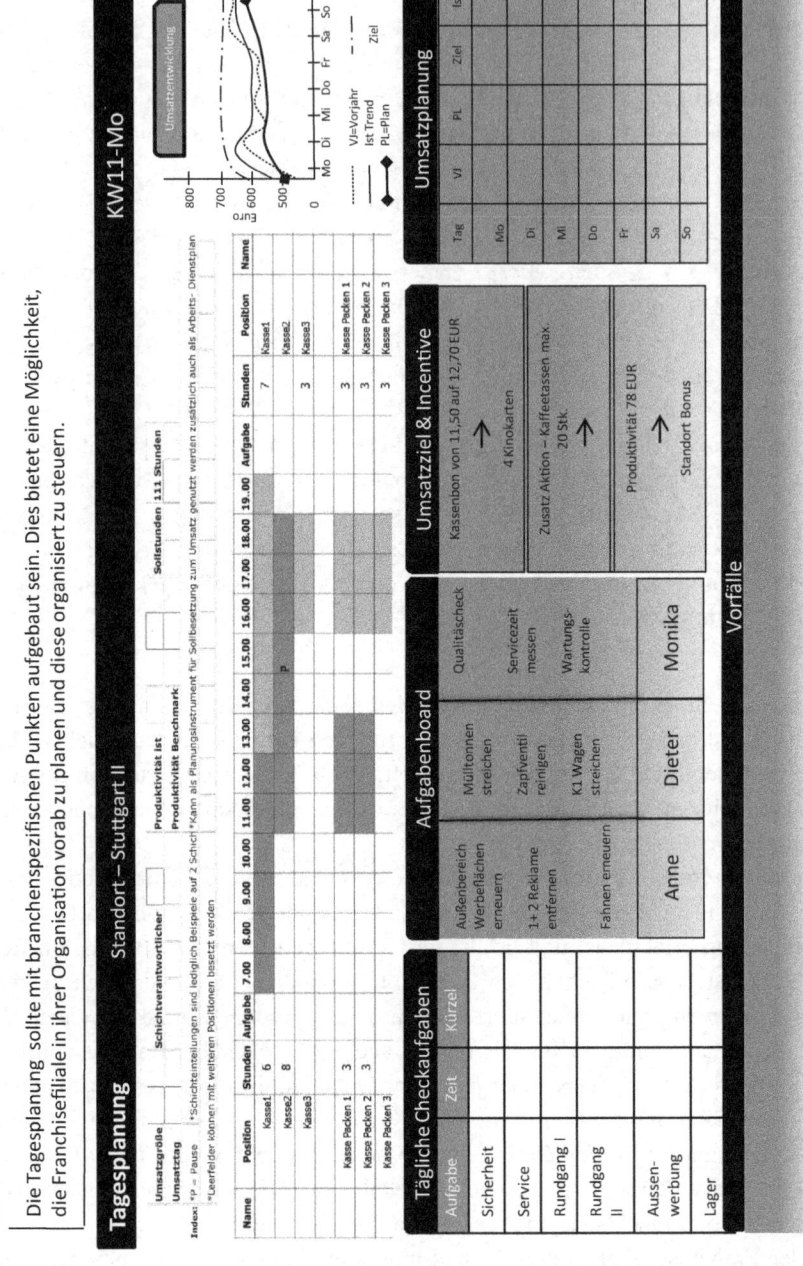

Abb. 16.2 Tagesplanung – Organisation

▶   Für Franchisenehmer im Mehrfilialsystem ist dies ein Kontrollblatt für ihre
Standortbesuche, um sich vom Leistungsstand zu überzeugen, Leistungs-
stichproben entnehmen zu können und die Erreichung von Zielvorgaben zu
beurteilen. Man nennt das auch, den „Pennyprofit" zu steuern! Wie der Name
schon sagt, kommt es auf jeden Penny an, weshalb ein Tagesorganisationsorga-
nigramm sehr zu empfehlen ist. Tägliche Zielvorgaben und Incentives können
Mitarbeiterleistungen positiv zu mehr Umsatz motivieren. Ein weiterer Vorteil
ist, dass mehrere Listen ineinandergefügt werden und insgesamt die Kommunikation und die Aufgabenverteilung zum Mitarbeiter vereinfacht werden.

16.3   Dienstpläne und Positionsbesetzung

Die Dienstplanung ist ein wichtiges Tool. Es gilt, Mitarbeitereinsätze zu planen und Positionen und Aufgaben zuzuordnen. Hierzu gibt es bereits fertige Programme zu kaufen, aber
auch selbst erstellte Excel-Tabellen können für kleine Unternehmen sehr hilfreich sein.

Planungsmodule sind auch effektiv, wenn die Mitarbeiter auf Stundenbasis eingestellt
werden, da somit die geplanten Mitarbeiterstunden und deren Aufgabenfeld übersichtlich
darstellt werden. Die Fragestellung bei der Dienstplangestaltung ist immer, ob genügend
Mitarbeiter zu bestimmten Umsatzerwartungen an ihrer Station beziehungsweise Verkaufsstandort eingeteilt sind, sodass ein reibungsloser Ablauf gewährleistet ist und jeder
Kunde optimal bedient werden kann.

Eine visuelle Tagesplanung ist zusätzlich zum Wochenplan vermutlich die übersicht-
lichste Lösung, wenn es darum geht, eine Basis für die Tagesorganisation zum Umsatz zu
schaffen. In einer solchen Liste können die Verantwortlichen anhand des Umsatzes und
des Durchschnittsbons ihre Kunden- bzw. Gästeanzahl bestimmen und somit präzise die
verschiedenen Vertriebsschienen nach Beratungseinsatz besetzen. Umsatzrelevante Stunden werden deutlich und Mitarbeiter können präziser und effektiver eingesetzt werden.
Umsatzschwachzeiten können planbar mit Produktionsarbeiten betreut werden. Gleichzeitig ist eine Analyse möglich, um unproduktive Zeiten zu vermeiden (vgl. Abb. 16.3).

Jedes Vertriebssystem und jede Branche hat seine eigenen Messwerte und Grenzen.
So dauert zum Beispiel ein Verkaufsvorgang zusammen mit dem Einpacken der Ware
an einer Kasse ca. 120 Sekunden. In einer Stunde können also ca. 30 Kunden pro Kasse
bedient werden. Bei einer Berechnung von 40 Kunden in einer Stunde sollte an der Vertriebsschiene eine zweite Kasse geöffnet werden oder ein zweiter Mitarbeiter in dieser
Stunde an dieser Kasse eingesetzt werden, damit ein Mitarbeiter kassiert und ein weiterer
Mitarbeiter die Artikel einpacken kann.

Je besser die Kasse besetzt ist, je schneller die Bedienzeit ist, je kürzer die Kunden-
schlange ist, desto mehr Kunden werden sich für einen Kauf entscheiden. Zufriedene
Kunden sind geneigt wiederzukommen, möglicherweise auch spontan.

Umsatzverluste für Franchisenehmer und Franchisegeber drohen, wenn die Mitarbeiterplanung nicht richtig umgesetzt ist, denn Kunden, die nicht bedient werden, können
auch keinen Umsatz machen!

Beispiel einer Berechnung der benötigten Mitarbeiter für eine Vertriebseinheit. Basis dient eine
Kundenberechnung nach Stunden/Tagen und der daraus resultierenden Umsatzplanung.

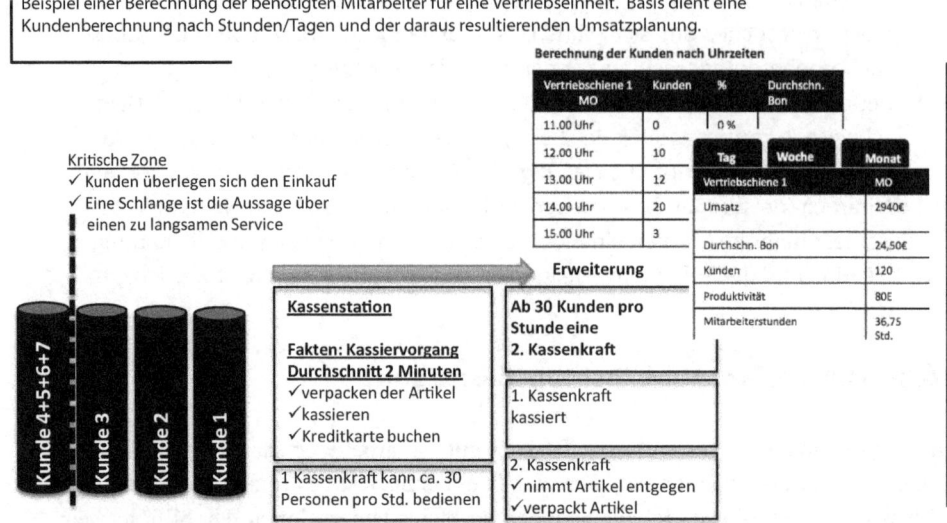

Abb. 16.3 Berechnung der Mitarbeiter auf Vertriebspositionen

In der Praxis passiert es nicht selten, dass kaufwillige Kunden da sind, aber eine fehlerhafte Mitarbeiterbesetzung verhindert, dass der Kunde bedient wird. Spart das Unternehmen an Mitarbeitern, fehlt es an der Kundenbetreuung. Hilft sich der Kunde dann selber,
unterbleiben gleichwohl höhere Umsatzergebnisse, da es nicht zu Zusatzkäufen auf der
Grundlage von Beratung kommt. Eine Dienstplanung mit dem jeweiligen Mitarbeiter am
richtigen Platz ist ein weiterer Garant für Umsatz- und Kundenzufriedenheit.

▶   Durch die Einteilung der Mitarbeiter nach Uhrzeit, Position, Aufgabe, Stufen,
        Umsatz, Vertriebsschienen und Kundenzahl wird schnell erkennbar, wo der
        optimale Mitarbeiterbedarf liegt. Der Franchisenehmer erkennt, ob seine Mit-
        arbeiter den betriebswirtschaftlichen Aufgaben entsprechend umsatzorien-
        tiert planen.

Der Franchisegeber tut gut daran, seinem Franchisenehmer Module zur sicheren Dienstplangestaltung zur Verfügung zu stellen.

16.4   Besuchsberichte und Aktionspläne

Besuchsberichte sind ein wesentlicher Bestandteil in der Kommunikation zwischen Franchisegeber und Franchisenehmer. Um diese Kommunikation zu erleichtern, sollte ein Besuchsbericht Formularcharakter haben, aus dem die beim Besuch behandelten Themen
hervorgehen. Neben Uhrzeit und Datum sollten hier sämtliche behandelten Themen des
Besuches dokumentiert werden. Alle Franchisenehmer-Besuche sollten in der Franchise-

nehmerakte archiviert werden, damit die Inhalte und Aktionen im Nachhinein bei den Jahresendgesprächen nachvollziehbar sind.

Die Besuchsberichte sollten im Allgemeinen die besprochenen Punkte oder die Empfehlungen zur Systemverbesserung nachweisen, die dem Franchisenehmer helfen, diese angemerkten Punkte zielgerichtet abzuarbeiten. Aber auch Aufgaben, die der Franchisegeber in seinen Fachbereichen terminiert zu erledigen hat, gehören in einen Besuchsbericht. Wichtig ist, dass auch bei unerfreulichen Besuchen die Aktivitäten und Inhalte des Besuches, inklusive Zielvereinbarungen, Systemgrundlagen und deren Umsetzung sowie Verstöße gegen Richtlinien festgehalten werden. Dies gilt ebenso für besonders gute Ergebnisse in den jeweiligen Franchisestandorten.

Aufgrund der Tatsache, dass das Beratungsumfeld des Franchiseberaters sehr groß ist und der Berater aus einer großen Erfahrung heraus berät, ist ein strukturierter Besuch besonders wichtig, wenn es darum geht, die richtigen Hilfsmodule zu nutzen und dem Franchisenehmer die richtige Hilfestellung zu geben.

Infolge eines Besuches sollte der Franchisenehmer mit einem Aktionsplan ausgestattet werden, der ihm hilft, seine Aktionen umzusetzen. Des Weiteren kann der Franchisegeber den Aktionsplan auch an seine Mitarbeiter zur direkten Abarbeitung weiterleiten.

▶   Der Besuchsbericht geht direkt an den Franchisenehmer und sollte auch in der Franchisezentrale nur ausgewählten Mitarbeitern des Franchisegebers zugänglich sein. Die Mitarbeiter in der Franchisezentrale, die in die Kommunikation miteingebunden sind, sollten, um die Dokumente zu schützen, auch eine Vertraulichkeitserklärung unterschreiben, damit die Informationen nicht an unbefugte Dritte weitergeleitet werden. Der Besuchsbericht ist ein sensibles Instrument, das motivierend und zielführend eingesetzt werden kann. Mitarbeiter, die Besuchsberichte erstellen, sollten geeignet und in der Lage sein, falsche Kommunikation zu vermeiden, und auf einen guten Umgang mit dem Vertragspartner Wert legen, gleichzeitig aber auch Missstände klar und eindeutig ansprechen und ggf. auch Hilfe bei der Fehlerbehebung anbieten (vgl. Abb. 16.4).

Beispiel

Hier ein Beispiel, inwieweit eine ausführliche Dokumentation einer Franchisenehmerakte Einfluss auf ein Franchisenehmergespräch nehmen kann und anhand der Informationen Lösungen erarbeitet werden, die beiden Franchisepartnern langfristig helfen:

Ein Franchisenehmer hat seit einem Jahr einen Rückgang der Kundenzahl zu registrieren. Das wirkt sich negativ auf die Umsatzentwicklung aus. Der Franchiseberater hat innerhalb eines Jahres sechs Besuche absolviert. Seine Empfehlungen bezogen sich auf Produktpräsentation, Markenauftritt, Mitarbeiterbesetzung und Training.

Der Franchiseberater hat alle Empfehlungen mit Beschreibung der Sachlage, Hilfestellung in Bezug auf Werkzeuge und Prozessabläufe sowie Umsetzungstipps im Aktionsplan festgehalten. Die Beratungsinhalte sind im Besuchsbericht festgehalten, inklusive der Abarbeitungstermine bzw. Kontrolltermine mit messbaren Kennziffern.

Beispiel für einen Besuchsbericht. Da ein Besuchsbericht stets ein sehr sensibles Thema ist, sollte jedes Unternehmen einen Trainerleitfaden und eine Richtlinie für die Umsetzung erstellen.

Hinweisspalte

Besuchsbericht

Besuchsdatum:	———	**Art des Besuches**	
Uhrzeit:	———	Standardbesuch	o
Standort:	———	Follow-up	o
Kundenanzahl:	———	Revision	o
Mitarbeiteranzahl:	———	Halbjahresgespräch	o
Betriebsleitung:	———	Sonstiges	o
Jahresbesuch Nr:	———	Verteiler: _____	

Berichte sollten kurz und informativ sein.

Detailinformationen im Aktionsplan

Sehr geehrter Herr Beispiel,

vielen Dank für die hervorragende Präsentation Ihres Standortes. Besonders hervorzuheben ist die Freundlichkeit und die Präsenz Ihrer Mitarbeiter.

Im Zuge unseres Halbjahresrewiews möchte ich die noch offenen Punkte Ihnen und Ihrem Team anhand eines Aktionsplans darstellen.

Top1
LKM – Lokales Marketing
Im Bereich Trafficanalyse und Werbeicons als Wegbereiter sind folgende Standorte im Defizit. To-dos mit Zeitrahmen und Beispiele siehe Aktionsplan

Top2
Dienstplangestaltung – Tagesplanung
Verstärkte Probleme Personalkosten +2,7% gegenüber Benchmark – Unproduktivstunden zu hoch. Verlust in Bondurchschnitt minus 0,70€ BM p.M. Kein Einsatz der Tagesplanung. Siehe Aktionsplan

weiter Seite 2
Seite 1 von 5

Termine und Hinweise

Bitte per Fax:
Info bis 15.03.14
Anzahl und
Straßenkarte

Info bis 17.03.14
zwecks Trainings-
terminierung

BM = Benchmark

Wichtig:
Besuchsbericht ist für Franchisenehmer.

Aktionsplan ist für Franchisenehmer und Mitarbeiter (auch in der Formulierung und in den Inhalten beachten).

Siehe Richtlinie Besuchsbericht

Abb. 16.4 Besuchsbericht

Der Franchisenehmer bittet Ende des Jahres um einen Termin bei der Geschäftsleitung, um über eine Reduzierung der Systemgebühren und der Miete zu sprechen. Durch den Umsatzverlust steht der Franchisenehmer kurz vor der Insolvenz. Diese Tatsache ist schlecht für die Marke und der Franchisenehmer muss handeln.

Der Franchisenehmer wirft dem Franchisegeber vor, dass mangelnde Unterstützung und schlechtes Marketing die Ursache für die drohende Insolvenz seien. Auf Basis einer guten Dokumentation der Besuche und der daraus resultierenden Aktionspläne und den beigefügten Kennzahlen, den Systemchecks, Besuchsberichten, Kundenbe-schwerden usw. kann der Franchisegeber den Vorwürfen des Franchisenehmers ent-gegentreten und ihm nachweisen, dass die Probleme von ihm zu verantworten sind.

Lediglich eine Mietreduzierung und die Hoffnung auf Besserung werden nicht hel-fen, die Missstände zu beseitigen. Dem Franchisegeber obliegt es nun, fallbezogene Entscheidungen zu treffen, um dem Franchisenehmer zu helfen.

Ein Lösungsansatz auf Basis der Fakten aus Besuchsberichten, Systemcheck und Mystery Customer wäre:

- Summe X aus Miete und Gebühren wird mit X Zinsen belegt
- die Reduzierung von Miete und Gebühren ist lediglich ein Darlehen
- für den Zeitraum X wird ein Trainer eingesetzt zur Abarbeitung der Aktionspunkte
- der Franchisenehmer arbeitet direkt mit Trainer zusammen. Die Trainingskosten werden dem Franchisenehmer separat berechnet

Fazit: Das System verliert keinen Franchisenehmer, die Gefahr einer Insolvenz ist ab-gewendet. Der Franchisenehmer wird trainiert, um seinen Verpflichtungen nachzukom-men. Der Franchisegeber unterstützt seinen Franchisenehmer, geht aber keine finan-ziellen Verluste ein. Eine Reduzierung der Miete und ein Erlass der Gebühren alleine hätten keine Veränderung gebracht, sondern ggf. die Insolvenzantragsstellungsfrist nur verschoben. Durch das Training wurde der Standort wieder auf positiven Umsatz und Kundengewinnung eingestellt. Der Franchisenehmer kann dadurch die Defizite selbst-ständig beseitigen und seine Schulden tilgen.

Aktionspläne, Besuchsberichte, Jahresgespräche und andere Kommunikationsmit-tel sollten abgestimmt sein. Die konsequente und verbindliche Nutzung dieser Module sind ein wichtiger Bestandteil, der zur Stärkung des Systems dient.

Zum Besuchsbericht gehört auch ein Aktionsplan. Dieser dient dazu, Inhalte festzuhalten und Lösungen zu erfassen. Die Aufgaben, die zwischen dem Franchisegeber und dem Franchisenehmer festgehalten wurden, sollten im Aktionsplan direkt mit den dazu pas-senden Aktionen unterlegt werden. Der Franchiseberater greift in der Beratung auf Best Practice und die Systemvorgaben zurück und empfiehlt Aktivitäten, um eine Verbesserung der Situation des Franchisenehmers zu bewirken.

Der Aktionsplan beinhaltet Aktionen und Abläufe mit Terminen und Kennzahlen, die als Maßstab dienen können. Termine zur Nachkotrolle und Kennzahlen machen das Er-gebnis messbar.

▶ Ein Aktionsplan und seine Abarbeitung sowie korrigierendes Feedback sind die Basis für die Akzeptanz eines jeden Franchiseberaters und dessen Aktionsempfehlung.
Ebenso kann der Aktionsplan auch eine gesprächsführende Grundlage für ein Jahresgespräch sein, wenn die Kennzahlen weit unter der Benchmark liegen und Aktionen und Empfehlungen nicht umgesetzt wurden. Der Aktionsplan und seine Umsetzung sind idealerweise ein Bestandteil des Besuchsberichtes (vgl. Abb. 16.5).

Ein Aktionsplan kann unterschiedlich dargestellt werden. Jedoch sollte dieser in jedem Franchisesystem einen festen Bestandteil haben.

Standort: Geschäftsjahr:
Franchisenehmer: Aktionsplan- Nummer: **120536**

Besuch Datum	Thema	Aktion	Zielpunkt	Follow-up	Follow-up II	Erledigt Unterschrift
	Top1 **LKM - Lokales Marketing** Im Bereich Trafficanalyse und Werbeicons als Wegbereiter sind folgende Standorte im Defizit. To-dos mit Zeitrahmen und Beispiele siehe Aktionsplan	AKTIONEN SOLLTEN IMMER DETAILLIERT ERKLÄRT WERDEN Anhang: SV12639 in den Systemgrundlagen	15.03.14	15.02.14		
	Top2 **Dienstplangestaltung –** **Tagesplanung** Verstärkte Probleme Personalkosten +2,7%					

⚠ Ein Aktionsplan sollte fortlaufend sein und einen Bestandteil des Jahresendgesprächs darstellen. Dieser kann für Besuchsberichte und Systemcheck als ein Tool verwendet werden.

Abb. 16.5 Aktionsplan

16.5   Warenbestückungspläne

Branchenübergreifend ist es wichtig, dass die Bestückung der Präsentationsflächen von Waren und Verkaufsgütern an einem Standort gut geplant und einheitlich ist. Um diese Einheitlichkeit zu gewährleisten, gilt es, den Warenbestückungsplan im Auge zu haben. Der Franchisegeber plant die Präsentation der Ware unter Berücksichtigung von Aktionen, saisonalen Bedingungen oder zielgerichtetem Verkauf.

Basis der Ausarbeitung des Warenbestückungsplanes im Verkauf ist das sogenannte „Eye Tracking", bei dem das Blickfeld des Kunden analysiert wird und infolgedessen die Produkte an den jeweiligen Platz gesetzt werden. Auf Basis dieser Analyse kann die Bestückungsplanung individuell anpasst werden, sodass der Kunde mit seinem Blick auf ein bestimmtes Produkt aufmerksam wird.

Ziel des Warenbestückungsplanes ist es, den Einkauf des Kunden zielstrebiger zu gestalten oder ihn durch optimal platzierte Marketingelemente unter Berücksichtigung der Regeln zur Warenbestückung zum Kauf oder auch Zusatzverkäufen anzuregen.

Von Wichtigkeit ist die durchdachte Planung im Mehrfilialsystem, da bei großen Konzepttypen oft der Fall eintritt, dass jeder Franchisenehmer seine eigenen Pläne macht und somit die Einheitlichkeit des Systems stört.

Der Kunde sollte die Möglichkeit haben, unabhängig vom jeweiligen Standort des Franchisenehmers immer die gleichen Produkte an der gleichen Stelle vorzufinden. Das bewirkt, dass der Kunde eine gewisse Bindung zum System aufbaut und sich beim Ein-

Ein Warenbestückungsplan verhilft zu einem einheitlichen Marktauftritt und leitet die Ware je nach Priorität zum Kauf.

TOP LAGE

Warenregal

B-LAGE

Augenhöhe

A-LAGE

C-LAGE

D-LAGE

Waren-
bestückungsplan

Blickwinkel des Kunden

Marketing Werbemittel
Marketingmaterialien sollten gezielt positioniert werden, um den Verkauf zu steuern.

Warenbestückung
Die Bestückung in A- und B -Lage kann zu Zusatzverkäufen anregen und Kombinationen ergeben.

Kundenbindung
Der Kunde soll an jedem Standort die gleiche Ordnung vorfinden, sodass er zum Kauf angeregt ist und nicht durch Suchen überfordert wird.

Eye Tracking – Der Blickwinkel
Die Waren werden nach Marge, Verkaufsabsicht, Verkaufsziel oder Aktion in der entsprechender Lage (A-D) beziehungsweise im Blickwinkel des Kunden positioniert.

Führung des Kunden
Der Weg des Kunden wird geleitet und regt zu Zusatzkäufen an.

Positionierung der Ware
Die Anzahl der Waren pro Artikel sowie die Positionierung im Regal je nach Verkaufsziel sind festgelegt.

Der Kunde möchte seine Ware in seiner gewohnten Umgebung auffinden. Eine Ware bekommt durch die Positionierung in der Verkaufsfläche eine andere Verkaufspriorität und wird je nach Position im Verkaufsregal von Kunden unterschiedlich wahrgenommen.

Abb. 16.6 Warenbestückungsplan

kauf wohler fühlt. Außerdem wird über diesen Weg die Marke des Franchisesystems gezielt und professionell kommuniziert.

Ein weiterer psychologischer Nutzen des Eye Trackings ist die Führung des Kunden durch den Standort. Während er sich für ein bestimmtes Angebot interessiert, wird sein Blick automatisch zu Kombiprodukten geleitet, die zum Angebot passen. Sollte der Kunde den Standort wegen eines Aktionsproduktes betreten haben, so wird er durch durchdachte Marketingelemente und das Platzieren von Kombiprodukten in Augenhöhe dazu angeregt, seinen Einkauf zu erweitern. So wird der Umsatz gesteigert.

Wenn Produkte wahllos positioniert werden, hat der Kunde keine Möglichkeit, sich an dem Standort zurechtzufinden. Diese Irritation schlägt sich unmittelbar im Umsatz nieder, da auf nicht auffindbare Produkte verzichtet wird oder diese bei einem Mitbewerber gekauft werden.

Aus dem Bestückungsplan geht nicht nur die Position des Produktes hervor, sondern auch der Mindestbestand. Nicht aufgefüllte Regalflächen werden von Kunden gemieden, sie vermitteln oft minderwertige Qualität und geben keine Kaufanreize.

Ein Bestückungsplan kann aber auch zu Trainingszwecken genutzt werden, wie zum Beispiel das Bestücken eines Lagers in der Positionierung der Ware und in der Stückzahl, um eventuell einen schnellen Zugriff zu gewährleisten oder die Bestellgrößen festzulegen (vgl. Abb. 16.6).

16.6   Mitbewerberanalyse

Eine Mitbewerberanalyse hat die unterschiedlichsten Einsatzgebiete, von der Standortplanung und Projektierung der Expansionsgebiete bis hin zur Standortanalyse, um Problemfelder zu analysieren, und dem Forecasting von Aktions-Umsatzplanungen.

Im Bereich der Expansion spielt die Mitbewerberanalyse eine Rolle, um den Standort in Kategorien wie Umsatz, Preispolitik der Mitbewerber und Absatz einzuordnen. Kundenzählungen und Informationen über den Kundenlauf beziehungsweise den Abgriff der Laufkundschaft haben einen erheblichen Anteil an der Umsatzplanung. Mitbewerber müssen nicht unbedingt umsatzreduzierend sein, sondern können den Kundenlauf auch steuern. Eher ruhige Standorte werden durch Mitbewerber für den Kunden attraktiver und beleben so den Kundenlauf. Daher ist es wichtig, die Standortentwicklung auch aus Sicht der Mitbewerberanalyse zu betrachten. Warenbestückung und Preisgestaltung bei Mitbewerbern oder Traffic-Generatoren geben oft Auskunft über die Kundenstruktur.

Die Beobachtung von Marketingaktionen und Aktivitäten geben Auskunft, inwieweit der Mitbewerber-Standort Sondermarketingaktionen durchführt, wenn zum Beispiel die erwarteten Umsätze nicht eintreten.

Die Positionierung der Werbeflächen gibt Auskunft darüber, inwieweit die zuständige Behörde Einschränkungen vorgibt. Kaufkraft, Arbeitslosenquote und weitere Kennzahlen sind ebenfalls für bestimmte Branchen in der Planung ein wichtiges Indiz für die Standortentwicklung und die Sortimentspolitik des Mitbewerbers.

Mitarbeiter bei einem Mitbewerber in seinen Verkaufsstunden zu analysieren, gibt Informationen über den Kundenfluss und die mögliche Kostenentwicklung, wie zum Beispiel die Personalkosten, die einen erheblichen Anteil an der Rentabilität haben. Leerzeiten an Standorten geben Auskunft über die unproduktiven Kosten und können so bei der Rentabilitätsberechnung als Handicap oder als Option zur Umsatzplanung berücksichtigt werden.

Konkurrenz belebt das Geschäft, aber auch aggressive Preisbildung. Discounter geben uns Preise vor, die Kunden sind preisempfindlich und haben Richtwerte von Preisen für die Produkte. Daran orientiert sich die Meinung des Kunden, ob ein Anbieter preisgünstig oder überteuert ist. Eine Mitbewerberanalyse zur Preisentwicklung beinhaltet die Key Player von Produkten, die je nach Branche unterschiedlich einzuordnen sind. Jedoch sollte ein Franchisegeber anhand von standardisierten Abfragemodulen die Preisgestaltung seiner Mitbewerber analysieren und dies in seinen Preisempfehlungen berücksichtigen. Um schnell zu reagieren, sind diese Informationen stunden- beziehungsweise tagesgenau einzuholen. Meist werden Franchisenehmer mit eingebunden, die die Abfragen durchführen, die Informationen an den Franchisenehmer melden, der dann die Aufbereitung und die Kommunikation der Zahlen übernimmt. In einer preisintensiven Branche, in der Tagespreise und Angebot den Kundenlauf vorgeben, empfiehlt es sich, die Preisentwicklung und Informationen aus der Mitbewerberanalyse über ein Preisbarometer der Key-Produkte mittels Intranet darzustellen, damit sich jeder Franchisenehmer danach richten kann.

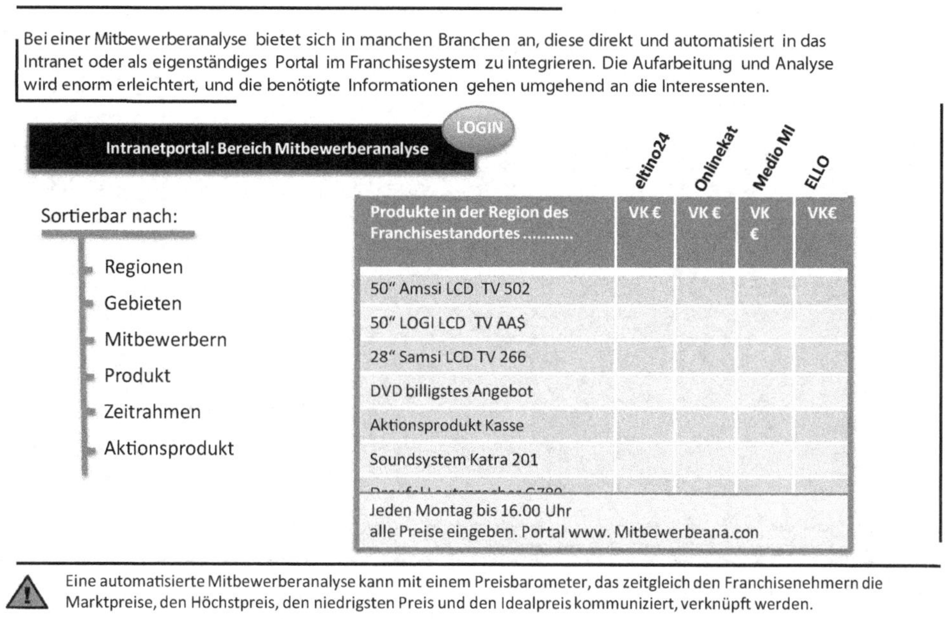

Bei einer Mitbewerberanalyse bietet sich in manchen Branchen an, diese direkt und automatisiert in das Intranet oder als eigenständiges Portal im Franchisesystem zu integrieren. Die Aufarbeitung und Analyse wird enorm erleichtert, und die benötigte Informationen gehen umgehend an die Interessenten.

Intranetportal: Bereich Mitbewerberanalyse	eltino24	Onlinekat	Medio Mi	ELLO
Sortierbar nach:	**Produkte in der Region des Franchisestandortes...........** VK €	VK €	VK €	VK€
Regionen				
Gebieten	50" Amssi LCD TV 502			
Mitbewerbern	50" LOGI LCD TV AA$			
Produkt	28" Samsi LCD TV 266			
Zeitrahmen	DVD billigstes Angebot			
Aktionsprodukt	Aktionsprodukt Kasse			
	Soundsystem Katra 201			
	Jeden Montag bis 16.00 Uhr alle Preise eingeben. Portal www. Mitbewerbeana.con			

Eine automatisierte Mitbewerberanalyse kann mit einem Preisbarometer, das zeitgleich den Franchisenehmern die Marktpreise, den Höchstpreis, den niedrigsten Preis und den Idealpreis kommuniziert, verknüpft werden.

Abb. 16.7 Auszug einer Mitbewerberanalyse

▶ Da der Franchisegeber die Verkaufspreise an seine Franchisenehmer nicht anweisen kann, empfiehlt es sich für den Franchisegeber, ein Preisbarometer zu erstellen und dieses seinen Franchisenehmern mitzuteilen. Somit hat jeder Franchisenehmer einen Richtwert, was der ideale Preis im System und gegenüber seinen Mitbewerbern ist (vgl. Abb. 16.7).
Eine falsche Preispolitik kann auch geschäftsschädigend sein; somit kann eine solche Kommunikation einen bindenden Rahmen zur Preisgestaltung herstellen. Unterschiedliche Preisgestaltungen in den Franchisestandorten schaden dem System, da der Kunde irritiert ist und ein Wiederkommen unwahrscheinlich wird. Der Kunde weiß genau, was Key-Produkte kosten.

16.7 Tägliche oder wöchentliche Inventuren

Tägliche Inventuren sind vor allem sinnvoll, wenn das Franchisesystem mehrere verschiedene Vertriebsschienen hat oder das System einen gewissen Schwund aufweist, der nicht zuzuordnen ist.

Beispiel

Ein Fall aus der Systemgastronomie: In einer Verkaufseinheit werden bestimmte Produkte zum Verkauf angeliefert. Diese Produkte werden warm gehalten und kombiniert

Beispiel einer Inventurberechnung. Im Foodbereich können zum Idealwert der einzelnen Produkte auch Rezepturen hinterlegt werden.

Produkt	Artikel-nummer	Bestand Anfang	Lieferung	Abgänge extern	Verkauf laut P-Mix	Ist - Bestand	Soll - Bestand	EK-Preis	Gesamt - wert	Ideal - wert	Differenz aktuell
Becher xxl	502345	120	500	30	60	521	530	0,27€	140,67€	143,1€	- 2,43€
		=	+	-	-	= aus Zählung	= von Produktmix Kasse			= Produktmix mit EK - Preis	

Zusätzliche Erfassungslisten zur Inventur
- Wareneingangslisten mit Buchungskonten
- Schwundlisten, Abfalllisten
- Externer Warenversand
- Produktmix aus dem Kassensystem
- letzte Inventur – Anfangsbestand

 Idealwerte werden anhand von Rezepturen berechnet. Der Vergleich zeigt oft unsachgemäßes Handling der Systemvorgaben auf.

Abb. 16.8 Tägliche/wöchentliche Inventur

in Menüs und als Einzelprodukte verkauft. Der Einsatz oder der Verbrauch der Waren ist in diesem Fall nach dem Tagesabschluss den Sollvorgaben nicht zuzuordnen und schwankt täglich stark. Um die Ursachen dieser enormen Schwankungen im Verbrauch klären zu können, bietet sich eine tägliche Inventur der wichtigsten Verbrauchsgüter an.

Somit können zum Beispiel Getränkebecher, ihrer Größe nach geordnet, den auf dem Kassenstreifen gebuchten Getränken in Anzahl und Größe zugeordnet werden. Am Ende des Tages werden die gelieferten Artikel mit den gebuchten Artikeln und abzüglich der Becher aus der Abfallliste abgeglichen. Sollten hierbei keine Differenzen auftreten und der Verbrauch von Zutaten im Produkt weiterhin zu hoch sein, so sollten die Rezepturen beziehungsweise die Handhabung des Produktes überprüft werden.

Tägliche Inventuren können auch dazu dienen, Core-Produkte zur Nachbestellung freizugeben oder als Präventionsmaßnahme gegen Diebstahl zu nutzen.

Je nach System und Branche wird eine tägliche Inventur unterschiedlich gehandhabt. Es können Kassensysteme genutzt werden, die den Idealwert des Verbrauchs anhand von Rezepturen errechnen. Dieser Idealwert wird durch die Eingabe der Rezepturen und der verkauften Artikel erstellt. Anhand der Rezeptur ergibt sich eine Vergleichbarkeit des Soll-Verbrauches und des Ist-Verbrauchs. Schwankungen können auftreten durch zu hohen Verbrauch, Diebstahl, Produktmanipulation oder unsachgemäße Lagerhaltung (vgl. Abb. 16.8).

16.8 Verkaufsanalyse

Verkaufsanalysen sind ein fester Bestandteil jedes vertriebsorientierten Unternehmens. Unternehmen analysieren mithilfe unterschiedlicher Parameter ihre Verkaufserfolge oder Defizite, um die bestmöglichen Aktivitäten zur Verbesserung des Verkaufserfolgs einzuleiten.

Ein Franchisesystem ist vom Umsatz seiner Franchisenehmer abhängig. Je mehr Umsatz, desto höher die Franchisefee, und bei umsatzorientierten Mietverträgen auch die Umsatzpacht.

Der Franchisegeber gibt dem Franchisenehmer Werkzeuge an die Hand, mit denen er seinen Standort analysieren und Maßnahmen ergreifen kann. Analysewerkzeuge gibt es je nach Branche in den unterschiedlichsten Formen, doch im Ergebnis sind alle gleich: Sie zeigen Missstände, Erfolge, Umsatzentwicklungen und Trends auf.

Der Franchisegeber erhält täglich seine geforderten Kennzahlen, das sind Mitarbeiter-Einsatzstunden, Umsätze nach Vertriebsschienen, Kassenbons/Transaktionen. Bei einer Analyse könnte sich ergeben, dass die Umsätze sich in den Vertriebsschienen im prozentualen Anteil stark verschoben haben. Diese Kennzahlen sind mit dem Trend, zum Vorjahr und dem Tag oder Ereignis des Vorjahres (zum Beispiel Ferienbeginn) zu vergleichen. Die Einflüsse des Wetters werden ebenfalls berücksichtigt.

In der Analyse werden Mitarbeiter dem Umsatz gegenübergestellt, und man errechnet die Produktivleistung in Form von Umsatz pro Mitarbeiterstunde. Zeichnet sich an einem Standort eine zu hohe Produktivität ab, kann diese nur erwirtschaftet worden sein, wenn der Standort mit Mitarbeitern unterbesetzt war. Der Franchisegeber fordert diesbezüglich den Mitarbeiterbesetzungsplan an und erkennt daraufhin, dass die Vertriebsschienen 1 und 2 mit zu wenig Personal besetzt waren.

Durch die schlechte Personalbesetzung und daraus resultierende zu hohe Produktivität lassen sich in der Vertriebsschiene 1 und 2 erkennen, dass Kunden nicht zeitnah bedient wurden. In der Umsatzanalyse wurde festgestellt, dass Vertriebsschiene 4 weit über den Erwartungen des Markttrends liegt. Wenn 1 und 2 richtig besetzt werden und der Markttrend auf die Vertriebsschiene 1 und 2 berechnet wird, so kann gemutmaßt werden, wie viel Umsatz durch die Unterbesetzung verloren ging.

Im Bereich der Abschöpfung der Kunden im Vergleich mit dem durchschnittlichen Verkaufserlös pro Bondurchschnitt wird man meist bei einer Unterbesetzung wie in den Vertriebsschienen 1 und 2 auch einen Rückgang des Bondurchschnitts in Euro erkennen. Kunden werden nicht nur nicht bedient, sondern auch zu schnell und oberflächlich abgewickelt, ohne Zusatzempfehlungen beziehungsweise Zusatzverkäufe.

Zu einer Verkaufsanalyse gehören aber auch Kennzahlen aus dem Verkaufsmix von Produkten, inwieweit Schlüsselprodukte verkauft werden, Aktionen greifen oder Zusatzverkäufe getätigt werden. Möchte man Aktionserfolge messen, errechnet man deren Anteile und die Verschiebung im Produktmix.

Aktionen werden mit der Erreichbarkeit von Neukunden und deren Anteil im Produktmix bewertet. Zielgruppen werden den Produktverkäufen gegenübergestellt. Nischen wer-

Eine Verkaufsanalyse kann unterschiedlich aufgebaut sein. Die aufgeführten Beispiele zeigen, welche Einflüsse in einer Verkaufsanalyse berücksichtigt werden können.

Situationen, die den Verkauf und den Umsatz beeinflussen	Produkt zur Analyse	Kennzahlen, die den Umsatz durch den Verkauf beeinflussen
- verschobenes Vorjahr - Wetter - Marketingaktionen - Aktionen Mitbewerber - Trend - Mitarbeiterbesetzung - Standort der Ware - Präsentation der Ware - Impact-Situationen auf den Verkauf - Kundenrückgang - Zielgruppen-Verschiebung - kein Verkaufsfokus - keine Umsetzung der Systemgrundlagen - Preisgestaltung - Produktakzeptanz Kunde - Mitarbeiter Training - weitere Punkte …	- Aktionsprodukt - Bestandsprodukt - Bestperformer - „Verlier und Gewinner" im Verkauf - Kombi-Produkt - Impact-Produkt - Herstellungsprozess - Qualitätssicherheit - Produktsicherheit - weitere Punkte …	- Verkaufsdurchschnitt - Produktmix-Rangfolge - Margen-Verteilung - Arbeitsaufwand - Bon-Durchschnitt - Produktivität - Umsatz pro qm - Benchmark - Kennzahlen Vorjahr - Vergleichsstandorte - Inventur – Produktmix - Prozentanteil an Warengruppe - Verkaufspreis im Durchschnitt - weitere Punkte …

Abb. 16.9 Verkaufsanalyse

den erkundet, Produkte werden anhand von den Ergebnissen kreiert oder Aktionen für Kundenbindung und zur Gewinnung von Neukunden entwickelt. Eine Verkaufsanalyse gehört aber auch zur Kostenanalyse. Wie gestaltet sich der Produktmix im Verhältnis zu den einzelnen Margen? Sind Zusatzprodukte gelistet, die dem geforderten Anteil entsprechen? Beeinflussen sie Umsatz und Unternehmerprofit positiv? Ist ein Defizit im Anteil der Produktverteilung zu erkennen, schlägt sich dies auch negativ im Umsatz nieder und beeinflusst somit auch die kostenbedingten Faktoren (auch operative Kosten genannt) negativ.

Aber auch in der Expansionsphase werden Verkaufsanalysen (vgl. Abb. 16.9) bis hin zur Produktmixanalyse vorgenommen. In der Planung werden diese Kennzahlen und deren Erkenntnis berücksichtigt. Regalanordnungen werden diesbezüglich geplant, Kassenstationen positioniert, Verkaufsinformationen und Kundenwege eingerichtet, aber auch Maschinen und Produktionswege werden zur Leistungsoptimierung geplant.

▶   Der Franchisegeber stellt dem Franchisenehmer ein Analysewerkzeug zur Verfügung. In Managementschulungen werden diese erläutert, Fallbeispiele erklären die Handhabung.
Der Franchisegeber analysiert den Markt und die Regionen und beobachtet seine Franchisenehmer in Bezug auf Trends, Vorjahr und Planung. Der Franchisenehmer arbeitet mit diesen Werkzeugen und ergreift notwendige Maßnahmen. Der Franchiseberater unterstützt den Franchisenehmer, sofern Fragen zu Maßnahmen bestehen. Best Practice, Lösungsvorschläge zur Situationsverbesserung finden sich im Systemhandbuch oder im LKM-Maßnahmenkatalog.

Beispiel zum Aufbau einer Umsatzplanung mit verschiedenen Vertriebsschienen.
Diese kann für die Expansionsplanung oder für die Jahresplanung eines Standortes eingesetzt werden.

vom Gesamtumsatz

Berechnung der Kunden nach Uhrzeiten

Vertriebsschiene 1 MO	Kunden	%	Durchschn. Bon
11.00 Uhr	0	0 %	
12.00 Uhr	10	8,3%	23,70 €
13.00 Uhr	12	10%	26,50 €
14.00 Uhr	20	17 %	22,70 €
15.00 Uhr	3	2,5%	19,80 €

Tag	Woche	Monat	
Vertriebsschiene 1		MO	%
Umsatz		2940€	23 %
Durchschn. Bon		24,50€	
Kunden		120	
Produktivität		80E	
Mitarbeiterstunden		36,75 Std.	

Total Kunden x Durchschnittsbon = Umsatz

⚠ Eine Umsatzplanung sollte immer auf die zu erwartende
Kundenzahl mit deren Verkaufsdurchschnitt errechnet werden.

Abb. 16.10 Umsatzplanung

Ein Franchisesystem sollte einen eingebauten Automatismus besitzen, der Standortdefizite im Bereich Umsatz aufzeigt und Franchisenehmer über Ereignisse im Vergleich zum Benchmark über seinen Standort informiert. Der Vorteil für den Franchisegeber ist, dass dadurch Umsatz, Personaleinsatzplanung und Kundenzufriedenheit durch Service eine ganz andere positive Bedeutung bekommen.

16.9 Umsatzplanung

Eine Umsatzplanung basiert auf Vorjahreskennzahlen und Planzahlen. Planzahlen resultieren aus Erfahrungswerten, Kennzahlen und Rechenschablonen, die je nach Branche und Unternehmen unterschiedlich sind (vgl. Abb. 16.10).

Eine Umsatzplanung ist die Basis für Warenbestellungen, Personalplanung sowie Aktionen zur Kundengewinnung und eine Entscheidungsvorlage für die unterschiedlichen Aktivitäten im Franchisesystem. Eine Umsatzplanung ist nicht nur für den Franchisegeber richtungsweisend, sondern auch für den Franchisenehmer. Zielvereinbarungen oder Umsatz-Tagesziele basieren auf einer Umsatzplanung. Mitarbeiter werden auf Positionen verteilt, Kassenplätze und Verkaufsstationen werden anhand der Umsatzplanung eröffnet.

Eine Umsatzplanung kann für einen Tag errechnet werden, für eine Woche, einen Monat oder ein bis fünf Jahre.

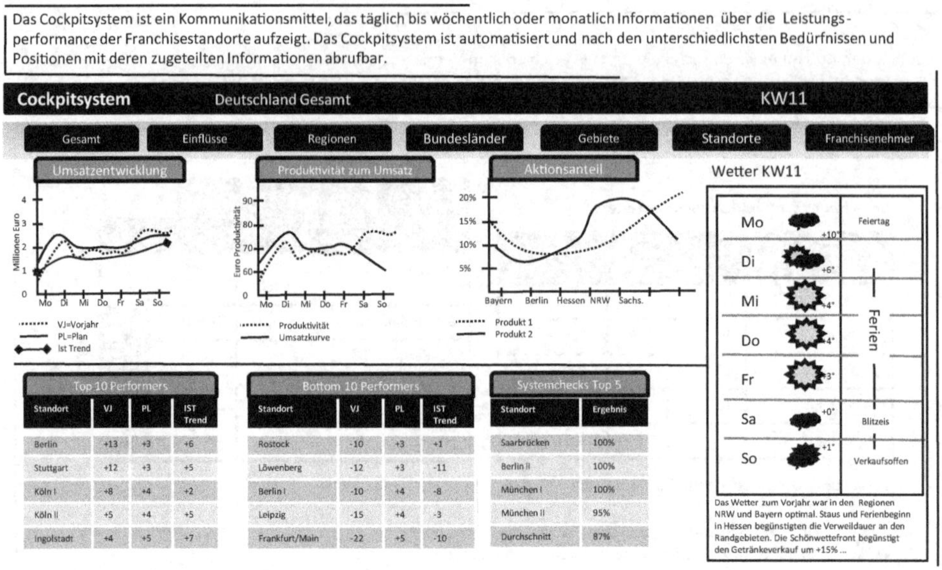

Das Cockpitsystem ist ein Kommunikationsmittel, das täglich bis wöchentlich oder monatlich Informationen über die Leistungs-performance der Franchisestandorte aufzeigt. Das Cockpitsystem ist automatisiert und nach den unterschiedlichsten Bedürfnissen und Positionen mit deren zugeteilten Informationen abrufbar.

Abb. 16.11 Cockpitsystem

Eine Umsatzplanung sollte keine Bauchentscheidung sein. Kennzahlen wie der Trend der letzten Wochen im Vorjahr, Ferien, Brückentage oder auch Jahreszeiten können Umsätze im Ergebnis stark beeinflussen.

Umsatzeinbußen an einem so genannten Brückentag sind zu befürchten, wenn die Standortplanung kundenfreundliche Aspekte vermissen ließ, zu wenig Mitarbeiter eingeteilt sind, die Kunden schlecht oder unzureichend bedient werden.

16.10 Cockpitsystem

Als Cockpitsystem bezeichnet man ein Informationstool mit Kennzahlen, das nach Abteilungen und Hierarchiestufen aufgebaut ist. Kennzahlen werden zu anderen Daten in Vergleich gesetzt, wie zum Beispiel Umsätze zum Vorjahr oder zum Plan. Best Performer im Wachstum können dargestellt werden oder Informationen über den Status der Ziele und beeinflussbare Parameter wie zum Beispiel das Wetter (vgl. Abb. 16.11).

Cockpitsysteme können Kennzahlen von Fachbereichen beinhalten und sind zur Unternehmensführung für die jeweiligen Hierarchiestufen mit Informationen gefüllt. Ob Produktmix oder Leistungskennzahlen – alle Informationen dienen dazu, das Tagesgeschäft zu steuern und schnellstmöglich Maßnahmen einzuleiten.

Kassendaten werden in einer Matrix gefiltert und anhand von Rechenschablonen in eine für das Unternehmen ausgearbeitete Darstellung gebracht. In Mehrfilialsystemen werden Filialen, Regionen, Gebiete oder auch Länder in ihren Tages-, Wochen- oder Monatsleistungen verglichen.

So erhält zum Beispiel eine Personalabteilung detailliertere Informationen über Fluktuation, Produktivleistung oder Trainingsstatus, den durchschnittlichen Stundenlohn oder auch die Personalkosten pro Quadratmeter des Standortes. Die Geschäftsleitung erhält zwar dieselben Informationen, aber im Rahmen einer groben Leistungsübersicht der Personalabteilung mit den wichtigen Kennzahlen.

Je nach Branche sind die Analysetools unterschiedlich aufgebaut und mit Kennzahlen erfasst. Ein Cockpitsystem dient als wichtiger Bestandteil einer Franchisephilosophie. Insbesondere dann, wenn Erfolge an Franchisenehmer kommuniziert werden können, steigert dies nicht nur die positive Einstellung zum Unternehmen, sondern gibt auch Anreize zur Leistungssteigerung.

Gerade für Franchisegeber ist ein Cockpitsystem ein wichtiges Werkzeug zur Planung und Koordination des Franchisesystems. Zahlen und Auswertungen geben Aufschluss über den vergangenen Geschäftsverlauf und helfen, Maßnahmen zu entscheiden und einzuleiten.

16.11 Incentives

Incentives sind ein bewährtes Mittel zur Umsatzsteigerung, Profitoptimierung, Verbesserung der beeinflussbaren Kosten oder auch einer Steigerung von Kennzahlen wie zum Beispiel die Erhöhung des Bondurchschnitts pro Kunde. Für Mitarbeiter werden über einen bestimmten Zeitraum messbare Anreize geschaffen und Hilfsmittel zur Verfügung gestellt, damit diese die gesetzten Sonderziele erreichen. Diese Ziele können stunden- oder schichtenweise oder für einen längeren Zeitraum festgelegt werden. Incentives können vom Franchisegeber national oder standortbezogen angesetzt werden oder auch vom Franchisenehmer angesetzt werden, der seine Mitarbeiter gezielt zu außerordentlichen Leistungen animieren will.

In der Kommunikation hilft dem Franchisenehmer die Tagesplanung, in der er das messbare Ziel nennt und an seine Mitarbeiter kommuniziert. Da der Tagesplan die Dienstplan- und die Positionseinteilung zeigt, muss jeder Mitarbeiter an der Tagesorganisation vorbei und erkennt so die Inhalte und Spielregeln der Incentives. Bonusprogramme funktionieren auf derselben Ebene, sind jedoch oft fester Bestandteil eines Arbeitsvertrags. Ein Incentive ist eine spontane, situationsbedingte Ausschreibung, die zum Beispiel auch zusätzlich zum Bonus des Managements eingerichtet werden kann. Hat zum Beispiel ein Management ein Umsatzjahresziel, so könnte man ein zusätzliches Incentive ansetzen, das den Umsatz vorantreibt, aber durch eine Restriktion den Profit ebenfalls steigert, denn durch jeden Euro Mehrumsatz müssen sich mindestens 70 Cent im operativen Profit wiederfinden. Mitarbeiter-Incentives müssen nicht personenbezogen sein, sondern können auch für Vertriebsschienen eingesetzt werden. Ein Beispiel hierfür wäre: Auf Basis der Vorjahreszahlen wird ein Wettbewerb ausgeschrieben, welches Team der Vertriebsschiene die höchste Steigerung im Bondurchschnitt pro Kunde erreicht. Ein anderes Beispiel wäre ein nationaler Incentive-Wettbewerb initiiert vom Franchisegeber: Welcher Standort erreicht den größten Promotion-Anteil im Verkauf?

Es ist aber bei Incentive-Programmen darauf zu achten, dass sie nicht als selbstverständlich im Team aufgenommen werden. Incentives sollten immer eine Herausforderung sein und für Mitarbeiter und Beteiligte etwas Besonderes.

Durch die Einführung von Incentives interessieren sich die eigenen Mitarbeiter mehr für Umsatz und werden für Kosten sensibilisiert. Durch die Kommunikation bekommt der Begriff Umsatzsteigerung eine andere Bedeutung. Mechanismen zur Umsatzsteigerung werden effektiver eingesetzt. In manchen Unternehmen entstehen regelrechte Wettkämpfe zur Zielerreichung unter den Filialen und deren Mitarbeitern.

16.12   Trainingschecks – Personalaudits

In einem Franchisesystem gibt es Trainingsmodule, Systemvorgaben und vertragliche Verpflichtungen im Bereich der Trainingsumsetzung. Durch die Digitalisierung haben sich die Kommunikation und Reporting des Trainings enorm vereinfacht, doch Trainingsmaßnahmen stellen nach wie vor ein bewährtes Kommunikationsmittel dar, um den Mitarbeitern die Unternehmensphilosophie und die unternehmensbezogenen Standards zu vermitteln. Der Franchisenehmer hat die Personalhoheit und ist somit auch für Einsatz, Ausbildung und Positionierung seiner Mitarbeiter in seinem Franchisebetrieb verantwortlich. Der Franchisenehmer setzt die Systemgedanken und Vorgaben mit seinen Mitarbeitern auf Basis der Trainingsprozesse und der Systemvorgaben zielgerichtet um. Um das Fachwissen den Mitarbeitern effektiv und praxisnah beizubringen, gibt es die unterschiedlichsten Trainingsmethoden.

Ein wichtiger Bestandteil des Trainingssystems ist das Reporting, mit dem der Franchisenehmer den Trainingsstatus prüft. Die Mitarbeiter des Franchisenehmers erhalten personalbezogene Unterlagen, die alle gesetzlich geforderten Materialien enthalten, ebenso Leistungsnachweise über den Ausbildungsstatus und die absolvierten Trainingseinheiten sowie Testergebnisse, Schulungen, Trainingspläne wie auch Information über den Trainingsverlauf. Den Aufbau der Personalakte sollte der Franchisegeber in seinem Administrationsmanual festlegen.

Das Training kann durch Trainingschecks kontrolliert werden, hierbei werden die Trainingsergebnisse mit dem Benchmark aller Franchisefilialen verglichen. Die Umsetzung des Trainings und der Wissensstand der Mitarbeiter werden in der Franchisefiliale überprüft. Der Trainingscheck sollte gemeinsam mit dem Franchisenehmer in seinen Filialen durchgeführt werden. Auf der Grundlage der Ergebnisse schlägt der Vertreter des Franchisegebers mögliche Maßnahmen zur Verbesserung des Trainings vor.

► Soll man angemeldete oder unangemeldete Checks und Audits durchführen? Das ist eine vieldiskutierte Frage. Grundsätzlich sollte die Vorgehensweise der Kultur des Unternehmens entsprechen. Sicherlich sind in Problemfällen und bei Gefährdung der Marke unangemeldete Besuche sinnvoller als wochenlang vorher angekündigte Checks. Aber auch hier gilt wie bei den Systemchecks, dass man auch bei angemeldeten Besuchen erkennt, ob in der Umsetzung der Systemvorgaben Fehler unterlaufen sind. Der Vorteil angemeldeter Besuche ist, dass diese gemeinsam mit dem Franchisepartner erfolgen und das Ziel verfolgt wird, Defizite zu erkennen und Beseitigungsvorschläge zu machen. Die Ankündigung eines Besuches hat häufig auch den Effekt, dass die betroffen Mitarbeiter bemüht sind, Defizite selbst zu analysieren und vor Eintreffen des Besuches abzustellen.

Kommt es zu Problemen im Personalmanagement, gelangen Informationen nicht selten an die Öffentlichkeit. In Folge dessen ist nicht nur der Franchisenehmer als Unternehmer und Verantwortlicher betroffen, sondern ebenfalls die Marke.

Alleine aus dieser Perspektive heraus sollte jeder Franchisegeber ein Personalaudit als Standard ansetzen und dieses konsequent umsetzen. Die Franchisenehmerschaft sollte dies unterstützen, ja, angesichts der Risiken bei Verstößen oder dem Publikwerden von Problemen in der Öffentlichkeit sogar einfordern.

16.13   Systemchecks

Systemchecks sind ein wichtiger Bestandteil eines Franchisesystems. Checks gibt es in unterschiedlichen Formen, in Lang- und Kurzversion, abteilungsbezogen oder auch kundenorientiert, und alle haben dasselbe Ziel, dem Franchisegeber den Ist-Zustand in der Umsetzung der Systemvorgaben aufzuzeigen und Lösungen zu erarbeiten, um das System zu verbessern (vgl. Abb. 16.12).

Es gibt Systemchecks, die von externen Unternehmen entwickelt und zum Einsatz gebracht werden, was in manchen Branchen empfehlenswert sein könnte.

Grundsätzlich sollte aber die Erarbeitung und Durchführung von Systemchecks beim Franchisegeber liegen. Systemchecks haben eine große Wirkung auf das Erscheinungsbild der Franchisemarke und helfen, die Kundenzufriedenheit weiter zu steigern. Ein Systemcheck sollte keine Vorwürfe enthalten, sondern beide Seiten über den Trainingsstatus der Mitarbeiter und die Systemleistung gegenüber den Kunden informieren. Standards werden überprüft und Prozesse auf ihren Nutzen getestet. Auch Instandhaltung, Ausstattung sowie das gesamte Erscheinungsbild werden überprüft. Systemchecks sind nach Kategorien aufgebaut und enthalten Fragen aus dem Kontext der Systemvorgaben. Den Fragen werden die Systemgrundlagen mit ihrer Standardnummern zugewiesen, sodass im Nachhinein der richtige Prozessablauf definiert werden kann. Aufgrund dieser Vorgehensweise werden Systemchecks vergleichbar und können zur Analyse benutzt werden. Die Ergebnisse können dann nach Standorten, Regionen und sogar landesweit miteinander verglichen werden. Ein Systemcheck deckt nicht nur Missstände und Trainingsdefizite in einem Franchisestandort auf, sondern zeigt auch herausragende Franchisenehmerleistungen auf (vgl. Abb. 16.13).

Anbei ein Beispiel für einen Systemcheck. Jede Frage ist den Standards aus dem Systemhandbuch zugeordnet. Jeder Systemcheck beinhaltet einen Aktionsplan. Die Bewertung kann auf Ja und Nein im Antwortbereich aufgebaut werden, aber auch mit Punkten, je nach Priorität und Gewichtung der Frage.

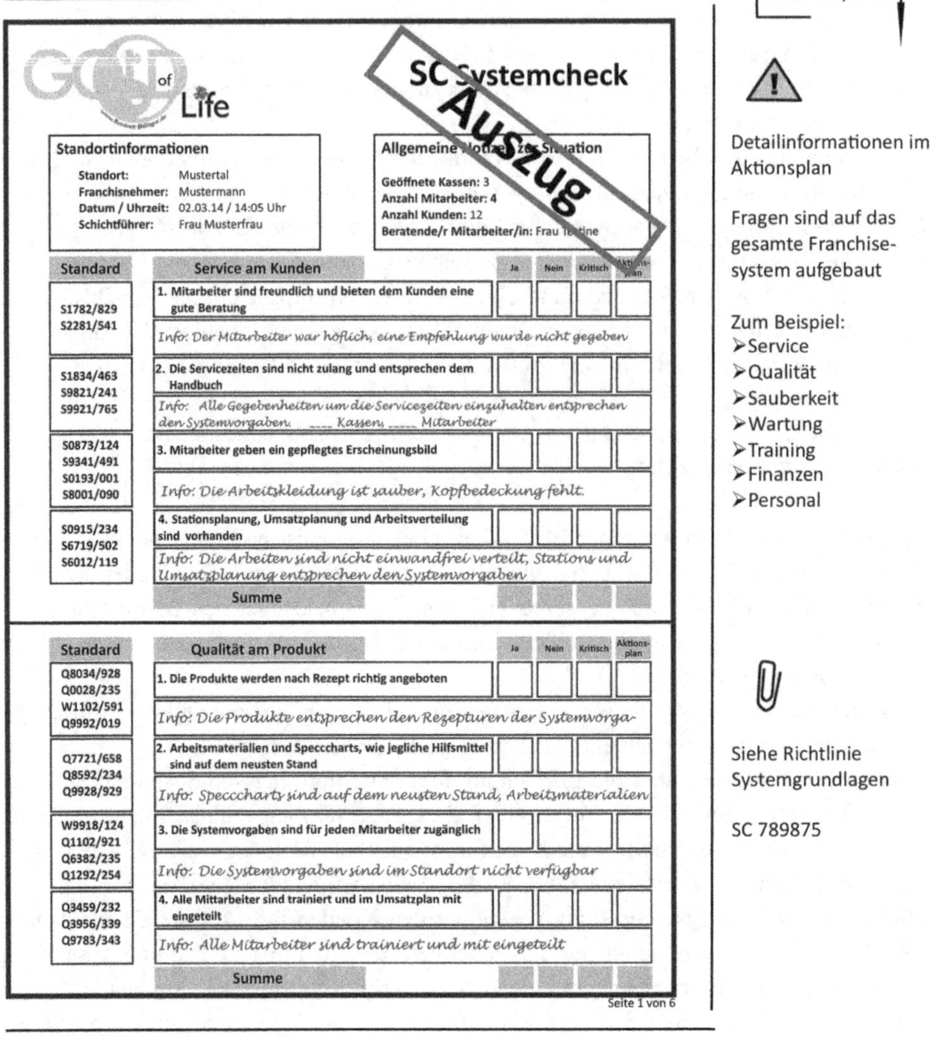

SC Systemcheck – Auszug

Standortinformationen
Standort: Mustertal
Franchisnehmer: Mustermann
Datum / Uhrzeit: 02.03.14 / 14:05 Uhr
Schichtführer: Frau Musterfrau

Allgemeine Notizen zur Situation
Geöffnete Kassen: 3
Anzahl Mitarbeiter: 4
Anzahl Kunden: 12
Beratende/r Mitarbeiter/in: Frau Testine

Standard	Service am Kunden	Ja	Nein	Kritisch	Aktionsplan
S1782/829 S2281/541	1. Mitarbeiter sind freundlich und bieten dem Kunden eine gute Beratung *Info: Der Mitarbeiter war höflich, eine Empfehlung wurde nicht gegeben*				
S1834/463 S9821/241 S9921/765	2. Die Servicezeiten sind nicht zulang und entsprechen dem Handbuch *Info: Alle Gegebenheiten um die Servicezeiten einzuhalten entsprechen den Systemvorgaben. ____ Kassen, ____ Mitarbeiter*				
S0873/124 S9341/491 S0193/001 S8001/090	3. Mitarbeiter geben ein gepflegtes Erscheinungsbild *Info: Die Arbeitskleidung ist sauber, Kopfbedeckung fehlt.*				
S0915/234 S6719/502 S6012/119	4. Stationsplanung, Umsatzplanung und Arbeitsverteilung sind vorhanden *Info: Die Arbeiten sind nicht einwandfrei verteilt, Stations und Umsatzplanung entsprechen den Systemvorgaben*				
	Summe				

Standard	Qualität am Produkt	Ja	Nein	Kritisch	Aktionsplan
Q8034/928 Q0028/235 W1102/591 Q9992/019	1. Die Produkte werden nach Rezept richtig angeboten *Info: Die Produkte entsprechen den Rezepturen der Systemvorga-*				
Q7721/658 Q8592/234 Q9928/929	2. Arbeitsmaterialien und Specccharts, wie jegliche Hilfsmittel sind auf dem neusten Stand *Info: Specccharts sind auf dem neusten Stand, Arbeitsmaterialien*				
W9918/124 Q1102/921 Q6382/235 Q1292/254	3. Die Systemvorgaben sind für jeden Mitarbeiter zugänglich *Info: Die Systemvorgaben sind im Standort nicht verfügbar*				
Q3459/232 Q3956/339 Q9783/343	4. Alle Mittarbeiter sind trainiert und im Umsatzplan mit eingeteilt *Info: Alle Mitarbeiter sind trainiert und mit eingeteilt*				
	Summe				

Seite 1 von 6

Abb. 16.12 Der Systemcheck

Ein Franchisegeber nutzt diesen Systemcheck, um den Grad der Umsetzung der Franchiseidee an seinen Standorten zu überprüfen und Aktivitäten zur Verbesserung der Systemprozesse zu entwickeln. Systemchecks können auch vom Franchisenehmer oder seinen Mitarbeitern durchgeführt werden. Auch in der Ausbildung von neuen Mitarbeitern

Auszug aus der Prozessbeschreibung eines angemeldeten
Systemchecks. Der Franchisenehmer hat alle Informationen, um
sich auf den Systemcheck vorzubereiten.

SC Systemcheck

| Hinweisspalte |

Ziel: Der SC Systemcheck wird einmal im Jahr unter Voranmeldung
durchgeführt.
Dieser soll dabei unterstützen, dass sich die Mitarbeiter
mit allen Geräten, Wartungsbereichen und operativen
Themen intensiv auseinandersetzen und die geforderte
Kundenzufriedenheit stetig auf dem Prüfstand steht.
Ein Informationscheck wird zielorientiert und nach einem bestimmten
Fahrplan in Ihrer Franchisefiliale durchgeführt. Wartungspläne, Prozesse,
der Trainingsstand der Mitarbeiter werden abgecheckt und
Maßnahmen zu Korrektur gemeinsam mit Ihrem Franchiseberater
anhand eines Aktionsplanes festgelegt.

Teilnehmer: Franchiseberater
Betriebsleiter
Franchisenehmer
Qualitätsbeauftrager

Dauer: Für den SC Systemcheck empfiehlt sich, 21 Tage vorab eine
Bestandsaufnahme durchzuführen. Dadurch besteht die Möglichkeit,
die Aufgaben im Schichtorganisationsplan festzulegen oder Handwerker,
Mitarbeiter oder Dienstleister für bestimmte Aufgaben einzuteilen.

Ablauf/Zeitraum
Um 7.00 Uhr bis 12.00 Uhr: Start des Checks:
Von 12.00 Uhr bis 14.00 Uhr: Kundenmessungen werden durchgeführt
und Serviceprozessabläufe überprüft
Von 14.00 Uhr bis 16.00 Uhr: Der Check wird weitergeführt
Von 16.00 bis 18.00 Uhr: Besprechung der aufgenommen Aktionen

Der Check sollte die oben genannte Zeit nicht über-/ unterschreiten!

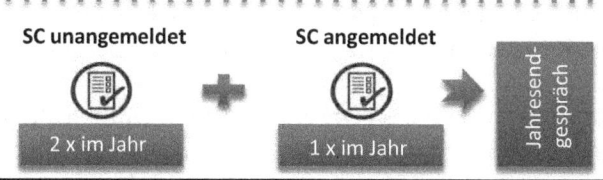

Hinweisspalte (rechte Spalte):

Berichte sollten kurz
und informativ sein.

Detailinformationen im
Aktionsplan

Durch einen angesagten
Check werden die
Letzten Negativ-
punkte beseitigt.

Der Check deckt Defizite
auf und zeigt, wo Wissen
fehlt, oder Punkte,
die nie fokussiert
wurden.

Alle Inhalte sind in der
Franchiseakte hinterlegt
und stellen einen
Bestandteil des
Jahresendgespräch dar.

Seite 1-4

Abb. 16.13 Beschreibung – Prozess Systemcheck

hilft der Systemcheck, Defizite zu erkennen, zu schulen und dem Auszubildenden die
Systemvorgaben näherzubringen.

Systemchecks werden in der Regel mehrmals im Jahr durchgeführt. Die Ergebnisse
und der darauf folgende Aktionsplan werden mit dem Franchisenehmer durchgesprochen,
der dann für die Mängelbeseitigung verantwortlich ist.

▶   Es empfiehlt sich, angemeldete Systemchecks mit dem Franchisenehmer
    gemeinsam durchzuführen. Der Vorteil ist, dass der Standort ein automatisches
    „Cleaning" erhält, längst fällige Reparaturen durchgeführt und Trainings auf-
    gefrischt werden.
    Negative Punkte, die bei einem angesagten Systemcheck aufgenommen wor-
    den sind, zeigen nicht selten die Wissenslücken der Franchisenehmer und ihrer
    Mitarbeiter auf, die im Nachhinein durch Trainingsmaßnahmen gezielt korri-
    giert werden sollten.
    Dadurch verliert der Check sein Kontroll-Image und wird als unterstützend
    wahrgenommen.
    Es gibt Franchiseunternehmen, die diese Vorgehensweise bevorzugen, da durch
    die positive und partnerschaftliche Zusammenarbeit zwischen Franchisegeber
    und Franchisenehmer die Mitarbeiter angeregt werden, sich an höheren Zielen
    zu orientieren und ggf. sogar mit anderen Mitarbeitern im System um das beste
    Ergebnis zu wetteifern.

16.14   Jahresplanung

Notwendigkeit und Ablauf einer Jahresplanung sollten im Administrationsmanual festgelegt sein. Daraus sollte hervorgehen, wie der Planungsprozess einer Franchisefiliale
durchgeführt wird. Die Jahresplanung erstellt der Franchisenehmer gemeinsam mit seinem Franchiseberater.

Ein Bestandteil der Planung ist die Umsatzplanung. Diese basiert auf den Vorjahreszahlen und den Wachstumsprognosen, die der Franchisegeber vorgelegt hat. Örtliche Gegebenheiten, Ereignisse, Ferien und auch Aktivitäten in der Franchisefiliale spielen für
die Planerstellung eine große Rolle. Der Marketingplan, standortbezogene LKM-Maßnahmen, Produktinnovationen, operative Kennzahlen und deren Verbesserungen sowie
der Bondurchschnitt pro Kunde oder Kundenzuwachs sind weitere Informationen für die
Umsatzplanung.

Auf Basis der Umsatz-Zielvorgaben des Franchisegebers werden monatliche Aktivitäten festgelegt und ein entsprechender Umsatz geplant. LKM-Maßnahmen werden mit Ziel
und Datum beschrieben und festgelegt. Investitionen und Instandsetzungsmaßnahmen am
Franchisestandort werden budgetiert, festgehalten und operative, vertriebliche Aktivitäten
zur Leistungssteigerung aufgezählt und mit Kennzahlen versehen.

Kennzahlen werden einzeln gelistet und mit Vorjahreszahlen, Trend und Zielzahlen
hinterlegt. All diese Informationen gehen in die Franchisenehmerakte ein und sollten ein
Bestandteil des Jahresendgespräches sein.

Sollte eine Expansion anstehen, so sind eine Mitarbeiterbedarfsplanung und ein Trainingsplan der neuen Mitarbeiter notwendig. Operative Kosten werden berechnet, gegebenenfalls Maßnahmen zur Verbesserung mit Zielwerten festgelegt.

Nicht selten planen Franchiseunternehmen ihre gesamte Jahresplanung ohne die aktive Beteiligung ihrer Franchisenehmer. Dadurch wird meist der Umsatz von Franchisestandorten nicht optimal ausgenutzt, denn man stellt sich nie die Frage zu jedem einzelnen Standort:„**Was kann ich tun, um das Umsatzziel zu erreichen?**"

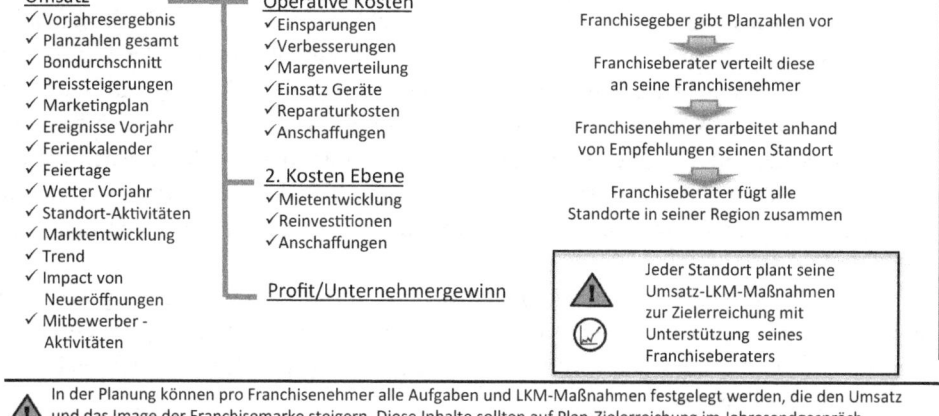

Abb. 16.14 Beispiel einer Jahresplanung

Fortbildungstermine oder Informationsveranstaltungen werden festgehalten und all dieses ist in einem Monatskalender zusammengefasst (vgl. Abb. 16.14).

▶ Jedes Franchisesystem und jede Branche haben jeweils eigene Planungsstrukturen, allerdings kann eine Planung nur erfolgreich sein, wenn sie der Philosophie des Franchiseunternehmens entspricht, wenn der Franchisenehmer aktiv eingebunden und in Follow-up-Besuchen wie zum Beispiel im Halbjahres- oder Jahresendgespräch der Status besprochen wird. Sollte dies der Fall sein, stellt eine aktive Planung durch den Franchisenehmer eine Bereicherung für jedes Franchisesystem dar, da sie eine Basis für Gespräche zwischen Franchisegeber und Franchisenehmer bietet. Der Franchisegeber gibt die Planzahlen vor, der Franchiseberater verteilt diese an seine Franchisenehmer. Die Franchisenehmer planen für ihre Standorte und suchen gemeinsam mit ihrem Franchiseberater nach Lösungen, wie die Umsatzziele erreicht werden. Gerade der Franchisenehmer, der seine Standorte und Region am besten kennt, und sein Franchiseberater, der über einen großen Erfahrungsschatz verfügt, können Lösungen zur Planerreichung finden. Unternehmen, die ihre Franchisenehmer nicht aktiv in die Planung einbinden, verfehlen an den jeweiligen Standorten ihre Umsatzziele.

16.15 Mystery Customer

Ein Mystery Customer ist ein Bewerter in Form eines Kunden, der am Point of Sale die Franchisemarke hinterfragt.

Nicht selten werden hierzu externe Agenturen beauftragt, da sie die notwendige Fachkompetenz sowie taugliche Mitarbeiter besitzen. Ein Mystery-Customer-Check beinhaltet alle Servicefragen rund um den POS, die ein Kunde einem Verkäufer stellen könnte. Der Franchisegeber stellt hierzu einen Fragenkatalog zusammen und weist den Fragen die Antworten aus den Systemvorgaben zu. Die Agentur checkt die Standorte nach dem Vorgaben-Fragenkatalog des Franchisegebers. Der Vorteil ist, dass die Mitarbeiter, die den Check durchführen, den Standort mit den Augen eines Kunden sehen und bewerten. Sie dokumentieren ihre Antworten zu den Fragen und die Agentur ergänzt später die vorgegebenen Standards.

Der Franchisenehmer, seine Mitarbeiter und sogar die Vertriebssteuerung des Franchisegebers wissen nicht, wer die Checks wann durchführt. Nicht selten wird zusätzlich zum Mystery Check ein Incentive-Programm aufgebaut, um den Servicegedanken bei den Mitarbeitern zu festigen.

Die Ergebnisse und die Bewertung der einzelnen Franchisefilialen werden in einem nationalen Cockpitsystem zusammengefasst und können so vom Franchisegeber im Vergleich analysiert werden. Der Franchisenehmer erhält diesen Check ebenfalls und erfährt, wo seine Trainingsdefizite in der Serviceleistung am Kunden liegen.

▶   Informationen aus den Mystery Checks sollten zur Systemverbesserung dienen. In der nationalen Auswertungen sollten einzelne Fragen hinterfragt werden und Prozesswege zum Kunden überprüft werden. Die Beurteiler sind Kunden, sie sehen den Service auch aus der Sicht des Kunden und kennen das Franchisesystem selbst nicht! Daher kann eine solche Bewertung auch richtungsweisend für positive Veränderungen des Franchisesystems sein.

16.16 Produkt-Bedarfsanalyse am Kunden

Eine Produkt-Bedarfsanalyse wird in Unternehmen eingesetzt, die vor dem Verkaufsgespräch gemeinsam mit dem Kunden eine Bedarfsanalyse durchführen. Nicht selten werden Produktverkaufsgespräche mit den Kunden ohne Struktur und Aufbau geführt. Meist scheitern diese Verkaufsgespräche, weil der Kunde nicht überzeugt ist oder ein ungutes Gefühl hat. Um Verkaufsgespräche standardisiert zu steuern, hilft eine Produkt-Bedarfsanalyse. Ein weiterer Vorteil ist, dass der Kunde den Eindruck gewinnt, dass er ernst genommen wird, seine Daten erfasst und diskutiert werden und anhand von geschriebenen Fakten, die sich auf die Anforderung des Kunden beziehen, ein Produkt empfohlen wird. Damit baut der Franchisegeber eine zusätzliche Sicherheit im aktiven Verkauf ein und gibt den Verkaufsweg vor. Diese Informationen stellen auch eine sinnvolle Hilfe für Mitarbei-

Eine Produkt-Bedarfsanalyse sollte professionell in Ansicht und Aufbau erstellt werden. Somit kann der Kunde aktiv an der Bearbeitung mitwirken, und der Verkäufer hat die Möglichkeit, seinen Kunden die Unterlagen zur Ansicht mitzugeben. Diese Vorgehensweise schafft außerdem Vertrauen beim Kunden.

Kundendaten erfassen	Notizen

✓ Kontaktdaten
✓ Vorstellung des Kunden
✓ vorhandene Produkte beim Kunden
   - Handling
   - Nutzung
   - Marke des Produkts
   - Zufriedenheit
   - Was könnte besser sein?
   - Was ist schlecht am Produkt?
	✓ Gesprächsnotiz
	✓ Erfassung von Vorteilen und Nachteilen
	✓ Filterung von NO-GO-Argumenten
	✓ Produktempfehlung – Aufstellung
	   - Handling-Vorteile
	   - Preise
	   - Leistungsmerkmale
	   - Vorteile des Kunden gegenüber dem
	     bestehenden Produkt

Produktangebot	**Fazit**
✓ Produkte visuell darstellen ✓ Preise der Produkte ✓ Leistungen	✓ Kontaktdaten des Verkäufers ✓ Nachfrage des Verkäufers, um Feedback einzuholen

⚠ Ein Gesprächsleitfaden vermittelt dem Kunden Professionalität und Beratungskompetenz. Mitarbeiter erhalten eine Verkaufsunterstützung, die sich positiv auf den Umsatz auswirkt.

Abb. 16.15 Produkt-Bedarfsanalyse am Kunden

ter dar, die neu im Unternehmen sind oder über keinen großen Erfahrungsschatz verfügen. Sie lernen hierdurch, dem Kunden in optimaler Weise gegenüber zu treten und diesen der Unternehmensphilosophie entsprechend zu beraten (vgl. Abb. 16.15).

Sie sollten für eine Planung Ihres Franchisesystems eine Kommunikationslinie aufbauen, die deutlich macht, inwieweit die Systeme miteinander kommunizieren.

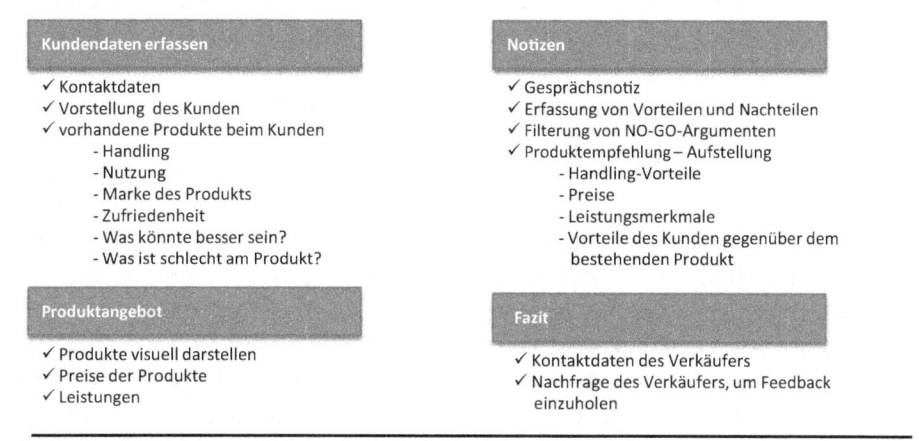

Abb. 16.16 Vernetzung von Systemmodulen

16.17   Planung zur Systemvernetzung

Gründer eines Franchisesystems sind meist mit der Frage konfrontiert, welche Inhalte für das Franchisesystem noch erarbeitet und entwickelt werden müssen. Eine gute Hilfestellung ist es, sich anhand der erarbeiteten Informationen einen Entwicklungsplan für das Franchisesystem zu erstellen. Die Informationen in diesem Buch helfen, die eigenen Ideen zu entwickeln und sie in ein Franchisesystem zu integrieren.

Die Planung der Systemvernetzung soll Ihnen zeigen, inwieweit Schnittstellen geplant sind und welchen Einfluss sie auf die einzelnen Komponenten haben (vgl. Abb. 16.16). Aus finanzieller Sicht ist es oft nicht möglich, zum Systemstart bereits alle Komponenten und Ideen umzusetzen, eine Planungsübersicht erlaubt es jedoch, Prioritäten und Teilschritte aufzubauen, ohne das Ziel zu vernachlässigen. Auch bei der Planung der Systemstruktur und im Systemauf- und -ausbau ist ein solcher Plan hilfreich.

Zusätzlich sollte man sich Gedanken machen, welchen Effekt die Systemkomponenten auf die eigenen Franchisenehmer, den Umsatz und auf die Profitabilität des Franchisesystems haben und damit auch auf die Servicequalität für den Kunden.

Probleme in einem Franchisesystem zwischen Franchisenehmer und Franchisegeber

17

Der Franchisenehmer ist in seiner Funktion als selbstständiger Unternehmer selbst verantwortlich, zumal er in unmittelbarem Kontakt zum Endkunden steht. Rechtlich gesehen liegt es also am Franchisenehmer, die nötige Kreativität in der Organisation an den Tag zu legen, um das System täglich umzusetzen und zu verbessern.

Entsprechen die von ihm erwarteten Umsätze und der Unternehmerprofit nicht seinen Erwartungen, wendet sich der Franchisenehmer häufig an den Franchisegeber, um von diesem die nötige Unterstützung zu fordern. Erhält er diese nicht, könnte der Franchisenehmer auf die Idee kommen, selbst eigenständige Aktivitäten zu entwickeln. Dies führt nicht selten zur Verwässerung der Marke.

Kommt es dann zu eigenen Marketingkampagnen, die den Systemgedanken und der Qualität sowie der Strategie des Franchisegebers nicht entsprechen, verliert das System die Macht der Kette, Franchisenehmer verselbstständigen sich und kämpfen mit selbstgebastelten Aktionen um ihre Existenz. Dies verstärkt sich umso mehr, wenn der betroffene Franchisenehmer weitere Franchisenehmer bittet, auf seine Linie einzuschwenken. Dadurch entsteht eine Gruppendynamik bis hin zur Gründung einer Franchisenehmerorganisationen, die aggressiv gegen den Franchisegeber vorgeht.

Franchisegeber, die aus Unkenntnis oder Unfähigkeit nicht diesem Verhalten entgegenwirken, verlieren nicht nur die Loyalität ihrer Franchisenehmer, sondern müssen sich auch dem Vorwurf aussetzen, Führungsdefizite an den Tag zu legen. In der Folge kommt es nicht selten zur Vernachlässigung der Expansionsziele. Der Franchisegeber läuft Gefahr, sich in den Diskussionen mit den Franchisenehmern zu verstricken und den Fokus auf das Tagesgeschäft zu verlieren. Statt in Zusammenarbeit mit den „Franchiseunternehmern" klare und konsequente Arbeit an den Tag zu legen, bilden sich in der Gruppe der Franchisenehmer starke Strukturen heraus, die die Führung in den unterschiedlichsten Fachbereichen bis hin zur Systemführung beanspruchen und auf den Franchisegeber einwirken,

© Springer Fachmedien Wiesbaden 2015
H. Riedl, C. Schwenken, *Praxisleitfaden Franchising*,
DOI 10.1007/978-3-658-04697-2_17

um zukünftige Entscheidungen zu treffen. Damit ist die Franchiseverwaltung häufig überfordert und durch die „Konterbereitschaft" der Franchisenehmer in ihrer Produktivleistung stark eingeschränkt. Der Franchisegeber verliert seinen „Geber"-Status und ist nur
noch damit beschäftigt, seine Vorgehensweise zu rechtfertigen.

▶   Jeder Franchiseinteressent sollte gerade auf Informationen in der Zusammen-
       arbeit zwischen Franchisenehmern und Franchisegebern einen klaren Fokus
       legen, denn es wird ein langfristiger Vertrag eingegangen und oft viel Geld sei-
       tens des Franchisenehmers investiert. Ein System mit großer Unruhe zwischen
       Franchisenehmern und Franchisegebern ist immer ein Risiko in Bezug auf die
       Qualität gegenüber dem Kunden.

Schnell zeigt sich dieser Mangel in den Arbeitsgruppen der Fachbereiche, die einen
Schlagabtausch beginnen, statt kreativ zu arbeiten. Die Mitarbeiter der Franchiseverwaltung beginnen nicht selten, unmotiviert zu arbeiten, nur noch mit dem Ziel, die Franchise-
vertreter zufriedenzustellen, anstatt das System voranzutreiben. Das eigentliche gemeinsame Ziel der Parteien, nämlich die Kundengewinnung und der Umsatzzuwachs, gerät aus
dem Blick. Der Gedanke einer Franchisephilosophie ist in den Hintergrund geraten.

Bei den Franchisenehmern kommt es zu Existenzängsten. In einer solchen Situation
leiden nicht nur das ganze System und die Marke, sondern auch der an sich vertragstreue
und systemloyale Franchisenehmer, der ohne sein Zutun mit in den „Strudel" gerissen
wird. Stellen sich einzelne oder mehrere Franchisenehmer gegen den Franchisegeber, fordern sie Macht ein oder blockieren sie Entscheidungen, dann kommt es typischerweise
zu Umsatzrückgängen und einem Kundenrückgang. Die Vertragsparteien handeln klug,
wenn sie nicht aus dem Auge verlieren, dass ein möglicher Zielkonflikt auch darin be-
gründet sein könnte, dass von Investorenseite auf das Management des Franchisegebers
Einfluss genommen wird und das Management im System machtlos ist. Somit sollte das
Ziel sein, zusammen eine Strategie festzulegen und die Problemfelder zu analysieren.

Hat beispielsweise der Investor kein großes Interesse an dem System oder hat er dieses
verloren, so besteht für den Franchisegeber, der fremdfinanziert ist, häufig keine Alter-
native, als den Vorgaben des Investors zu folgen. Nicht selten haben die Franchisenehmer
den Eindruck, dass bei einem Zielkonflikt die misslichen Folgen in der Verantwortung
des Managements des Franchisesystems zu suchen sind. Dem Management wird vorge-
worfen, es habe kein Rückgrat für Entscheidungen, insbesondere im Hinblick auf eine als
gut empfundene Einflussnahme der Investoren. Zwar ist es kein zwingendes Erfordernis,
dass das Interesse der Investoren dem Franchisegedanken der Marke gleicht, gleichwohl
müssen alle Beteiligten berücksichtigen, dass eine als negativ empfundene Einflussnahme
Gegendruck fördert, sodass die Franchisenehmer, die um ihre Existenz fürchten, das System aus Existenzangst unter Druck setzen.

▶ Nicht selten müssen Franchisenehmer Druck gegenüber ihrem Franchisegeber ausüben, um Innovationen und das Fortleben der Marke zu sichern. Die Gründe hierfür liegen selten im jeweiligen Management, sondern eher an den Investoren oder an den Prioritäten, die die Muttergesellschaft für die Expansion setzt.

In einem intensiven Franchisenehmer- und Franchisegeberkonflikt ist häufig Hilfe von außen die einzige Chance, das zusammenbrechende System zu retten. Gerichtsstreitigkeiten sind häufig nicht zielführend, da bis zur Entscheidungsfindung viel Zeit verstreicht, die konfliktlösend genutzt werden müsste. Auch ein Schlichtungsverfahren bietet wenig Hilfe, da auch die Schlichter eher bemüht sind, Streitigkeiten im Hinblick auf ihre rechtliche Substanz zu untersuchen.

Wenn es Streitigkeiten zwischen Franchisegebern und Franchisenehmern gibt, wenn Franchisenehmer durch einen Zusammenschluss eine enorme Macht erlangt haben und das System darunter leidet, dann ist es oft für beide Parteien schwierig bis unmöglich, einen Konsens zu finden und eine gemeinsame Zusammenarbeit zu definieren.

In diesen Fällen ist es sinnvoll, einen Berater hinzuzuziehen, der die Inhalte und Problemfelder analysiert, einen Umsetzungsplan erstellt und diesen konsequent mit Zustimmung der Investoren und des Managements des Franchisegebers umsetzt.

Manchmal genügt es, einen Aktionsplan zu entwickeln und Abläufe, Ziele und Messpunkte zu definieren, damit die Vertragsparteien neues Vertrauen zueinander entwickeln und sich auch die Aktivisten unter den Franchisenehmern wieder in das System einordnen. Ob es gelingt, jeden einzelnen Vertragspartner im Rahmen der Franchisenehmergruppe zu befrieden, hängt u. a. davon ab, ob diese Franchisenehmer ihrem Franchisegeber wieder vertrauen und auf eine profitable, wachstumsstarke Marke hoffen.

Beklagen sich Franchisenehmer und bezeichnen sie ihre Franchisegeber als Fachidioten oder als „Garde am grünen Tisch", ist der Franchisegeber gut beraten, wenn er die möglichen Gründe für die abfälligen Äußerungen analysiert und Maßnahmen zur Korrektur einleitet.

▶ In einem Konflikt zwischen Franchisenehmern und Franchisegebern kristallisieren sich die „starken" Franchisenehmer heraus, die als Wortführer auftreten und nicht selten auch eigene Interessen verfolgen. Gerade hier ist es wichtig, dass der Franchisegeber konsequent im Interesse aller Franchisenehmer handelt und die Kontrahenten zur Ruhe bringt.

Gefährdet dagegen der Franchisegeber die Wirtschaftlichkeit seines Franchisenehmers durch eine zum Beispiel zu egoistische Mietzinspolitik, so wehrt sich der Franchisenehmer nicht selten dadurch, dass er anderweitig finanzielle Mittel in der Operative einspart, um die Mietzinsen aufzubringen, dabei aber aus den Augen verliert, dass dies auf Kosten der Kundenzufriedenheit geschehen könnte.

Hat ein Franchisegeber einzelne oder mehrere Franchisenehmer, die ihn kritisieren, zum Beispiel als „Nörgler" oder „Lügner" bezeichnen, verhärten sich die Fronten. Die gegenseitige Verachtung bringt das ganze System und die Marke in Misskredit.

Externe Unterstützung kann in vielen Fällen geeignet sein, durch eine qualifizierte Analyse, Missverständnisse zu klären und Streitigkeiten zu lösen. Eine konsequente Umsetzung basierend auf einen Aktionsplan ist in den meisten Fällen erforderlich.

Geht es um die Problembehebung, so sollte allen Beteiligten daran gelegen sein, etwaige negative Auswirkungen für das System bei der Durchführung von Veränderungen zu berücksichtigen und ggf. bewusst hinzunehmen.

Beide Parteien des Franchisevertrages riskieren also ihre Existenz, wenn sie ihre Streitigkeiten weiter pflegen, statt diese zügig und konstruktiv zu beenden. Franchiseinteressierte überlegen sich, ob sie in solch ein System investieren sollten, und eine aggressive, kundenorientierte Expansion ist fast unmöglich.

Interessanterweise sind gesunde Franchisesysteme dadurch gekennzeichnet, dass Franchisenehmer untereinander dafür sorgen, dass Querulanten, Meuterer oder Taktiker in ihren Reihen zur Vernunft gebracht werden. Grundlegend hierfür ist eine partnerschaftliche Zusammenarbeit: Jeder übernimmt die ihm übertragene Verantwortung und konzentriert sich auf das, was er am Tag der Franchisevertragsschließung unterschrieben hat.

Ein Franchisesystem ist nur dann stark, wenn es konsequent auf Basis von Entscheidungen, die dem Umsatzwachstum und der Kundenzufriedenheit dienen, geführt wird.

▶ Ein zukünftiger Franchisenehmer sollte nicht nur die Wirtschaftlichkeit des Franchisesystems untersuchen, sondern auch die Beweggründe für die Expansion der Muttergesellschaft. Nicht selten haben gute Franchisesysteme in Europa Fuß gefasst, eine schnelle Expansion anvisiert und diese auch umgesetzt, gleichwohl nach kurzer Zeit die Expansionsbemühungen deutlich zurückgestellt oder sogar ganz eingestellt. Verwaltungsmitarbeiter in der Systemzentrale wurden aufgrund dieser Entscheidung reduziert und die Fachkompetenz in der Unterstützung der Franchisenehmer ging stark zurück. Dies hat enorme Auswirkungen auf bestehende Franchisenehmer. Die Investitionen der bestehenden Franchisenehmer lassen sich durch Filialverkäufe nicht ausgleichen. Umsatzrückgänge sind zu erwarten, Filialverkäufe werden schwer bis unmöglich und der Franchisenehmer bleibt vertraglich an das Franchisesystem gebunden. Innovationen und Marketingaktionen verlieren an Wertigkeit und die Marke dümpelt im Markt vor sich hin.

Das Franchiseportal und der Deutsche Franchise-Verband in seiner Funktion

18

Wir haben für Sie ein Unternehmen und einen Verband als wichtige Informationsquelle für zukünftige Franchisenehmer und Franchisegeber herausgesucht, die unserer Meinung nach einen seriösen Informationsservice anbieten.

18.1 Das Franchiseportal als Informationsquelle

Der Kern des Franchiseportals www.franchiseportal.de (.at) (.ch) ist die sogenannte virtuelle Franchise-Messe. Hier präsentieren sich um die 300 Franchise- und Lizenzgeber mit ihren individuell gestalteten virtuellen Messeständen. Interessenten können sich über Texte, Videos, Audiodateien, Statements von tätigen Partnern etc. über das jeweilige Franchise-Konzept informieren und per Anfrageformular unkompliziert Kontakt zu dem Franchise- bzw. Lizenzgeber aufnehmen.

Ein weiterer Schwerpunkt liegt in der allgemeinen Wissensvermittlung rund um die Themen Franchise und Existenzgründung. Das FranchisePORTAL ist eine seriöse Informationsplattform für Interessenten und verfügt über eine unabhängige News-Redaktion, regelmäßige Chats mit Experten der Branche, Videointerviews mit Franchisegebern und Franchiseberatern sowie Anwälten als auch mit einer großen Auswahl an Checklisten für die Schritte zum erfolgreichen Franchisenehmer.

Seit 2005 besteht eine Kooperation mit dem Unternehmerverlag. Gemeinsam wird jährlich der Printkatalog „Verzeichnis der Franchise-Wirtschaft" herausgebracht, der einen Überblick über die ca. 1.000 Franchise- und Lizenzsysteme in Deutschland, Österreich und der Schweiz bietet. Seit 2007 arbeitet das FranchisePORTAL zudem mit dem Deutschen Franchising Service (DFS) zusammen an dem ausführlichen Franchise-Onlinelexikon wikifranchise.de.

© Springer Fachmedien Wiesbaden 2015
H. Riedl, C. Schwenken, *Praxisleitfaden Franchising*,
DOI 10.1007/978-3-658-04697-2_18

18.1.1   Das Franchiseportal aus Franchisegeber-Sicht

Franchisegeber stehen bei der Partnersuche grundsätzlich vor dem Problem, gründungs-interessierte Menschen zu finden und anzusprechen. Denn wer überlegt, sich selbstständig zu machen, trägt dies in der Regel nicht nach außen. Ein andauerndes Beschäftigungs-verhältnis, das man nicht übereilt gefährden möchte, ist ein plausibler Grund hierfür, oft-mals aber auch die Unsicherheit, ob man diesen Schritt in die Selbstständigkeit wirklich gehen will. Hier unterstützt das FranchisePORTAL die Franchise- und Lizenzgeber mit dem Ziel, existenzgründerinteressierten Personen einen Kontakt zu einem für sie infrage kommenden Franchiseunternehmen zu vermitteln. Dabei liegt der Fokus des Portals, eher auf dem klassischen Existenzgründer als dem Großinvestor.

Da jedes Unternehmen ganz unterschiedliche Geschäftspartner sucht und die Selektion stark variiert, verzichtet das FranchisePORTAL bewusst auf eine qualitative (Vor-) Bewer-tung oder Einordnung der Interessenten. Dafür arbeitet das Unternehmen kontinuierlich daran, den Franchise- und Lizenzgebern möglichst frühzeitig möglichst viele relevante Informationen zur individuellen Selektion zur Verfügung zu stellen.

Erstklassige Platzierungen des FranchisePORTALs bei relevanten Suchmaschinen im Internet ermöglichen es auch kleineren oder jungen Franchiseunternehmen, mit den Inte-ressenten in Kontakt zu kommen. Die Präsentation im Internet mit tauglichen Suchkrite-rien zählt zum entscheidenden Schlüssel bei der Partner- und Kundengewinnung.

18.1.2   Das Franchiseportal aus Franchiseinteressenten-Sicht

Das FranchisePORTAL bietet Franchiseinteressenten grundsätzlich die Möglichkeit, sich im Franchise-Markt zu orientieren. Dabei steht die Aufgabe im Fokus, den Interessen-ten gedanklich dort abzuholen, wo er gerade steht. Aufgrund persönlicher Vorlieben und Qualifikationen sowie Hard Facts, wie zum Beispiel ein zur Verfügung stehendes Eigen-kapital, können mit der Komfortsuche individuell passende Geschäftskonzepte gefunden werden. Franchiseinteressierte und potenzielle Existenzgründer fragen sich nämlich, wie sie „gute" und zu ihnen passende Systeme finden können. Generell werden viele Recher-cheansätze geboten: Ob nach Branchen, Höhe des Eigenkapitals oder nach Kriterien, die besonders große Sicherheit versprechen, wie Checks des Deutschen Franchise-Verbands etc., jeder Interessent wird Systeme finden, die seinen Neigungen und Ansprüchen am nächsten kommen.

Das FranchisePORTAL gibt zur weiteren Recherche entsprechende Hilfestellungen. Zum einen werden zu jedem System zahlreiche Möglichkeiten zur Information geboten, wie zum Beispiel in der eingangs erwähnten virtuellen Franchise-Messe. Stellt ein Inter-essent eine Anfrage an ein System, erhält er automatisch ein Datenblatt mit ausführlichen Angaben zum Unternehmen. Diese dienen einer noch besseren Einschätzung des Systems und erleichtert den ersten, fundierten Austausch mit dem Franchisegeber.

Zum anderen können sich die Interessenten sowohl auf der eigentlichen Website des FranchisePORTALs als auch in den Blogs und in den sozialen Netzwerken (wie Facebook, Twitter, YouTube, Google+) ganz allgemein über Franchising informieren. Video-Interviews mit Experten der Franchisewirtschaft sowie Live-Chats, Checklisten und weitere ausführliche Informationen zur hiesigen Franchisewirtschaft können den Interessenten eine realistische Einschätzung des Marktes ermöglichen. Auf diesem Weg wird es einem Interessenten gelingen, typische Fehler zu vermeiden.

18.2 Der Deutsche Franchise-Verband e. V.

Der Deutsche Franchise-Verband e. V. (DFV) ist der Spitzenverband der deutschen Franchisewirtschaft. Seit mehr als 30 Jahren repräsentiert diese Qualitätsgemeinschaft Franchisegeber und Franchisenehmer gleichermaßen.

Zur Hauptaufgabe des Verbandes zählt es, die Interessen der Franchisewirtschaft auf wirtschaftlicher, politischer und gesellschaftlicher Ebene zu vertreten. Hierzu bestehen enge Kontakte zu wirtschaftlichen und politischen Multiplikatoren, wie z. B. den entsprechenden Bundesministerien – vor allem dem Bundesministerium für Wirtschaft und Energie (BMWi) –, zum Deutschen Bundestag, zu Industrie- und Handelskammern, zur Bundesagentur für Arbeit und zu anderen Institutionen und Verbänden, mit denen der DFV in einer großen Netzwerkgemeinschaft verbunden ist.

Auf internationaler Ebene profitiert der DFV von dem intensiven Erfahrungsaustausch mit der European Franchise Federation (EFF) und dem World Franchise Council (WFC), die unter anderem auf Richtlinien und Verordnungen der EU-Kommission in Brüssel Einfluss nehmen.

Ein weiteres wichtiges Ziel des DFV ist es, den Bekanntheitsgrad und das Image des Franchisings in Deutschland nachhaltig und positiv zu fördern und die Finanzierung von Franchisenehmern und Franchisegebern sicherzustellen.

Eine Grundlage der Verbandsarbeit ist der DFV-Ethikkodex. Dieser ist auf Basis des mit der EU-Kommission abgestimmten Verhaltenskodex der European Franchise Federation (EFF) entstanden und definiert verbindlich die Lesart des professionellen Franchisebegriffs. Er benennt zudem Rechte und Pflichten von Franchisegebern und Franchisenehmern und ermöglicht eine einheitliche Erscheinungsweise des seriösen Franchisings. Franchisegeber, die DFV-Mitglied werden wollen, unterliegen einer strengen Aufnahmeordnung und müssen belegen, dass sie den DFV-Ethikkodex achten und dementsprechend handeln.

Ein weiteres und maßgebliches Qualitätskriterium für ein ordentliches Verbandsmitglied ist der DFV-System-Check. Franchiseunternehmen, die eine Vollmitgliedschaft anstreben, müssen den DFV-System-Check erfolgreich absolvieren. Mit dem DFV-System-Check bietet der Verband ein entscheidendes Alleinstellungsmerkmal im Bereich der Selbstregulierung des professionellen Franchisings. Das Qualitätssiegel besitzt eine bedeutende Außenwirkung bei relevanten Multiplikatoren, Geldinstituten und Franchisenehmern. Verantwortlich für die wissenschaftliche und unabhängige Kontrolle ist das Internationale Centrum für Franchising und Cooperation (F&C) in Münster. Die kontinuierliche Überprüfung im Drei-Jahres-Rhythmus sichert die nachhaltige Qualität des Siegels.

18.2.1   Vorteile für Franchisegeber und -nehmer

Mitglieder des Deutschen Franchise-Verbandes werden stetig betreut, mit Brancheninformationen und Fachwissen versorgt und erhalten aktive Unterstützung bei der Gewinnung von qualifizierten Franchisenehmern. Das Veranstaltungsformat, der „Franchise Matching Day", führt Franchisegeber mit potenziellen Franchisenehmern zusammen.

Verband durch Kooperationen mit Kreditinstituten aktiv für verbesserte Finanzierungsmöglichkeiten der Franchisesysteme ein. Bei Zusammentreffen mit anderen Franchiseunternehmen, wie z. B. bei Round Tables, Fachveranstaltungen oder dem Deutschen Franchise-Forum, dem Franchise-Event des Jahres, bieten sich Plattformen für Networking und zum Erfahrungsaustausch.

Franchisesysteme, die ins Ausland expandieren oder aus dem Ausland nach Deutschland kommen wollen, sowie Existenzgründer können eine Beratung beim Verband in Anspruch nehmen und detaillierte Informationen erhalten.

In der DFV-Rechtsdatenbank haben Mitglieder sowie externe Interessenten (gegen eine Gebühr) die Möglichkeit, eine umfassende Sammlung franchise-relevanter Urteile und Entscheidungen einzusehen. In Streitfällen steht Franchisegebern und -nehmern das Mediations- oder Ombudsmannverfahren zur außergerichtlichen Schlichtung zur Verfügung. Franchisegeber und deren angeschlossene Franchisenehmer profitieren von Einkaufsvorteilen durch die DFV-Business Community.

Besonders engagiert sich der DFV auch für die langfristige Förderung des Franchisings in Deutschland und setzt sich deshalb aktiv für die Aus- und Weiterbildung ein. Das dem DFV angeschlossene Deutsche Franchise-Institut bietet ein großes Angebot an praxisnahen Schulungen und Seminaren für Franchisegeber. Zukünftig wird es auch Seminare und Workshops für Franchisenehmer geben.

Weitere Informationen zum Deutschen Franchise-Verband e. V. sind unter: **www.franchiseverband.com** erhältlich.

Schlusswort der Autoren

Das Management und die Mitarbeiter aus Franchise,- Mehrfilialsystemen und Unternehmen sehen sehr schnell die Vorteile der Mitbewerber und beneiden diese in ihrer Umsetzungsstrategie und Systematisierung.

Jedoch wird hierbei oft vergessen, dass die Menschen im Unternehmen die Umsetzer, die Innovatoren sind. Man verliert sehr schnell den Blick für die eigenen Stärken und vernachlässigt die Tatsache, dass jedes System auch seine Schwächen hat. Die Kunst liegt darin, die Stärken so auszuspielen, dass die Schwächen eine untergeordnete Rolle spielen.

Wir möchten mit diesem Buch Diskussionen anregen und aufzeigen, dass viele Inhalte aus diesem Buch im Bereich Franchising und Systematisierung einfach umsetzbar sind. Diese Umsetzung ist jedoch u.a. von der Unternehmenskultur, der Mitarbeiterschaft und nicht zuletzt den Franchise-Vertragspartnern abhängig.

Franchisenehmer und Lieferanten sind die wichtigsten Partner in einem Franchiseunternehmen. Des Weiteren braucht ein Franchiseunternehmen einen guten Steuermann, der die Qualitäten seiner Partner erkennt, innovativ ist und Entscheidungen trifft. Motivierte Franchisenehmer, die das Franchisesystem leben, sind die besten Kommunikatoren gegenüber den Kunden des Franchisesystems.

Eines haben aber alle Betroffenen in diesem Buch gemeinsam: Sie entscheiden sich dafür, in einem System zu arbeiten, einem System, das nur durch das Miteinander erfolgreich ist. Ein Franchisesystem braucht einen Entscheider, einen Steuermann, doch dieser bleibt ohne taugliche Funktion, sollten seine Franchisenehmer als Kommunikatoren der Marke ungeeignet, falsch eingesetzt oder fehlerhaft arbeiten. Ein Franchisesystem wächst nur durch erfolgreiche Franchisenehmer, die das System als Bestandteil einer „Kette" umsetzen.

© Springer Fachmedien Wiesbaden 2015
H. Riedl, C. Schwenken, *Praxisleitfaden Franchising*,
DOI 10.1007/978-3-658-04697-2

Glossar

A

ABVERKAUFSQUOTE Diese Kennzahl zeigt, in welchem Umfang die vorhandene Ware im Betrachtungszeitraum abgeflossen ist. Sie kann entweder auf Wert- oder auf Stückzahlenbasis berechnet werden

ADMINISTRATIONSMANUAL Handbuch, in dem die Aufgaben und Verhaltensregeln für Franchisenehmer und Franchisegeber klar definiert sind

ADVERTISING Englischer Begriff für Werbung, Reklame

ALLEINBEZUGSVERPFLICHTUNG Franchisenehmer verpflichtet sich laut Vertrag, Waren und Dienstleistungen nach Systemvorgaben und die vorgegebenen Lieferanten des Franchisegebers zu nutzen

ANUNNAL FEE dt. Jahresgebühr für Leistungen durch Franchisegeber, die einmalig bezahlt wird

AREA DEVELOPMENT dt. Gebietsentwicklung, Expansionsentwicklung in einer Region

AREA DEVELOPMENT – MANAGEMENT – BEAUFTRAGTER dt. Gebietsentwicklung, zum Beispiel kann eine Agentur oder ein Immobilienbüro für die Area-Development-Gebietsentwicklung oder die Findung von Franchisenehmern und Standorten zuständig sein

A.V.G.-CHECK Average Guest Check, dt. durchschnittlicher Bonumsatz: Umsatz geteilt durch Transaktionen (Kassen…bons) ergibt den durchschnittlichen Bonumsatz

B

BALANCED SCORECARD Steuerungsinstrument im Unternehmen zur Umsetzung von harten Zielen (Kennzahlen) und weichen Zielen (Ziele, die nicht in Zahlen gemessen werden können). Die Balanced Scorecard hilft dem Management, anhand eines strukturierten Aufbaus Strategien zu entwerfen, Unternehmensziele zu planen und Erfolge zu messen.

© Springer Fachmedien Wiesbaden 2015
H. Riedl, C. Schwenken, *Praxisleitfaden Franchising*,
DOI 10.1007/978-3-658-04697-2

BARTER-VERTRAG Tauschgeschäfte zweier Unternehmen – Leistung gegen Leistung – ohne finanziellen Hintergrund. Zum Beispiel: Ich gebe dir meine Werbefläche und du gibst mir deine Werbefläche, ohne dass beide Parteien etwas bezahlen.

BASISMIETE die sogenannte Grundmiete. Hierzu kommt meist noch Umsatzpacht/-Miete, die sich aus unterschiedlichsten Parametern berechnet. Diese Berechnung kann je nach System unterschiedlich sein.

BELEIHUNGSWERT der Wert des zu beleihenden Bestands eines Kreditnehmers

BENCHMARKING dt. sich orientieren an den Besten, verglichen und gemessen wird die eigene Unternehmung mit dem stärksten Mitbewerber. Dies können zum Beispiel Kennzahlen, aber auch Produkte, Serviceleistungen, Angebote oder auch Werbeaussagen sein.

BERECHNUNGSMATRIX eine Darstellung von Kennzahlen, die zum Beispiel in Prozentwerten nach Buchungskonten den Umsatzgrößen zugeordnet werden. Zeigt die Entwicklung eines Buchungskontos, zum Beispiel Personalkosten, im prozentualen Wert und verändert sich je nach Umsatzgröße.

BEST PRACTICE Erfahrungswerte aus der Praxis, die mit den verschiedensten Ergebnissen verglichen wurden und als bestes Ergebnis bewertet wurden. Zum Beispiel werden zehn Verkaufsaktivitäten getestet und man entscheidet sich anschließend für Verkaufsstrategie vier, da sich diese in der Praxis am besten bewährt hat.

BESUCHSEFFIZIENZ Bewertung der Kundenbesuche und der daraus resultierenden Aufträge. Zahl der erreichten Aufträge, Besuchsanzahl und Leistung

BETRIEBSHANDELSSPANNE die Differenz zwischen Einkaufspreis und Verkaufspreis

BETRIEBSPFLICHT Der Franchisenehmer hat die Pflicht, den Standort zu den vorgegebenen Mindest-Öffnungszeiten geöffnet zu halten. Der Franchisenehmer agiert als selbstständiger Unternehmer, so können Öffnungszeiten nicht unter allen Umständen exakt vorgeschrieben werden.

BEZUGSBINDUNG die Verpflichtung zum Bezug eines bestimmten Warensortimentes von vorgegebenen Lieferanten

BONUSSYSTEM Anreize für Mitarbeiter, die an Zielvereinbarungen verknüpft werden. Die Ziele können über kürzere oder längere Zeiträume vereinbart werden. Ziel ist die Steigerung der Abverkäufe oder der Ergebnisse

BREAK-EVEN ist die errechnete Gewinnschwelle, die vorgibt, ob beispielsweise eine Verkaufsaktion rentabel ist.

BUND DER SYSTEMGASTRONOMIE (BDS) der Bundesverband der Systemgastronomie. Als Tarifpartner handelt der BDS mit der Gewerkschaft für Nahrung-Genuss-Gaststätten NGG bundesweit geltende Flächenmantel- und Flächengehaltstarifverträge aus; gegründet 1988 von McDonald's und Burger King http://www.bundesverband-systemgastronomie.de

C

CAPTURATE ist eine Kennzahl der Kundenabschöpfung aus einer Frequenzzählung

CASH FLOW der Geldfluss und somit ein Indikator für die Liquidität eines Unternehmens. Berechnet wird er aus Jahresüberschuss aus G&V plus Abschreibungen plus aller gebildeten Rückstellungen

COMP eine Abkürzung für Company Standorte beziehungsweise Standorte, die vom Franchisegeber in Eigenregie geführt werden

COMPANY STORES betriebseigene Betriebe, welche durch den Franchisegeber und seine Mitarbeiter direkt mit allen unternehmerischen Pflichten und Rechten geführt werden

COMPARABLE SALES Umsatzkennzahlen aus Betrieben, die volle zwölf Monate geöffnet sind und Umsätze generieren. Diese Kennzahlen werden zur Vergleichbarkeit verwendet.

CONTINUING FEE feste Franchisefee oder Franchisegebühr

CONTROLLING ein Fachbereich im System, der die Kennzahlen der Franchisestandorte verarbeitet, Standortanalysen durchführt und Kennzahlen zur Unternehmensführung verarbeitet

CONVENTIONS Veranstaltungen für Franchisenehmer oder deren Mitarbeiter

CORPORATE IDENTITY das Zusammenspiel aller Unternehmensaktivitäten zur Identifizierung gegenüber der gesamten Öffentlichkeit, die sich in Verhalten, Kommunikation und Erscheinungsbild des Unternehmens ausdrücken

COUNTER Verkaufstheke, Kassenstation

CREW TRAINER Mitarbeiter von Franchisenehmern, die als Trainer ausgebildet und zum Mitarbeitertraining eingesetzt werden

CROSS SELLING dt. Zusatzverkauf, zusätzlich zum Basisprodukt werden dem Kunden weitere Produkte zum Verkauf angeboten, um den Mehrumsatz zu erhöhen.

D

DACH UND FACH Terminus aus dem Immobilienrecht, mit dem Regelungen für Instandhaltungsmaßnehmen festgehalten werden.

DACH UND FACH Gremium Ein Dach und Fach Gremium entscheidet bei Streitfällen, wer für Instandhaltungsmaßnahmen zuständig ist. Das Gremium setzt sich aus Franchisegeber (Vermieter) und Franchisenehmervertreter (Mieter) zusammen.

DELIVERY dt. Lieferung, delivery service ist ein Lieferservice

DEVELOPMENT dt. die Entwicklung zum Beispiel von Geräten, Produkten oder auch Immobilien.

DISCOUNTED-CASH-FlOW-METHODE investitionstheoretisches Verfahren zur Berechnung eines Firmenwerts

DISKONTIERUNGSSATZ Zinssatz, der zur Berechnung einer Investition dient, wird zum Beispiel auch bei einer Unternehmensbewertung eingesetzt

DURCHSCHNITTLICHE LAGERDAUER die durchschnittliche Zeitspanne zwischen Lagereingang und Lagerausgang einer Ware während einer Periode. Ein relativ kurzer Lagerzeitraum der Güter bedeutet einen hohen Lagerumschlag. Dies wiederum gibt die Kapitalbindung wieder.

E

EFFEKTIVZINS Zinsgröße in Prozent, die die mit einem Kapitaleinsatz erzielte Rentabilität bzw. mit einer Kapitalaufnahme verbundenen Kosten wiedergibt.

EINTRITTSGEBÜHR Mit der Eintrittsgebühr werden die Vorleistungen des Franchisegebers für Markenaufbau, Bekanntheitsgrad und Systementwicklung bezahlt. Sie stellt außerdem eine Gegenleistung für die Betreuung des Franchisenehmers zwischen Vertragsabschluss und Betriebseröffnung dar. Besonders häufige Betreuungsleistungen sind Standortberatung, Einrichtungsplanung, Rentabilitätsberechnung, Grundschulung und Eröffnungswerbung. Üblicherweise wird bei Eintritt in ein Franchisesystem eine Einmalzahlung fällig.

ENDFÄLLIGES DARLEHEN Darlehen, das am Ende der Darlehenszeit in einem Beitrag zurückgezahlt wird

EQUIPMENT technische Ausstattung in einem Franchisekonzept

ERSCHLIESSUNGSKOSTEN Kosten für den Anschluss an Kanalisation, Wasser- und Energieversorgung, entstehen beispielsweise bei einem Grundstückskauf, bevor es bebaut werden kann

ERSTAUSSTATTUNG beinhaltet meist alle Materialien, die zu einer Neueröffnung einer Franchisefiliale gehören: zum Beispiel Handbücher, Marketingmaterialein, Trainingsunterlagen, Spechart etc. Diese Materialien sind mit der Opening Fee auch genannt Eröffnungsfee abgegolten. Je nach System enthält die Erstausstattung unterschiedliche Komponenten; Nachbestellungen bzw. Ersatzbeschaffung sind dagegen meist kostenpflichtig.

ERTRAGSWERTVERFAHREN ist eine Berechnungsmethode, um den Unternehmenswert auf Basis einer zukünftigen Gewinnprognose inklusive des eingesetzten Kapitals und des Zinssatzes der Kapitalverzinsung zu berechnen. Das Investitionskapital wird hierbei einer Renditeberechnung gegenüber dem ermittelten Kaufpreis unterzogen, wodurch das zukünftige investierte Kapital der marktüblichen Verzinsung gegenübergestellt wird.

EYE TRACKING eine Analysemethode, mit der das Orientierungsverhalten von Kunden erfasst wird; sie dient zur Optimierung von Positionen von Waren im Regal oder auch von Werbeinformationen

EXISTENZFESTIGUNG begleitende Unterstützung bei einer Existenzgründung, wird meist nur einmalig gewährt. Informationen erhalten Sie bei der zuständigen Behörde für Fördergelder (je nach Bundesland gibt es unterschiedliche Ansprechpartner)

F

FEE Gebühren allgemein, die zusätzlich zur Franchisefee erhoben werden, zum Beispiel Automatengebühren oder Gebühren für Geräte und Flächennutzung. Je nach Branche und System kann die Zusammensetzung variieren

FG Kürzel für Franchisegeber

FLUKTUATION Austausch- oder Abgangsrate von Mitarbeitern. Dieser Messwert kann benutzt werden, um die Produktivität oder Trainingsauslastung sowie die Mitarbeiter-Leistungseffizienz eines Unternehmens zu messen. Die Summe der Mitarbeitereinstellungen geteilt durch Kündigungen ergibt die Fluktuation

FLÄCHENLEISTUNG Umsatz geteilt durch die Quadratmeterzahl der Geschäfts- oder Verkaufsfläche/der erwirtschaftete Umsatz pro Quadratmeter

FLÄCHENPRODUKTIVITÄT Rohertrag geteilt durch die Quadratmeterzahl der Geschäfts- oder Verkaufsfläche/der erwirtschaftete Rohertrag pro Quadratmeter

FN Kürzel für Franchisenehmer

FRANCHISE-BUSINESS-MODELL Das Franchise-Business-Modell beschreibt eine Methode zur Vermarktung eines erfolgreich getesteten Geschäftskonzeptes durch Lizenzvergabe an Geschäftspartner. Im Rahmen des modernen Business-Formats Franchising stellt ein sog. Franchisegeber seinen Partnern – den sog. Franchisenehmern – einen kompletten Geschäftsplan für das Management und die Organisation eines Betriebes zur Verfügung.

FRANCHISE-ANWÄRTER ein Kandidat, der in einer engeren Auswahl für einen Franchisevertrag steht. Meist absolviert der zukünftige Franchisenehmer ein Befähigungstraining an einem Franchisestandort, ein Franchisevertrag besteht zu diesem Zeitpunkt noch nicht.

FRANCHISEFEE dt. Franchisegebühr – eine Gebühr für die Nutzung des Systems/ Franchisesystems

FRANCHISENEHMER-OPERATIONSREPORT ein Leistungsreport aller Ergebnisse der Franchisestandorte und der Parameter aus der Leistungsbeurteilung der Franchisenehmer, um diese zu vergleichen und somit die Leistung eines Franchisenehmers zu beurteilen Zum Beispiel mit Anzahl der Betriebe, Mitarbeiteranzahl – Durchschnitt, Produktivität, Wachstum, Bon-Durchschnitt, Anteil des Werbeumsatzes, Standortgröße usw.

FORECAST dt. Planung – Vorausplanung, zum Beispiel für Umsätze, Verkäufe, Produkt/Sortiment etc. über Tage, Wochen, Monate oder Jahre

G

GAP dt. Lücke, gemeint ist oft ein Umsatz-Gap, zum Beispiel eine Lücke in einer Umsatzkurve

G&A General Administrative Expense, dt. die Verwaltungskosten einer Konzernzentrale oder Verwaltung, eines Headoffice

GEBÜHRENMATRIX eine strukturierte Übersicht über anfallende Gebühren im Franchisingsystem. kann ein System beinhalten oder mehrere unterschiedliche Systeme und Größen. Enthält auch Sollvorgaben wie personelle Besetzung oder Expansionsanforderungen

GEBIETSENTWICKLUNG Unter Gebietsentwicklung versteht man in der Regel den überregionalen oder internationalen Ausbau eines Franchisesystems. Meist vollzieht sich die Gebietsentwicklung über sogenannte Master-Franchisenehmer, die nach Erwerb einer Master-Franchiselizenz für die Entwicklung des Franchisesystems in einer größeren Region oder einem Land zuständig sind.

GEN das Herzstück einer Marke, ihre Philosophie und wiedererkennbaren Merkmale, die für den Kunden unverwechselbar sind

GERICHTSSTAND der Ort des im Vertrag ausgewiesenen zuständigen Gerichts

GROSS PROFIT der Rohertrag aus der G&V abzüglich der operativen, beeinflussbaren Kosten

H

HACCP Hazard Analysis and Critical Control Point, dt. Gefahrenanalyse und kritische Lenkungspunkte, ein System zur Sicherheit von Lebensmitteln, Teil der Lebensmittelhygiene-Verordnung

HANDELSSPANNE Die Handelsspanne ist eine wichtige Kennzahl im Bereich der sortimentspolitischen Entscheidungen. Sie ergibt sich aus der Differenz zwischen Nettoverkaufspreis und Einstandspreis.

HEADCOUNT Anzahl der Mitarbeiter in einer Verwaltung oder in einer Franchisefiliale

HIGH POTENTIAL Nachwuchskräfte, die sich durch besondere Eigenschaften und Fähigkeiten ausweisen

I

IMPACT dt. Einfluss, wird als Begriff zum Beispiel bei einer Expansionsplanung eingesetzt, womit Punkte gemeint sind, welche den Standort beeinflussen

INCENTIVE dt. Anreize, Aktionen wie Prämien- oder Bonusprogramme zur Motivierung der Mitarbeiter

INDIZIERUNG IN SUCHMASCHINEN Inhalte, welche als einzelner Webseiten-Content in die Suchmaschinen aufgenommen werden. Je mehr Indizierung von Inhalten einer Webseite, desto mehr Besuche durch Suchfragen bzw. desto mehr Treffer in Suchanfragen.

INLINER ein in eine Häuserzeile integrierter Standort

J

JOINT VENTURE Beteiligung des Franchisegebers an der Gesellschaft eines Franchisenehmers. Beide Parteien sind Gesellschafter und somit Franchisenehmer. Dies beinhaltet die Gründung einer Gesellschaft durch zumindest zwei rechtlich und wirtschaftlich getrennte Unternehmen.

K

KAUFKRAFT das in privaten Haushalten für den Konsum verfügbare Einkommen

KONTAMINATION Verunreinigung oder Verschmutzung, z. B. des Erdreiches, bei Grundstückskäufen zu beachten, da eine Säuberung mit hohen Kosten verbunden sein kann. Der Begriff spielt auch in der Qualitätssicherung eine Rolle, wenn nicht erlaubte Stoffe in Produkten enthalten sind.

KOSTENMATRIX Übersichtshilfe zur Planung und Rentabilitätsberechnung. Den unterschiedlichen Umsätzen und Filialmodellen werden die durchschnittlichen Kosten zugeordnet.

KRISENMANAGEMENT ein systematischer Umgang mit Krisensituationen, der in jedem Unternehmen festgelegt sein sollte.

L

LAGERUMSCHLAGSHÄUFIGKEIT die Häufigkeit, mit der Ware innerhalb eines bestimmten Zeitraums im Lager umschlägt, Umsatz durch durchschnittlichen Lagerbestand in Euro

LEVERAGE-EFFEKT die Hebelwirkung des Fremdkapitals auf die Rentabilität des Eigenkapitals

LICENSE FEE Lizenzgebühren für die Nutzung eines Franchisesystems

LIQUIDITÄTSPLAN die Planung des Kapitalbedarfs und der Zahlungsfähigkeit eines Unternehmens, ein Controlling-Instrument

LOKALES MARKETING (LKM) Marketingaktionen, die Franchisenehmer vor Ort in seiner Region selbstständig umsetzt. Dazu gehören Sponsoring, Werbeflächenanmietung oder Aktivitäten entsprechend den Vorgaben eines Marketing-Handbuches. Alle Aktivitäten sollten die Corporate Identity wahren

LOBBY In diesem Kontext der Verkaufsraum

M

MACHBARKEITSANALYSE Zusammenführung der unterschiedlichsten Fakten und Kennzahlen zur Analyse, Freigabe und als Entscheidungshilfe

MARGENVERTEILUNG Als Marge bezeichnet man eine Gewinnspanne. Bei Marketingaktionen werden preisreduzierten Artikeln, die einen geringen Gewinn erzielen, aber zur Kundengewinnung beitragen, zusätzliche Produkte als Zusatzverkauf zugewiesen, die eine besonders hohe Gewinnspanne haben. Mit einem solchen Mix wird eine positive Gewinnspanne erwirtschaftet.

MARKETINGKALENDER ein Kalender, der Marketingaktionen inklusive Zielgruppen, Terminierung, Aktionszeitraum, Werbeinstrumente und Kunden-Umsatzziele festhält, Eventkalender und Informationstool für Mitarbeiter

MARKET SCREENING dt. Markt Analyse und zur Beobachtung von Mitbewerbern

MERCHANDISING eine Marketingform des Einzelhandels, häufig Logoartikel, die das Unternehmen Kunden mit dem Ziel der Eigenwerbung zur Verfügung stellt

MINUTE per TRANSACTION Diese Kennzahl zeigt auf, wie lange ein Kassiervorgang pro Bon gedauert hat

MULTI- UNIT-FRANCHISENEHMER ein Franchisenehmer, der mehrere Standorte bzw. Betriebe führt

MYSTERY CUSTOMER ein als Kunde auftretender Testkäufer, der im Auftrag des Unternehmens die Qualität des Verkaufsvorgangs und des Service überprüft

N

NONFOOD alle Artikel, die nicht als Lebensmittel bezeichnet werden

O

OPENING FEE dt. Eröffnungsfee – Eröffnungsgebühren, meist zur Eröffnung eines Standorts fällig

OPERATING MONTHS Kennzahl für die operativen Monate nach Eröffnung eines Standortes, die ein Betrieb nach der Neueröffnung zum Jahresende geöffnet hat. Eröffnet z. B. ein Standort zum 1. September, ergeben sich vier Monate bis zum Jahresende. Durch Verschiebungen von Eröffnungen reduziert sich der Umsatz

OPERATIONSMANUAL andere Bezeichnung für Systemgrundlagen, System-, Prozess- oder Trainingshandbücher

OPERATIONS auch Vertrieb, die Dienstleistung gegenüber dem Kunden

OPERATIVE P&L (Profit and Loss) dt. operative Gewinn-und-Verlustrechnung (G&V), bei der durch Vorgaben der Buchungskonten eine interne Vergleichbarkeit entsteht. Umsatz abzüglich operativer Kosten (Kosten, die durch Aktionen von Mitarbeitern beeinflusst werden) ergibt den operativen Gewinn.

OPERATIVER PROFIT der operative Gewinn, der durch Aktionen von Mitarbeitern beeinflusst wird, Umsatz abzüglich der operativen Kosten ergibt den Gewinn

P

PAYROLL Löhne und Gehälter

PENNER & RENNER häufig verwendete Bezeichnung für Artikel, die unter den Verkaufserwartungen liegen („Penner") und solchen, die darüber liegen („Renner")

PERIODE ein festgelegter Bewertungszeitraum

PERSONALUMSATZLEISTUNG wird berechnet durch den Jahresumsatz geteilt durch die Anzahl der Beschäftigten

PEST ANALYSE Political, Economical, Social, Technological, Modell einer externen Umweltanalyse unter Berücksichtigung politischer, wirtschaftlicher, sozialer, kultureller, technologischer, rechtlicher und ökologischer Einflussfaktoren

PRODUKTIVITÄT Betriebserlös bezogen auf den Arbeitseinsatz

PROMOTION Bezeichnung für eine zeitlich begrenzte Werbeaktion im Bereich Marketing

PROFIT AFTER CONTROL der Gewinn abzüglich der operativen (kontrollierbaren) Kosten

PROFIT and LOSS (P&L) dt. Gewinn-und-Verlust-Rechnung (G&V)

PROJEKTION Planung, Forecast

PROVISIONSPLAN auch Bonusplan, zum Beispiel bei Stückzahlverkäufen kann sich der Bonusanteil bei Mehrverkäufen verändern. Zur Übersicht wird ein Provisionsplan erstellt

PRÄAMBEL Erklärung der Voraussetzungen und gemeinsamen Ziele der Vertragspartner zu Beginn eines Vertrags

Q

QUALITÄTSCHECK Der Systemgeber gibt einen Prozess vor, wie und in welcher Prozessreihenfolge Produkte und deren Qualität überprüft werden. Eine Überprüfung kann vom Franchisenehmer, Franchisegeber oder durch externe Dienstleister durchgeführt werden. Andere Bezeichnungen sind Systemcheck, Hospitality & Quality Check, Servicecheck, Verkaufscheck.

QUALITÄTSKONTROLLE Qualitätskontrolle wird geplant und stichprobenartig nach den Systemvorgaben oder gesetzlichen Vorgaben durchgeführt, um das Produkt, die Dienstleistung und das System zu schützen oder die Qualitätsansprüche des Franchisegebers zu sichern.

R

RANDSORTIMENT ein ergänzendes Sortiment, das nur wenig Umsatz bringt

RELOCATION Neueröffnung eines bereits bestehenden Betriebs an einem neuen Standort

REMODELLING Instandhaltung und Erneuerung von Einrichtungen

RETENTIONSRATE Prozentsatz der Kunden, die nach einer bestimmten Periode immer noch Kunden eines Betriebs sind

ROI Return on Investment, dt. der Ertrag des investierten Kapitals

ROTATIONSSYSTEM rollierende Tätigkeiten eines Mitarbeiters in verschiedenen Arbeitsbereichen, z. B. in der Systemgastronomie

ROYALITIES sämtliche Gebühreneinnahmen. Die Zuordnung ist von Unternehmen zu Unternehmen unterschiedlich

S

SALES MIX die Summe der Produkte, die ein Unternehmen auf dem Markt anbietet

SATELLITEN kleine Vertriebseinheiten, die von einem Mutterstandort geführt werden. Sie werden meist ohne Betriebsleiter und teilweise mit eingeschränktem Sortiment geführt

SCORING-MODELL dt. Rangfolge-Modell, Nutzwertanalyse zur Alternativenbewertung bei mehreren Zielgrößen, berücksichtigt auch Bewertungskriterien, die nicht in Geldeinheiten ausdrückbar sind, z. B. technische, psychologische und soziale Kriterien

SHAREHOLDER VALUE Marktwert des Eigenkapitals, der Beteiligungswert eines Aktionärs an einem Unternehmen

SIGNAGE dt. Beschilderung, die Unterschrift einer Marke, Logo, Werbekennzeichen

SITE PROOF Standort-Analyse-Genehmigungsprozess zur Realisierung eines neuen Standortes

SORTIMENTSCONTROLLING Sortimentsplanung, -steuerung und -kontrolle auf der Basis von Verkaufsanalysen und Produktranking

STAMMDATEN wichtige Grunddaten eines Betriebs, die über einen gewissen Zeitraum nicht verändert werden, z. B. Artikel-Stammdaten (Nummer, Rezeptur, Einkaufs- und Verkaufspreis etc.), Kunden-Stammdaten oder Lieferanten-Stammdaten

STANDARDISIERUNG Zum Aufbau von Franchise-Betrieben sind zuvor alle wesentlichen Bestandteile eines Management-Systems zu identifizieren. Gelegentlich sind Systeme aufgrund ihrer komplexen inneren Vernetzung zu empfindlich, um erfolgreich übertragen werden zu können. Zudem müssen diese Elemente unabhängig von bestimmten Personen oder speziellen Umweltbedingungen für einen Dritten reproduzierbar sein. Deshalb muss der Vervielfältigung eine gezielte Vereinfachung des Systems vorausgehen.

SUPPLY CHAIN Aufbau und Verwaltung integrierter Logistikketten (Material- und Informationsflüsse) über den gesamten Wertschöpfungsprozess, ausgehend von der Rohstoffgewinnung über die Veredelungsstufen bis hin zum Endverbraucher

Lieferkette, Wertschöpfungskette, worin ein System seine Einkaufskraft nutzt, um das bestmögliche Volumen zum besten Preis zu erzielen. Zum Beispiel verschiedene Länder verabschieden ein Produkt und beziehen dieses von einem Lieferanten. Somit wurde das Einkaufsvolumen gebündelt und die größte Effizienz im Bereich Herstellung und Preis erwirtschaftet.

SWOT-ANALYSE SWOT = **S**trengths (Stärken), **W**eaknesses (Schwächen), **O**pportunities (Chancen) und **T**hreats (Gefahren), dt. Stärken-Schwächen-Chancen-Gefahren-Analyse, eine Positionierungsanalyse der eigenen Aktivitäten gegenüber dem Wettbewerb, z. B. bei Expansionsplänen

SYSTEMZENTRALE die Zentrale eines Franchisegebers, Ausgangpunkt der Steuerung und Organisation eines Franchisesystems

T

Table-turn die Anzahl der Tischwechsel in einem Restaurant

TAC Abkürzung für den Begriff Transaktion

TARGET COSTING dt. Zielkostenrechnung, ein vorgegebener Zielpreis, der erreicht werden soll

TARGET COSTING dt. Zielkostenrechnung, Zielvorgabe für ein Produkt in den frühen Phasen der Herstellung oder Entwicklung

TRAFFIC GENERATOREN zum Beispiel Sehenswürdigkeiten, Verbindungseckpunkte, Kinos, Restaurants oder Einkaufsmeilen, die den Kundenfluss anziehen beziehungsweise steuern

TRAINING ON THE JOB ein Training, das während eines Arbeitsprozesses mit Kunden oder während eines laufenden Produktionsprozesses durchgeführt wird

TRAININGSLEVEL eine Messgröße zur Bewertung von Mitarbeitern

TRANSAKTIONEN die Übertragung von Verfügungsrechten an Gütern, z. B. ein Kaufvorgang

TRANSLITE eine Technik zur Präsentation von Bildern in beleuchteten Rahmen

TURNOVER Umschlag, Umsatz, Einnahmen eines Unternehmens

V

VENTURE-CAPITAL-GESELLSCHAFT VC-Gesellschaft, eine Gesellschaft, die sich mit Beteiligungs- oder Risikokapital an Unternehmen beteiligt

VERTRAGS-REWRITE Vertragsverlängerung für bestehende Franchiseverträge

VISIBILITY die Sichtbarkeit eines Standortes

VJ Abkürzung für Vorjahr

VORFÄLLIGKEITSENTSCHÄDIGUNG Entschädigungszahlung für das Ablösen eines laufenden Kredits vor dem regulären Vertragsende

W

WERBEREITER Werbeaufsteller, die zur Hervorhebung des Standortes an Hauswänden oder anderen Stellen angebracht werden

Y

Y.T.D/Year to Day der Zeitraum vom Beginn des Jahres bis zum aktuellen Zeitpunkt